通信工程专业精品教材

现代数字通信

——原理、系统与仿真

李平安　刘　岚　编著

電子工業出版社
Publishing House of Electronics Industry
北京 · BEIJING

内 容 简 介

本书以阐述数字通信基本原理为重点，以面向实际应用为导向，在系统地讲解模拟信号的数字化、数字基带传输、数字调制、传统信道编码技术基本理论的同时，详细介绍了 Turbo 码的编码与译码、直接序列扩频调制，以及 CDMA 系统、OFDM 和 MIMO-OFDM 系统。为了便于读者加深对数字通信基本理论的理解、掌握部分主要知识点在实际通信系统中的应用，本书给出了 17 个 MATLAB 仿真示例。本书在内容上强调系统性和严谨性；在表达上注重逻辑性，力求简明易懂；在风格上注重理论与实际相结合、传统与现代为一体。

本书可作为通信工程专业本科、研究生教材，也可供从事数字通信系统研究和设计的工程人员参考。

图书在版编目（CIP）数据

现代数字通信：原理、系统与仿真 / 李平安，刘岚编著. — 北京：电子工业出版社，2018.7

ISBN 978-7-121-34595-1

I. ①现… II. ①李… ②刘… III. ①数字通信－高等学校－教材 IV. ①TN914.3

中国版本图书馆 CIP 数据核字(2018)第 137795 号

策划编辑：张小乐

责任编辑：张小乐　　　　特约编辑：郭　莉

印　　刷：北京虎彩文化传播有限公司

装　　订：北京虎彩文化传播有限公司

出版发行：电子工业出版社

北京市海淀区万寿路 173 信箱　　邮编：100036

开　　本：787×1092　1/16　印张：11.75　字数：320 千字

版　　次：2018 年 7 月第 1 版

印　　次：2021 年 12 月第 3 次印刷

定　　价：39.00 元

凡所购买电子工业出版社图书有缺损问题，请向购买书店调换。若书店售缺，请与本社发行部联系，联系及邮购电话：(010)88254888，88258888。

质量投诉请发邮件至 zlts@phei.com.cn，盗版侵权举报请发邮件至 dbqq@phei.com.cn。

本书咨询联系方式：(010)88254462，zhxl@phei.com.cn。

前　言

现代通信系统不仅极大地提高了人们的生活质量，也明显地改变了人们的生活模式。从技术上看，现代通信网络的主要特征是涉及领域广、新技术含量高。如最先进的 4G 移动通信网络，其所采用的硬件和软件几乎涉及了信息理论、信号处理和信号传输、电子技术和计算机网络技术等多个领域最先进的技术。这无疑也给通信和信号处理专业的本科生与研究生的通信理论课教育提出了挑战，即如何解决好通信技术的理论课教育中，从基础的通信技术原理到现代实用高新技术之间跨越度大，既要重基本理论又要重实际应用之间的矛盾。显然，解决这一矛盾首先需要进行教材内容的改革。

本书在编写上针对解决下列几个方面的问题，体现了自己的特色：

(1)不少通信原理类的教材过分注重各种通信技术介绍上的面面俱到，几乎罗列了各章节内容所涉及的各种技术，但很多种技术的原理本身是相同的，有些技术在现代数字通信系统中是很少用的，甚至是不用的。本书在编写上着重介绍各类技术的原理，突出对重点技术的讲解，从而使得本书在有限的篇幅内，或者说课时内，既讲清楚了原理，又结合现代通信系统讲清楚了应用。

(2)考虑到现有的通信原理类教材中所包含的信号分析和平稳随机过程等章节属于其他先修课程所覆盖的内容，本书将这些内容提炼后作为附录。考虑到模拟调制技术在现代通信中很少使用，也不属于数字通信系统的知识范围，本书中不做介绍。

(3)考虑到通信信道，尤其是无线传输信道对现代通信系统的设计与仿真具有重要的意义，本书在第 2 章对通信信道的分析和建模进行了详细的讨论。

(4)考虑到直接序列扩频调制和 OFDM 调制是现代通信系统中所广泛应用的重要调制技术，本书在第 6 章对这两种技术进行了既简洁又深入的介绍。

(5)为了结合现代通信系统给读者讲授通信系统原理和通信技术的实际应用，本书在第 8 章介绍了 3G 和 4G 移动通信系统中所用到的直接序列扩频 CDMA 技术、OFDM 技术和 MIMO-OFDM 技术，并结合采用这些技术的简单系统对现代通信系统中的均衡和分集等技术进行了讲解。

(6)考虑到信道编码技术中，Turbo 编码技术和 LDPC 编码技术已成为实际应用中性能最优的纠错编码技术，本书在第 7 章信道编码中，对 Turbo 码的编码和译码思想，及其编码和译码算法进行了详细的介绍；受篇幅的限制，只对 LDPC 码进行了简单介绍。

(7)为了使得读者在学习本书之后，既能清楚技术原理，又懂得技术应用，本书在第 9 章给出了一系列涉及本书主要知识点的仿真程序。作者在每个仿真程序前介绍了仿真的方法和目的，并在程序中对关键语句或者关键程序段进行了注解。这些仿真程序都是作者在计算机上运行通过的，能帮助学生更深入地理解数字通信系统的原理及其在现代通信系统中的应用方法。

(8)本书在编写方式上既注重突出重点原理讲解，又注重编写上的逻辑性、简洁性，还注重结合系统应用进行知识点介绍，使得读者非常清楚每个章节内容在整个通信系统中的作用和应用方法。例如在第 5 章对数字调制技术的介绍中，围绕讲清楚 3 个要点：调制和解调方法的实现、频谱效率和误码率性能，重点突出线性调制，通过结合调制技术星座图和信号空间分析，系统地对两类数字调制技术：MPSK 和 MQAM 技术进行了介绍，并且着重原理讲解和应用方法介绍，尽量避免烦琐的公式推导和罗列。

作者最后要衷心感谢在本书编写过程中提出建议的同事和同行；感谢帮助作者校对书稿、画图和修正打字错误的研究生。第一作者还要在此感谢其夫人江萍芳在他从事本书初稿编写过程中，不仅在生活上给予了细心照顾、精神上给予了积极鼓励，还帮助编辑部分初稿和校稿。作者尤其要感谢电子工业出版社的张小乐编辑，不仅要感谢她对本书的出版所给予的大力帮助，更重要的是要感谢她对本书的修改所提出的专业的宝贵建议。

作　者

2018 年 6 月于武汉理工大学

目　录

第1章　绪　　论

通信的目的是借用信号传输手段将发射端的信息传送到指定接收端。对一般所指的通信系统，在发射机和接收机间传输的信号是电信号。为了将发射机中承载信息的低频信号传输到接收机，需要采用调制的手段，将承载信息的低频信号变成波形和频率均适合信道传输的信号。比如在无线通信中，用承载信息的低频信号调制一个高频载波，进而利用发射天线转换为电磁波，将调制后的信号经过无线信道传输到接收机的接收天线。若不考虑信道的影响，接收机经过解调操作后就可以恢复发射机中承载信息的低频信号，因此，一个通信系统是指包含了发射机、信道和接收机三个子系统的一个总体系统。在发射机中，承载信息的信号可以是模拟信号也可以是数字信号。如果承载信息的信号是数字信号，则对应的通信系统为数字通信系统，否则为模拟通信系统。数字通信系统在精度、可靠性、安全性等诸多方面均优于模拟通信系统[1]。本书只涉及数字通信系统。

1.1　数字通信系统的基本组成

在数字通信系统中，发射机承载信息的低频信号最初是二值电平的信号，两个电平分别对应了二进制数字的“1”和“0”，因此这样的信号也称为数字信号。通常我们也把二进制序列称为数字信号。为了将数字信号传输到接收机，系统设计时不仅要采用数字调制技术将数字信号变成适合信道传输的波形，而且要考虑信道对传输信号的影响。无论是有线信道(如同轴电缆、光纤等)还是无线信道，信号在传输的过程中不仅会产生路径损耗和引入加性噪声，还可能受到其他各种信号的干扰。干扰和噪声都可能导致接收机在判决发射的数字信号时出现误码。为了减少错误判决，在发射机进行数字调制前，需要对数字信号的二进制序列进行信道编码。二进制序列的每一位(一个“1”或“0”)称为一个比特，因此二进制序列也称为比特流。信道编码总的来讲是将一个二进制数据块根据某种编码规则(也称编码算法)，对分组进行编码，编码后每个数据块对应的输出会比编码前具有更多的比特数，从而引入了冗余。编码后输出的二进制序列再经过数字调制后变成适合信道传输的信号。接收机在接收到发射的信号后完成数字解调，若不考虑信道的影响，解调后的信号就完全恢复了发射机中信道编码器输出的信号。若信道的传输导致数据块中某些比特出现误判，则接收机通过信道解码(或称译码)操作可以实现纠错译码。接收机中的纠错译码是针对每个分组进行的，是发射机中分组编码的逆过程。是否能完全实现纠错由所采用的编码算法的纠错能力决定。在实际的通信系统中，通过控制信息传输速率和选择合适的信道编码算法，可以将误码率控制在期望的范围内。误码率的定义将在 1.2 节介绍。由上面的分析可见，一般的数字通信系统发射机包含信道编码和数字调制模块；接收机包含数字解调和信道码模块，因此最基本，也是最简单的数字通信系统的结构框图如图 1.1 所示。

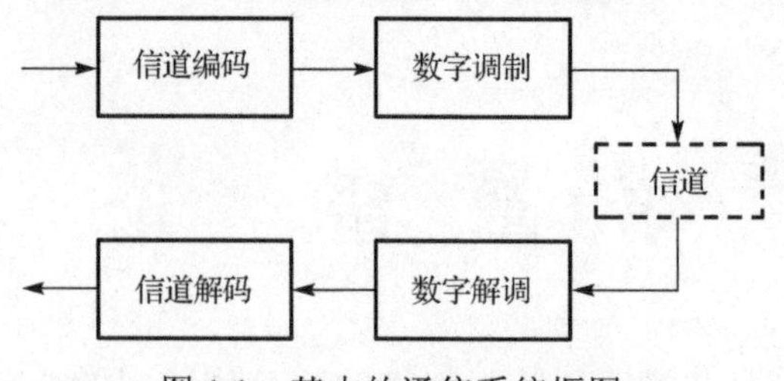

图 1.1 基本的通信系统框图

在通信系统中，原始的信号源可能是某种形式的模拟信号，为了在数字通信系统中进行传输，需要先将模拟信号进行模/数(A/D)转换变成数字信号。A/D 转换的原理是将模拟信号进行采样、量化和编码。对量化值进行的编码称为信源编码。信源编码的目的除将信息用适合数字通信系统传输的二进制序列进行表示外，也起到对信源进行压缩的作用，因此也称为压缩编码。对信源进行压缩编码是为了提高系统的传输效率。信源编码有时结合信源的特征来命名，如语音编码和图像编码等。如果一个数字通信系统在发射机中的信道编码前存在信源编码，那么在相应的接收机中完成信道解码后要进行信源译码。

1.2 数字通信系统的性能指标

在数字通信系统中，数字调制后传输波形的数目，也称为调制的阶，是通过设计传输的符号数来决定的。一个 M 阶的调制意味着总共有 M 个不同的传输波形，每个波形对应一个不同的发射符号。每个不同符号所携带的信息量是依据该符号在发射序列中出现的概率来度量的，符号出现的概率越大，则其携带的信息量越小，因此信息量应该以符号出现概率的倒数来评估。一个 M 阶(或称为 M 进制)的调制中，M 个不同的符号每个对应一个独立形式的比特组，含 $k=\log_2 M$ 比特。如 $M = 4$ 阶的调制，总共有 4 个不同形式的发射符号，每次传输的符号都是该 4 个中的一个，每个符号对应 2 比特，可以是“00”、“01”、“10”和“11”中的某个组合。比特组与符号的映射关系是一一对应的。如果一个符号对应的 k 个比特每个出现的形式都是独立的事件，则一个 M 进制的符号所含的信息量应该是所有 k 个比特信息量的总和，一个比特可以看成一个二进制符号，为了反映信息量的这种计算关系，一个符号 x 的信息量定义为

$$I=\log_2\frac{1}{P(x)}=-\log_2 P(x)\ \text{(bit)} \tag{1-1}$$

在信息量的定义中，取以 2 为底的对数是考虑到对二进制的符号，在二进制序列中若“1”或“0”出现的概率相等，均为 0.5，则对应的信息量正好为 1 比特(bit)，这也是我们习惯称一个二进制符号为 1 比特的原因。

例 1-1 假设一组四进制的符号 x_i，$i=0,1,2,3$，在传输的符号序列中，每个符号等概率出现，试计算每个符号的信息量。

解：因为每个不同的符号均等概率出现，所以出现的概率为 1/4，故每个符号的信息量为

$$I=\log_2\frac{1}{P(x)}=\log_2 4=2\quad \text{(bit)}$$

例 1-2 假设一个二进制序列中每一个符号出现“1”和“0”的概率相等，

(1)将序列依次按每两个二进制符号为一组进行分组，计算组合(1, 0)出现所携带的信息量；

(2)将序列依次按每 k 个二进制符号为一组进行分组，计算每个二进制符号组出现所携带的信息量。

解：(1)由于对每个二进制符号，“1”和“0”出现的概率相等，因此每个符号的信息量为 1 比特，组合(1, 0)出现的概率为

$$I = \log_2 \frac{1}{P(1)} + \log_2 \frac{1}{P(0)} = 2 \quad \text{(bit)}$$

(2)由于每个二进制符号所携带的信息量为 1 比特，k 个符号携带的总信息量为 k 比特。

上面讨论了等概率出现的 M 进制符号所携带的信息量，下面考虑不等概率出现时，每个符号携带的平均信息量。对一个由 M 进制符号组成的序列，对应序列的每一符号位，假设某个符号 $x_i \in \{x_1, \cdots, x_M\}$ 出现的概率为 $P(x_i)$，则符号序列中每个符号所携带的平均信息量也称为信息源的熵，表示为

$$H = \sum_{i=1}^{M} P(x_i) I(x_i) = -\sum_{i=1}^{M} P(x_i) \log_2 P(x_i) \quad \text{(bit/符号)} \tag{1-2}$$

在通信系统中，数字调制前的数据序列通常称为比特序列。在数字调制中，对 M 进制的调制，比特序列要先映射为符号序列，这就自然导致了比特传输速率和符号传输速率两个不同物理量的出现。比特速率通常也称为信息速率或比特率，体现的是以比特/秒(bit/s 或 bps)为单位的信息数据的传输带宽。符号速率体现的是系统每秒中传输的符号数，单位为波特(Baud)。符号传输速率也称为波特率，体现了每秒内载波波形变化的平均次数。当比特序列映射成 M 进制的符号序列时，符号传输速率 R_s 和比特传输速率 R_b 的关系为

$$R_b = kR_s = R_s H \quad \text{(bit)} \tag{1-3}$$

式中，H 由式(1-2)计算得到。由上式可见，对于二进制符号序列，波特率和比特率在数字上是相等的。需要说明的是，对于各符号等概率出现的符号序列，式(1-3)中的 H 满足

$$H = -\sum_{i=1}^{M} P(x_i) \log_2 P(x_i) = \log_2 M \quad \text{(bit/符号)} \tag{1-4}$$

信息传输速率是体现系统传输有效性的一个重要指标，但它没有体现系统的频谱开销。两个具有相同信息传输速率的系统若所用频谱带宽不同，从频谱开销的角度来看，占用较小带宽的系统显然具有更高的传输效率。频谱资源在无线通信中非常宝贵，为了在传输效率参数上体现频谱开销，数字通信系统中引入了频谱效率作为体现传输效率的另一个重要参数。频谱效率是数据传输速率与系统所占带宽的比值。尽管波特率与系统带宽的比值也属频谱效率，但信息速率与系统带宽的比值更能体现系统的性能，因此，通信系统中常指的频谱效率一般是指比特速率与系统带宽的比值，单位为 bit/s/Hz 或

bps/Hz。从传输效率的角度来看，频谱效率也是评价数字通信系统“系统容量”的一个重要指标参数。

除传输效率外，数字通信系统的另一个重要指标是传输可靠性，主要是指符号错误率(SER)和比特错误率(BER)。符号错误率是接收机进行符号判决后，错误符号总数和接收总符号数的比值；比特错误率则是接收机进行比特判决后，比特错误总数与接收总比特数的比值。由于评判一个系统的传输可靠性除了根据其传输错误率的高低来评判，还涉及不同系统之间的相互比较，因此，比特错误率显然更能有效地体现系统的传输可靠性。需要说明的是，比特错误率通常也称为误码率，但有些书中，误码率是指符号错误率。本书中，误码率均指比特错误率。

数字通信系统的关键指标除传输有效性和可靠性外，还有通信系统的保密性或安全性、系统的网络时延等，这里就不再一一详细讨论。

1.3　香农信息容量定理

1.2 节讨论了数字通信系统的两个重要指标：信息传输速率和误码率。在实际的通信系统设计中，总的来讲，我们希望传输速率越高越好、误码率越低越好，但这两个美好的愿望是相互矛盾的。通信系统的误码率与接收机输入的信干噪比(SINR)有关。所谓信干噪比是指信号功率与干扰功率和噪声功率之和的比值。在不考虑干扰的情况下，误码率只与输入信噪比(SNR)有关。显然 SINR(或 SNR)越高，误码率越低。为了分析数字通信系统的可靠性与传输效率之间的关系，香农给出了加性高斯白噪声(AWGN)信道中信息传输的信息容量定理，本书中简称为香农容量定理，其数学描述为

$$C = B\log_2(1+\rho) \tag{1-5}$$

式中，ρ 表示接收机输入信噪比；B 表示信道带宽；C 表示信道容量，单位为 bps。香农定理给出了信息在 AWGN 信道无错误传输信息速率的最大允许值。也就是说，只要实际比特率 R_b 设计为满足 $R_b < C$，则理论上就可以实现无误码传输。

香农容量公式的另一种归一化形式为

$$\overline{C} = \frac{C}{B} = \log_2(1+\rho) \tag{1-6}$$

式中，$\overline{C}$ 的单位是 bps/Hz，代表了 AWGN 信道中实现无错误传输允许的系统最大频谱效率。香农容量定理也说明了通信系统中采用纠错编码技术的动机和必要性。

假设噪声的双边功率谱密度为 $N_0/2$（单边功率谱密度为 N_0），信道的单边带带宽为 B，则噪声功率为 N_0B。进一步假设比特周期和比特能量分别为 T_b 和 E_b，则有

$$\rho = \frac{P_s}{N_0B} = \frac{E_b/T_b}{N_0B} = \frac{E_b}{N_0}\frac{R_b}{B} \tag{1-7}$$

由上式可见，从量纲上看，E_b/N_0 也体现了信噪比的概念。事实上当 $R_b = B$ 时，有 $\text{SNR} = E_b/N_0$。在数字通信系统中，通常所指的信噪比是指 $\text{SNR} = E_b/N_0$，而不是模拟系

统中信噪比是指信号功率和噪声功率的比。这是由于在数字通信系统中，在根据传输质量比较两个系统的性能时，往往考察两个系统在 AWGN 信道(不考虑信道带宽 B)中的误码率，而误码率只与 E_b/N_0 有关，只要比较两个系统在相同的 E_b/N_0 时的误码率，就可以比较两个系统在传输可靠性上的优劣，这在理论分析和仿真计算方面都非常简单方便。但如果考虑将误码率作为 ρ 的函数来进行分析和仿真计算，则要考虑符号速率和系统带宽，或者说要考虑系统的频谱效率，这会大大增加数字通信系统误码率的分析和仿真的复杂性，而在理想 AWGN 信道中研究数字通信系统的误码率本身不需要考虑频谱效率。本书后续各章中所指的信噪比或 SNR，在没有特殊说明的情况下均代表 E_b/N_0。

由香农容量定理可得

$$\eta=\frac{R_b}{B}\leqslant\frac{C}{B}=\log_2\left(1+\frac{E_b}{N_0}\eta\right) \tag{1-8}$$

式中，η (bps/Hz) 为系统实际的频谱效率。由式(1-8)可以进一步得出

$$\frac{E_b}{N_0}>\frac{2^\eta-1}{\eta} \tag{1-9}$$

式(1-9)给出了在 η 一定的条件下系统所要求的 E_b/N_0 的最小值。当 B 趋近于无限大时，η 的值趋近于 0，因此有

$$\frac{E_b}{N_0}>\frac{2^\eta-1}{\eta}\geqslant\ln 2\quad(\text{约}-1.6\,\text{dB}) \tag{1-10}$$

式(1-10)给出了当频谱利用率趋近 0 时 E_b/N_0 的下限值，这个值通常被称为香农极限。图 1.2 描绘了归一化的香农容量与 E_b/N_0 的关系以及香农极限，图中，“香农极限”所指体现了当 $\bar{C}\to 0$ 时，E_b/N_0 趋近 $-1.6\,\text{dB}$。香农极限说明，如果系统接收的 E_b/N_0 太低，则系统的频谱效率和传输速率可能低到无法满足正常通信的需求。

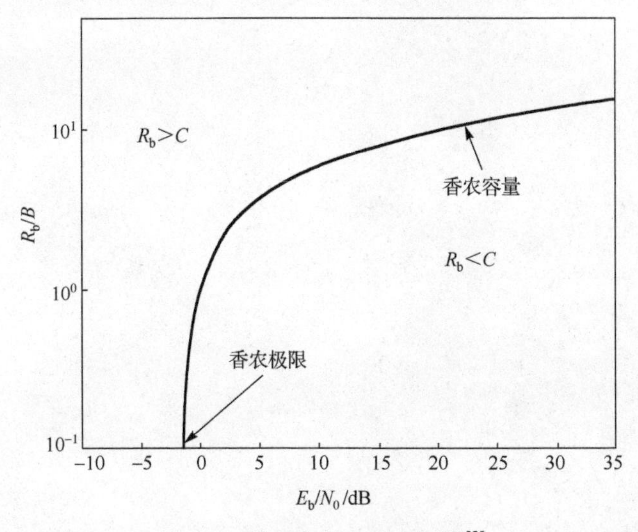

图 1.2　香农容量和香农极限[2]

1.4 本章小结

本章首先介绍了数字通信系统的总体结构和基本组成模块。数字通信系统的总体结构可以分为发射机、信道和接收机三个子系统。一般来讲，基本的数字通信系统包含数字调制与解调模块，以及信道编码与信道解码模块。更大的系统还包含信源编码与信源解码模块及其他模块。其次，本章介绍了信息量的定义并讨论了不同进制符号携带信息量的计算方法。本章还讨论了数字通信系统中体现传输效率和传输可靠性的性能指标。主要包括符号传输速率、信息传输速率、频谱效率、符号错误率和误码率。本章在最后介绍了香农容量定理并解释了其内涵。

习　题　1

1.1　抛掷硬币时，如果正、反面出现的概率相等，求正面出现所携带的信息量；若正面出现的概率为 0.4，求反面出现所携带的信息量。

1.2　某数字通信系统分别用正弦波的 4 个初相 0、π/2、π 和 3π/2 来传输不同符号，如果这 4 个初相等概出现，求每个相位出现所携带的信息量；如果每秒钟每个符号出现的次数均为 250 次，求符号传输速率和比特传输速率。

1.3　一个 4 电平的数字波信号，电平值分别为 $3E$、E、$-E$ 和 $-3E$。假设对每个电平用 2 位二进制比特"00"、"01"、"10"和"11"进行编码，若每个比特的脉冲宽度为 0.5 ms。

(1) 求不同电平值等概出现时的比特传输速率和电平传输速率；

(2) 若 4 个电平出现的概率依次为 1/2、1/4、1/8 和 1/8，求平均电平值传输速率和平均比特传输速率。

1.4　假设在理想的 AWGN 信道中传输数字信号，信道带宽为 1 MHz，信噪比为 10 dB，求香农容限。

1.5　若一个高斯白噪声信道中数字通信系统的频谱效率为 2 bps/Hz，求系统所需的信噪比 E_b / N_0。

1.6　假设发射机信息源在 A/D 转换中总共采用了 8 个均匀的量化电平，每个电平用 3 位二进制比特来进行信源编码，在发射机数字调制中，每两个比特映射为一个四进制的复数传输符号。

(1) 用系统的比特率表示每个量化电平的传输速率；

(2) 用系统的比特率表示每个复数发射符号的传输率。

第2章 通信信道

通信系统的信道可以分为有线信道和无线信道。较常用的有线信道是同轴电缆和光纤。无线信道主要分为电磁波在空中的传播信道和水声在水中的传播信道。有线信道的特征一般都很固定，但无线信道的特征却严重依赖通信环境。由于无线通信环境通常会有很大的变化，因此同一通信系统在不同环境下的系统性能也大不相同。因此，无线信道的建模对系统设计具有非常重要的价值。例如，在理想的自由空间传播，可以用理想的 AWGN 信道来建模信道，但对市区复杂的移动通信信道，在设计宽带无线通信系统时要用多径衰落信道来建模。信道模型直接影响到系统的设计方案。例如，在 AWGN 系统中通信，系统的接收机设计就不需要考虑干扰消除算法，但在宽带移动通信中就必须考虑干扰消除，否则就不能正确地恢复发射的信号。因此，了解各种信道的传输特征，针对不同的通信信道环境和通信系统选择合适的模型来建模信道，对系统设计和系统性能分析与评估无疑是非常重要也是非常必要的。

2.1 信道中的加性噪声

信号经过信道到达接收机后，接收的信号中除有用的信号分量外，还叠加有无用的分量。无用的信号分量又可以分为干扰和噪声。干扰是由具有确定性存在时间和频率的其他信号导致的无用分量；而噪声是每个通信系统接收信号中均会存在的随机分量。如在无线信道中，各种光、电、声及电磁波信号源发出的、在各种频段出现的信号，经相互作用后会产生环境噪声；又如接收机中电子器件内部粒子运动会产生热噪声。在通信系统中，如果不考虑系统的滤波作用，叠加在信号上的各种噪声的总和一般用一个高斯白噪声分量来刻画。

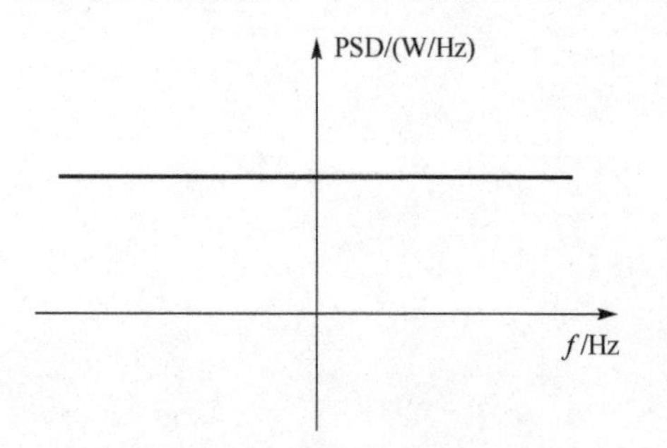

图 2.1 理想白噪声的双边功率谱密度

白噪声是指在观察频率范围内功率谱密度为常数的噪声。理想的白噪声在 $(-\infty,\infty)$ 的频率范围内的功率谱密度(PSD)为常数，用 $N_0/2$ 表示，如图 2.1 所示。若只考虑 $(0,\infty)$ 的单边带，则对应双边功率谱密度 $N_0/2$ 的单边功率谱密度为 N_0。功率谱密度的单位为 W/Hz。由于功率谱密度是自相关函数的傅里叶变换，理想白噪声的自相关函数为

$$R(\tau)=\frac{N_0}{2}\delta(\tau) \tag{2-1}$$

高斯噪声是指噪声的取值满足高斯分布。高斯分布的概率密度函数(PDF)为

$$f(x)=\frac{1}{\sqrt{2\pi}\sigma}\exp\left(-\frac{(x-a)^2}{2\sigma^2}\right) \tag{2-2}$$

式中，a 和 σ^2 分别表示噪声的均值和方差。

理想的高斯白噪声满足均值为 0、方差 $\sigma^2 = N_0/2$ 的高斯分布，也称正态分布。

2.2　有 线 信 道

有线信道是指用有线连接发射机和接收机的信道，具体来讲就是双绞线、同轴电缆和光纤。这些有线信道也是众所周知的。双绞线是早期的有线信道，其对信号的衰减较大，主要用于近距离的通信，如有线电话、家用电线和近距离数字信号传输。同轴电缆内含有同心轴，且含有用绝缘材料隔开的两个导体，内导体为硬铜线，用于传输信号，网状结构的外导体及外皮用于保护内层导体传输的信号不受外界电磁波的干扰，因此同轴电缆比双绞线的带宽更宽，抗干扰能力更强。与双绞线相比，同轴电缆的缺点是体积大、重量大、价格高。同轴电缆主要用于近距离的通信。光纤是在同轴电缆之后发展起来的新的有线通信材料，它是采用光导纤维传输光信号来实现通信的，因此在光纤的输入端要将电信号转换为光信号；在其输出端要将光信号再转换为电信号。光纤的主要优点是传输损耗小及传输带宽大，因此适合中、远距离的宽带信号传输。目前通信网络中有线网络的主干线主要采用光纤来实现。

从信道的角度来看，有线传输的主要特点是传输路径单一、干扰小、接收信号的功率稳定。由于有线传输信道的这些特点，在不考虑路径损耗的条件下，有线传输信道可以用理想的加性高斯白噪声(AWGN)信道来建模，即

$$y(t) = Ax(t) + n(t) \tag{2-3}$$

式中，$x(t)$ 和 $y(t)$ 分别代表发射和接收的信号；A 是一个常数，表示信道的增益；$n(t)$ 表示接收信号中的 AWGN 分量。

2.3　无线电波及其频谱管理

在数字通信中，信号从发射机传输到接收机可以通过有线信道，如同轴电缆或光纤，也可以通过无线信道。在无线通信中，尽管可以用光波和声波来传播信号，但目前应用最为广泛的仍是电磁波。与有线通信相比，基于电磁波传输的无线通信的主要优点在于，可以很方便地实现任何距离的通信，同时避免使用价格昂贵且不易维修的光纤。

根据无线电波在地球表面以上的大气层中进行传播时的传播方式不同，一般将电磁波分为地波、天波和沿直线传播的波。地波也称地表面波，沿大地与空气的分界面传播，传播时可随地球表面的弯曲而改变传播方向。频率较低的电磁波趋于沿弯曲的地球表面传播。天波是由天线向高空辐射的电磁波遇到大气电离层折射后返回地面的无线电波。地球的大气层一般可分为三层，即对流程、平流层和电离层。距离地面 18km 以内，大气是互相对流的，该空间称为对流层；距离地面 18～60km 的空间，气体对流现象减弱，该空间称为平流层；距离地面 60～20000km 的空间为电离层。沿直线传播的波是指无线电波以直线的传播方式从发射机传播到接收机，一般出现在空间视距范围内的传输中，因此也称为空间波或视距(LoS)波。

电磁波的传输速率与光波相同，为 $c=3\times10^8$ m/s。由于对应不同频率的电磁波，其波长 λ 等于波的传播速率 c 与波的频率 f 的比值，因此既可用波长也可以用频率来表示某种无线电波。表 2.1 给出了按不同波长/频率划分的无线电波波段划分表。下面以长波、中波、短波和超短波为例来说明波长由长变短时，无线电波传输特征的变化趋势。

表 2.1　线电波的波段划分表

频段名称	频谱范围	波段名称	波长范围
极低频(ELF)	3～30Hz	极长波	100～10Mm
超低频(SLF)	30～300Hz	超长波	10～1Mm
特低频(ULF)	300～3000Hz	特长波	1000～100km
甚低频(VLF)	3～30kHz	甚长波	100～10km
低频	30～300kHz	长波	10～1km
中频	300～3000kHz	中波	1～0.1km
高频	3～30MHz	短波	100～10m
甚高频(VHF)	30～300MHz	超短波	10～1m
特高频(UHF)	300～3000MHz	特短波	1～0.1m
超高频(SHF)	3～30GHz	超短波	10～1cm
极高频(EHF)	30～300GHz	极短波	10～1mm
至高频	300～3000GHz	至短波	10～1dmm

(1) 长波传播：距离小于 300km 的信号传播主要依靠地波，远距离(2000km 以上)传播主要依靠天波。用长波通信时，接收点的场强相对较稳定。但与波长较短的波相比，长波通信要求发射天线尺寸大。长波通信一般用于越洋通信、导航和气象预报等领域。

(2) 中波传播：中波传播时，由于白天因天波被电离层吸收严重而衰减大，因此白天主要靠地波传播；夜晚天波参加传播，可以实现较远距离的传播。中波主要用于船舶与导航通信。波长为 2000～200m 的中波主要用于广播通信。

(3) 短波传播：短波传输时既有地波也有天波。但由于短波的频率较高，被地面吸收强烈，因此其中的地波衰减很快，传播距离仅有几十千米。而天波在电离层中的损耗减少，因此在短波通信中常利用天波进行远距离通信。短波主要用于电话、电报、广播及业余电台的通信。

(4) 超短波传播：由于超短波频率很高，其中的地波分量在传播过程中衰减很大；此外，对于超短波传播，会出现电波穿入电离层很深乃至穿出电离层的现象，从而使电波不能反射回来。因此超短波通信主要采用空间波传播方式来实现信号传输。超短波传播适用于要求天线尺寸小、传播距离短的通信系统。目前超短波主要用于调频广播、电视、雷达、导航和移动通信等领域。

由于无线电通信涉及广泛的民用和军事应用领域，按具体系统在设计上的不同来看，其种类可以说多到不计其数，且从信号传输的角度来看，在某个空间范围内，大量的通信系统可能在相同时间和频段进行通信，从而导致某个接收机在接收有用信号的同时，会收到其他无用信号(也称干扰信号)。由于在时域和空域很难管控大量不同通信系统的共存，因此从信号检测的角度来看，降低接收信号中干扰的最有效的手段之一就是对无线电频谱进行管控与划分。此外，为了使系统、设备和器件在世界范围内具有通用性，世界各国在进行频谱划分时也有必要保持全球范围内的一致性。无线电波可用频率一般在 9kHz～3000GHz 范围。附录 A 给出了《中华人民共和国无线电频率划分规定》中的部分频谱划分。

2.4　自由空间传播

最简单也最理想的无线信道是所谓的自由空间信道，在该信道中，发射机和接收机之间没有任何障碍阻挡，信号的传播为视距传播(LoS)。在自由空间环境下，接收信号只受路径传播损耗和 AWGN 的影响，接收信号 P_r 只与发射功率 P_t 和传播距离 d 有关，表示为

$$P_r(d) = kd^{-2} \tag{2-4}$$

其中，k 是与发射功率有关的常数。路径损耗定义为

$$P_L(\text{dB}) = 10\log_{10}\frac{P_t}{P_r} = P_t(\text{dB}) - P_r(\text{dB}) \tag{2-5}$$

在接收机进行信号检测和信号处理时，路径损耗和 AWGN 对信号的影响集中体现在对 SNR 的影响上，因此也就不会单独考虑路径损耗的大小。基于此原因，式(2-3)也可表示自由空间传播时的接收信号模型。

2.5　衰落信道

在实际的无线通信中，多数无线通信环境非常复杂，信号在到达接收机之前会经过各种反射、折射和散射，使得接收的信号产生时延扩展、频谱扩展、相位畸变和包络波动(功率波动)。在这些情况下，无线信道不能简单地刻画为 AWGN 信道，而是必须针对通信系统本身的参数设计和使用的信道环境来建立更复杂的传输信道模型。

2.5.1　反射、绕射和散射

电磁波入射到尺寸相对于波长大得多的障碍物表面时将发生反射现象。根据反射定律，全部或者至少部分能量的波将返回到原来的介质中。

绕射是指电磁波可以绕过障碍物到达 LoS 传播不到的区域的现象。绕射通常在一个电磁波入射到障碍物锋利的边缘时发生。绕射引起的路径损耗取决于电磁波的特征参数以及障碍物的表面形状和尺寸[3]。

散射是指当无线电波的传播媒介包含了尺寸小于波长的障碍物，传播的电磁波遇到这样的障碍物时，会引起电磁波向障碍物四周散出的现象[2]。

2.5.2　单径衰落信道模型

信号经过无线通信信道传播到达接收机时，无线信道中 N 条传播路径的信号如果其相对时延小于符号周期，导致信道的单位冲激响应中只出现一条可分辨的路径，这种信道称为单径信道。进一步讲，假如 N 条路径信号合成后的接收机信号包络恒定，信道对接收信号相位的影响也得到理想的补偿，则这样的单径信道同样可以用理想的 AWGN 信道模型来

描绘。但事实上多径信号即使没有相对时延，但相加后的合成信号也会出现相位畸变和包络波动。

假定共有 N 个信号在同一时刻到达接收端，在时刻 t 将 N 个接收信号合成后可表示为

$$r(t)=\mathrm{Re}\left\{\left[\sum_{l=0}^{N-1}(\alpha_l(t)\mathrm{e}^{-\mathrm{j}\varphi_l(t)})\right]\exp(\mathrm{j}2\pi f_\mathrm{c}t)\right\} \tag{2-6}$$

式中，$\alpha_l(t)$ 及 $\varphi_l(t)$ 表示在时刻 t 信号分量 l 的幅度和相位；f_c 为载波信号的频率。式(2-6)可以进一步改写为

$$r(t)=r_\mathrm{I}(t)\cos 2\pi f_\mathrm{c}t-r_\mathrm{Q}(t)\sin 2\pi f_\mathrm{c}t \tag{2-7}$$

式中，$r_\mathrm{I}(t)$ 及 $r_\mathrm{Q}(t)$ 分别为 $r(t)$ 的同相分量和正交分量：

$$r_\mathrm{I}(t)=\sum_{l=0}^{N-1}[\alpha_l(t)\cos\varphi_l(t)] \tag{2-8}$$

$$r_\mathrm{Q}(t)=\sum_{l=0}^{N-1}[\alpha_l(t)\sin\varphi_l(t)] \tag{2-9}$$

进一步定义

$$\alpha(t)=\sqrt{r_\mathrm{I}^2(t)+r_\mathrm{Q}^2(t)} \tag{2-10}$$

$$\theta(t)=\arctan\left(\frac{r_\mathrm{Q}(t)}{r_\mathrm{I}(t)}\right) \tag{2-11}$$

根据中心极限定理，当 N 值很大时，$r_\mathrm{I}(t)$ 和 $r_\mathrm{Q}(t)$ 将独立地满足均值为 0、方差为 σ^2 的高斯分布，因此包络 $\alpha(t)$ 是一个满足瑞利分布的随机变量，其概率密度函数为

$$P(z)=\frac{z}{\sigma^2}\exp\left(-\frac{z^2}{2\sigma^2}\right),\quad z\geqslant 0 \tag{2-12}$$

图 2.2 描绘了一个典型的瑞利衰落包络[3]，图 2.3 给出了瑞利分布的概率密度函数(PDF)。进而，式(2-11)给出的相位 $\theta(t)$ 可以证明均匀分布在区间 $[-\pi,\pi]$ 上。

在某些通信环境下，除了 N 条非视距传播路径，还存在 LoS 路径，式(2-7)应改写为

$$r_\mathrm{R}(t)=(A+r_\mathrm{I}(t))\cos 2\pi f_\mathrm{c}t-r_\mathrm{Q}(t)\sin 2\pi f_\mathrm{c}t \tag{2-13}$$

对应的信号包络为

$$\alpha_\mathrm{R}(t)=\sqrt{(A+r_\mathrm{I}(t))^2+r_\mathrm{Q}^2(t)} \tag{2-14}$$

随机变量 $\alpha_\mathrm{R}(t)$ 满足以下的莱斯分布：

$$P(z)=\frac{z}{\sigma^2}\exp\left(-\frac{z^2+A^2}{2\sigma^2}\right)\mathrm{I}_0\left(\frac{zA}{\sigma^2}\right),\quad z\geqslant 0 \tag{2-15}$$

式中，A 为正常数，代表 LoS 信号分量的贡献；$\mathrm{I}_0(\cdot)$ 代表第一类零阶修正贝塞尔函数。莱斯分布通常用一个称为莱斯因子的参数 K 描述，其定义为

$$K=\frac{A^2}{2\sigma^2} \tag{2-16}$$

一个莱斯因子 K 完全描绘了一个对应的莱斯分布，如图 2.3 所示。事实上，瑞利分布是当 $K=0$（$I_0(0)=1$）时的莱斯分布。

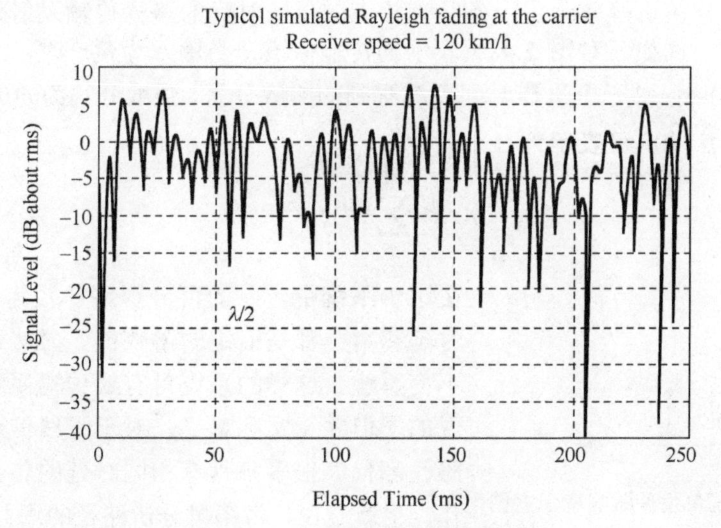

图 2.2 典型的瑞利衰落包络

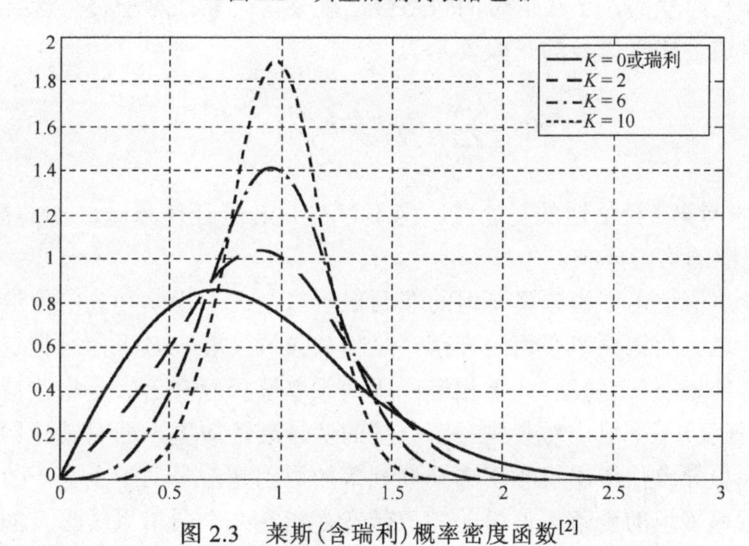

图 2.3 莱斯(含瑞利)概率密度函数[2]

无论是单径瑞利衰落信道还是莱斯衰落信道，接收信号可以表示为

$$y(t)=\alpha(t)\mathrm{e}^{\mathrm{j}\theta}x(t)+n(t) \tag{2-17}$$

式中，$x(t)$ 表示发射信号；$\alpha(t)\mathrm{e}^{\mathrm{j}\theta}$ 表示信道的复增益；$n(t)$ 为 AWGN 分量。

与理想的 AWGN 信道相比，单径衰落信道的主要区别是信道是时变的，而理想 AWGN 信道是时不变信道。

2.5.3 多径衰落信道模型

所谓的多径衰落信道是对应 2.5.2 节中的单径衰落信道而论的。为了说明多径衰落信道，先来讨论图 2.4 所示的信道，即一个具有 3 条可分辨路径系统的离散时间单位冲激响应。这里的“可分辨路径”是无线信道分析与建模中常用的非常形象的术语，其含义是，把信道当作一个系统，当系统的单位冲激响应在某个采样点的采样值超过了系统设置的判决阈值时，该采样值可等效为由一条具有相应的传输时延的路径传输发射信号后所获得的接收信号的强度。例如，对图 2.4 所表示的传输信道，当输入为 $\delta(\tau)$ 时，系统的输出分别在 $\tau_0=0$、$\tau_1=1$ 和 $\tau_2=2$ 三个采样时间点观察到的响应分量，强度分别为 $h(0)$、$h(1)$ 和 $h(2)$，该系统的单位冲激响应可表示为

$$h(\tau)=\sum_{l=0}^{2}h(l)\delta(\tau-\tau_l) \tag{2-18}$$

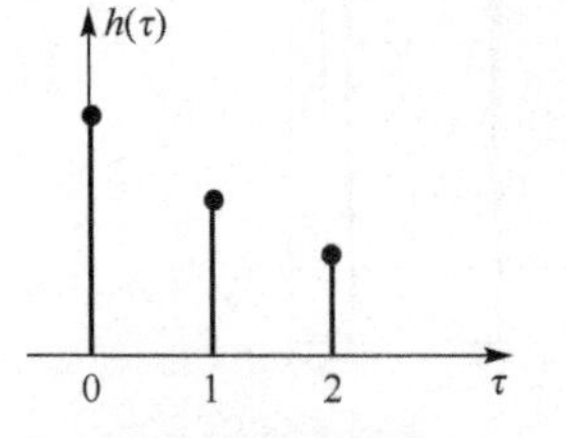

图 2.4 时不变系统单位冲激响应示意图

在这个系统中，总的可分辨路径数为 3，每条路径的时延和增益都是固定的常数值。显然这样的系统是时不变系统。这样的系统对有线传输系统显然是可以实现的，但并无实际意义。对于无线信道，每个可分辨路径都代表很多条具有相同时延的传输子径信号的合作，也就是说，每条可分辨路径的增益都会像 2.5.2 节中所讨论的那样是时变的，子径信号的包络会出现衰落现象。对于一个含有 L 条可分辨路径的多径衰落信道，接收信号的一般表示为

$$y(t)=\sum_{l=0}^{L-1}\alpha_l(t)\mathrm{e}^{\mathrm{j}\theta_l}x(t-\tau_l)+n(t) \tag{2-19}$$

式中，$\alpha_l(t)\mathrm{e}^{\mathrm{j}\theta_l}$ 表示第 l 径信道的复增益，当不存在 LoS 子径传播时，$\alpha_l(t)$ 服从瑞利分布，θ_l 满足 $[-\pi,\pi]$ 范围的均匀分布。

单径瑞利衰落信道也称为频率平坦的瑞利衰落信道；多径瑞利衰落信道也称为频率选择性瑞利衰落信道。所谓频率平坦的衰落，是指从频域上看，对于信号带宽内所有不同的频率分量，信道的增益(谱强度)几乎相等；所谓频率选择性衰落，是指在信号的带宽内，信道的增益(谱强度)不平坦，对某些频率分量的信号衰落较重，而对其他频率分量的信号衰落又相对较轻。导致信道出现频率选择性衰落的原因是信号的带宽大于信道相干带宽，否则只会出现频率平坦的衰落。信道的相干带宽是指在一个通信系统涉及的总频带内，信道的频谱保持平坦的最大允许带宽。如果信号的带宽大于信道相干带宽，接收信号就会出现频率选择性衰落，接收信号在时域上来看就会出现可分辨的多径分量，如式(2-19)所示。从式(2-19)可以看出，如果把式中的连续时间变量当作离散时间变量，也就是说把 $x(t)$ 当作第 t 个符号的采样值，接收信号中明显出现了符号间的干扰(ISI)，即使没有噪声，也会严重影响对发射符号的判决。

对于平坦衰落信道，对应的接收信号要采用信道均衡的数字信号处理技术来消除或者减少信道对发射信号的影响。具体来讲，信道均衡的目的就是对信道相位进行补偿。对于频率选择性衰落信道中的接收机，要采用 ISI 干扰抑制技术来消除 ISI 的影响或者采用分集合并技术来联合开发多径信号对符号判决的贡献。均衡和分集技术可参见文献[2]。

2.6 编码信道

在数字通信系统中，从发射机某个模块的输出端到接收机某个模块的输入端都可以等效为一个广义的传输信道。本章前面讨论的 AWGN 信道和衰落信道模型可以认为是从调制器输出端到解调器输入端的信道模型。若从发射机信道编码器的输出端到接收机解码器的输入端来建立广义的传输信道模型，由于信道的输入和输出都是二进制比特数据，信道对信号的影响通常用图 2.5 所示的模型来分析。

在编码信道中，条件概率 $P(y=y_j\,|\,x=x_i)$ 称为转移概率，代表了发射为 $x=x_i$（$x_i\in\{0,1\}$）时，接收为 $y=y_j$（$y_j\in\{0,1\}$）的概率。若发射机编码器输出(编码信道输入)为“0”或“1”的先验概率 $P(0)$ 和 $P(1)$ 已知，则接收机信道解码器输入(编码信道输出)为“0”或“1”的概率可由下列矩阵计算获得：

$$\begin{bmatrix} P(y=0) \\ P(y=1) \end{bmatrix} = \begin{bmatrix} P(0\,|\,0) & P(0\,|\,1) \\ P(1\,|\,0) & P(1\,|\,1) \end{bmatrix} \begin{bmatrix} P(0) \\ P(1) \end{bmatrix} \tag{2-20}$$

编码信道输出的误码率为

$$P_{\mathrm{e}} = P(1\,|\,0)P(0) + P(0\,|\,1)P(1) \tag{2-21}$$

在针对数字调制技术性能的研究中，理论上的误码率分析可以采用模拟信道模型来建立接收信号与发射信号的关系，再利用等效的编码信道模型并采用式(2-21)来分析系统的误码率。但在仿真计算误码率时，仿真中只用到调制信道，误码率是通过首先统计总的解调器输出的错误比特数，再计算其与总比特数的比值来获得的。

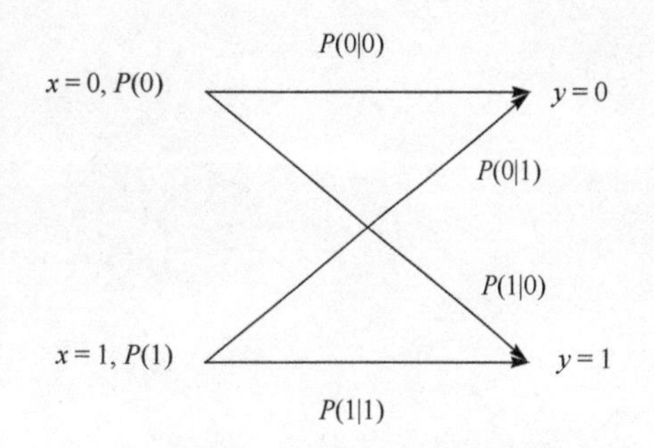

图 2.5　编码信道模型

如果要研究数字通信系统中的信道编码技术的性能，则可以将图 2.5 所示的信道模型用于从信道编码器输入端到接收机信道解码器输出端的广义信道，由于理论上分析该广义信道传输误码率非常困难，故一般采用仿真的方法来统计误码率。仿真计算误码率时，要将接收机信道解码器输出的比特与发射机信道编码器输入的比特进行比较来判断解码后的输出是否正确。针对同一个系统，如果将该广义信道传输的误码率与编码信道传输的误码率进行比较，那么就可以分析编码和解码算法的有效性。

2.7 本章小结

本章主要介绍了有线和无线信道的特征，讨论了有线和无线信道的建模。对于有线信道，其信道条件比无线信道要好，一般等效为理想的 AWGN 信道。在无线传输中，将理想的自由空间传播也建模为理想的 AWGN 信道，但实际中这样的通信信道环境非常少。实际的无线信道环境存在多径传播。所谓多径传播是根据信道单位冲激响应中可分辨的路径数来判定的。在低速率的无线系统中，可能只存在一条可分辨路径，但接收信号的功率会出现衰落。在没有视距传播的环境中，这种信道应该建模为平坦的瑞利衰落信道；当存在视距传播时，信道应该建模为莱斯衰落信道。

当信号的带宽大于信道的相干带宽时，信道应该建模为频率选择性衰落信道。频率选择性衰落也称多径衰落，它会导致接收信号中出现符号间干扰。

从广义信道的概念来讲，任何从发射机模块的输出端到接收机某个模块的输入端都可以看作一个广义信道。在通信系统中主要有调制信道和编码信道。调制信道是指调制器输出端到接收机解调器输入端的信道，属于模拟信道，主要用来建模解调器的接收信号。编码信道是从编码器输出到接收机解码器输入端的等效信道模型，属于数字信道。在分析某种调制技术的误码率理论值时，一般要联合采用编码信道和调制信道。

本章还给出了不同信道模型下接收信号的表示，并讨论了不同信道模型所适用的环境。

习 题 2

2.1 一个离散的信道模型如图 2.6 所示，写出该系统离散时间形式的单位冲激响应，并判断是否能实现无失真传输。假设输入符号序列为$\{x(n)\}$，输出符号序列为$\{y(n)\}$，求对应输入符号$x(5)$时的响应。

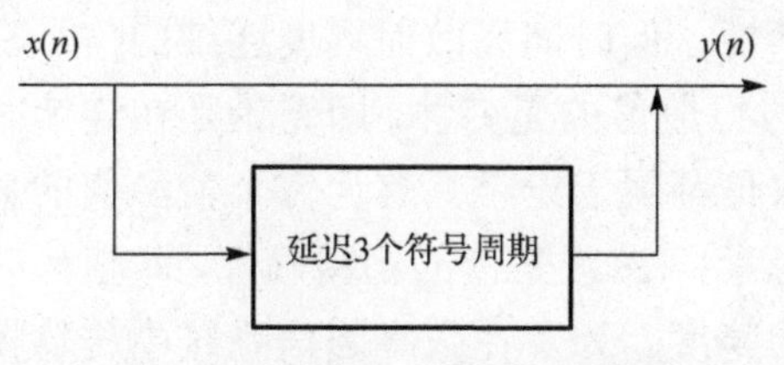

图 2.6 习题 2.1 中的信道模型

2.2 对一个具有 3 条可分辨路径的无线传输信道，若每条路径的信道衰落系数分别为α_0、α_1和α_2，路径时延分别为τ_0、τ_1和τ_2，写出系统的单位冲激响应。

2.3 对于在自由空间传播的信号，假设在离信源 1m 处为平面波传播，若在 1m 处接收信号的功率为 1mW，求在 100m 处接收信号的功率。

2.4 对于对称的二进制编码信道，假设发射机发射“0”时，误判为“1”的概率为 0.01，发射机发射“0”码的概率为 0.4，求该信道的误码率。

2.5 采用 Jakes 模型仿真产生瑞利衰落系数，归一化的最大多普勒频率为 0.001，仿真分析其自相关函数与概率密度函数。

2.6 理想的高斯随机信号通过一个中心频率为ω_c的理想带通滤波器后，输出噪声可以表示为$n(t)=n_I(t)\cos\omega_c t-n_Q(t)\sin\omega_c t$，其中$n_I(t)$和$n_Q(t)$分别满足独立的均值为 0、方差为$\sigma^2$的高斯分布，试分析$n(t)$的包络$A(t)=\sqrt{n_I^2(t)+n_Q^2(t)}$及相位$\theta(t)=\arctan(n_Q(t)/n_I(t))$分别满足什么样的分布。

第3章　模拟信号的数字化

在通信系统中，许多信号源都是模拟信号源。所谓的模拟信号源一般是指信号波形在幅度维和时间维都具有连续性，但时间离散而幅度连续的信号源也属于模拟信号。模拟信号源的两个主要特征是：(1)可取值的无穷性，即无论是在连续时间上观察还是在离散时间上观察，信号波形幅度的取值都属于一个具有无穷个信源值的集合，也就是说所有幅度值构成的集合具有无穷多个元素；(2)观察值的不精确性，即任何时刻信源的观察值(采样值)都不能保证满足任意设定的精度。为了在数字通信系统中传输模拟信号，数字通信系统既不可能把具有无穷多个时间点的原信号都传输给接收机，也不可能把信号源的无穷多个幅度值都传输给接收机。在实际的通信系统中，受通信系统的限制，信息传输速率和系统存储量都是有限的，因此模拟信号源在采用数字通信技术传输其信号前，需要进行数据压缩，也就是要采样和量化。为了能在数字通信系统中实现量化值的传输，还要进一步对量化值进行编码。将模拟信号进行采样、量化和编码的过程称为模拟信号的数字化，也就是实现模拟信号到数字信号(A/D)的转换。需要说明的是：在通信系统中，通常所指的A/D转换都是指对模拟信号的幅度值进行采样，然后再进行量化和编码操作；但将模拟量数字化的技术还可以是提取模拟信源的特征参数，再进行编码。尽管提取信源的特征参数广义上也可以看作采样和量化，但为了区别于前者，一般称后者为参数编码技术。本章主要介绍基于模拟信号幅度采样和量化的模拟信号数字化的原理与实现方法。

3.1　理想采样的信号分析

采用数字通信系统对模拟信号进行传输的系统框图如图3.1所示。在发射端，模拟信号经过A/D转换后，变成二进制比特流加入信道编码器，进而经过数字调制后送入传输信道。接收的信号经过数字解调和信道译码后，输出的二进制比特流进一步经D/A转换和低通滤波输出模拟信号。系统将其作为发射机所输入模拟信号的恢复信号。

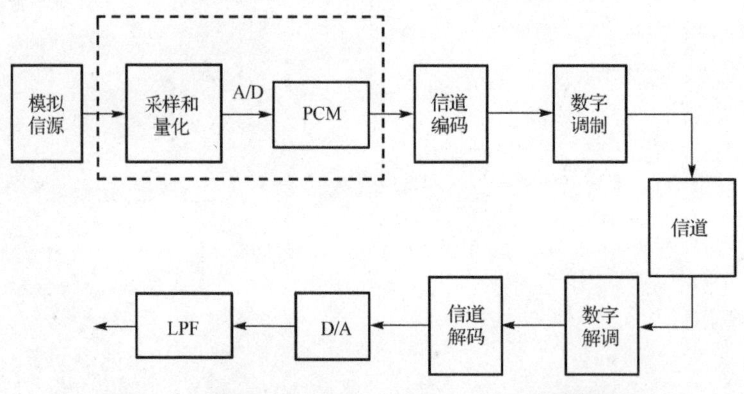

图3.1　模拟信号的数字化及数字传输系统框图

采样是指在以采样周期为间隔的时间点上获取模拟信号幅值的处理技术和操作。在数学表示上，理想的采样可以描述为模拟信号 $s(t)$ 与一个周期性的冲激序列的乘积，其中，冲激序列可表示为

$$\delta_{\mathrm{T}}(t)=\sum_{n=-\infty}^{\infty}\delta(t-nT) \tag{3-1}$$

式中，T 代表采样周期。上述梳状函数的频谱为

$$\delta_{\omega_{\mathrm{s}}}(\omega)=\omega_{\mathrm{s}}\sum_{n=-\infty}^{\infty}\delta(\omega-n\omega_{\mathrm{s}}) \tag{3-2}$$

式中，$\omega_{\mathrm{s}}=2\pi/T$ 为上述梳状频谱的相邻谱线的间隔，代表了信号在频谱的分辨率。

采样后的信号可以表示为

$$s_{\mathrm{T}}(t)=s(t)\delta_{\mathrm{T}}(t)=\sum_{n=-\infty}^{\infty}s(nT)\delta(t-nT) \tag{3-3}$$

为了分析采样对信号频谱的影响，考虑采样后信号的频谱，即

$$S_{\mathrm{T}}(\omega)=\frac{1}{2\pi}[S(\omega)*\delta_{\omega_{\mathrm{s}}}(\omega)]=\frac{1}{T}\sum_{n=-\infty}^{\infty}S(\omega-n\omega_{\mathrm{s}}) \tag{3-4}$$

由式(3-4)可见，频域卷积运算的结果将被采样信号的频谱复制到 $\omega=n\omega_{\mathrm{s}}$ 处，其中 n 为整数。显然如果采样周期/频率选取得不合适，采样后的信号就会出现频谱混叠，那么就无法由采样后的信号正确地恢复出原信号了。这也意味着：在通信系统中，采样后的离散信号被传输后，在接收机即使完整地恢复了发射端的离散信号，也无法恢复原始的连续信号。

3.2 低通信号的采样定理

由 3.1 节的分析可知，对于带限在 $[0, f_{\mathrm{M}}]$ 内的模拟信号，当采样率满足 $f_{\mathrm{s}}\geqslant 2f_{\mathrm{M}}$ 时，可以从采样后的信号中通过低通滤波器无失真地恢复原模拟信号。该规律在 1928 年由美国电信工程师 H.奈奎斯特首先提出来，因此也被称为奈奎斯特采样定理。图 3.2 展示了采样前、后各信号的频谱。从图 3.2 (c) 中可以明显地看出，能从采样后的信号中恢复原模拟信号的最低采样率为 $f_{\mathrm{s}}=2f_{\mathrm{M}}$，该采样率也称为奈奎斯特采样率。

下面来讨论从采样后的信号中恢复模拟信号。假设一个理想的低通滤波器，最高截止频率为 f_{H}，用它来对已经采样过的信号进行滤波，滤波器的频率响应应为

$$H(f)=\begin{cases}1, & |f|\leqslant f_{\mathrm{H}}\\ 0, & \text{其他}\end{cases} \tag{3-5}$$

滤波器的单位冲激响应为

$$h(t)=\frac{\omega_{\mathrm{H}}}{\pi}\mathrm{Sa}(\omega_{\mathrm{H}}t) \tag{3-6}$$

式中，$\mathrm{Sa}(\cdot)$ 为采样函数。进而，滤波器的输出信号为

$$\hat{s}(t)=s_{\mathrm{T}}(t)*h(t)=\frac{\omega_{\mathrm{H}}}{\pi}\mathrm{Sa}(\omega_{\mathrm{H}}t)*\sum_{n=-\infty}^{\infty}s(nT)\delta(t-nT)$$

$$=\frac{\omega_{\mathrm{H}}}{\pi}\sum_{n=-\infty}^{\infty}s(nT)\mathrm{Sa}(\omega_{\mathrm{H}}(t-nT)) \tag{3-7}$$

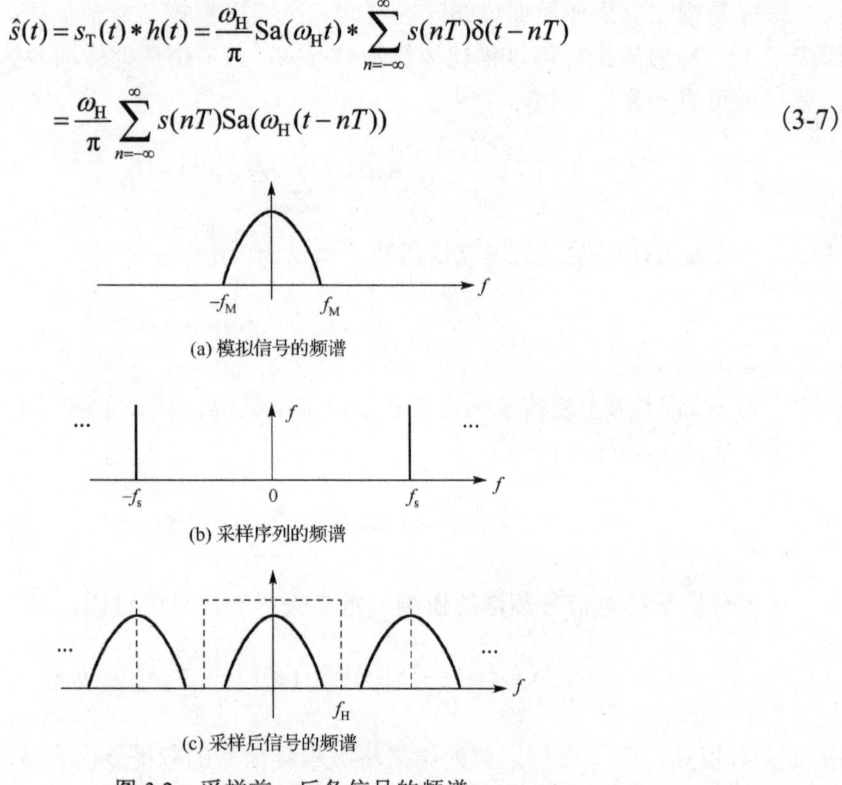

(a) 模拟信号的频谱

(b) 采样序列的频谱

(c) 采样后信号的频谱

图 3.2　采样前、后各信号的频谱

图 3.3 展示了 $s(nT)=[-2,-1,0,1,2,3,2,1,0,-1,-2]$，其中 n 取−5 到 5 的所有整数时，按照式(3-7)（去掉常系数 ω_{H}/π）恢复模拟信号的数值计算结果。计算时假设 $f_{\mathrm{s}}=2f_{\mathrm{M}}$，$f_{\mathrm{H}}=f_{\mathrm{M}}$。从图中合成曲线可以看出，尽管 n 的取值只有 11 个值，也就是说只用了 11 个波来合成模拟信号，但合成后的曲线在 $t=nT$（$n=-5,-4,\cdots,5$）上的取值与 $s(nT)$ 在这些点上的取值非常吻合。

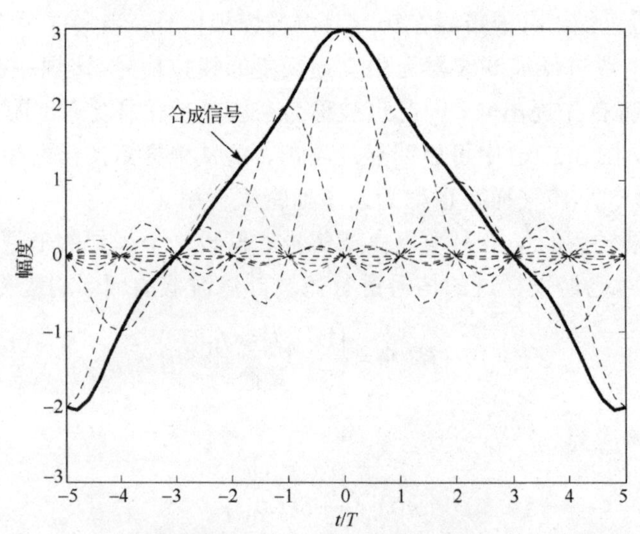

图 3.3　满足采样定理时，低通滤波器恢复模拟信号演示图

$f_{\mathrm{s}}=2f_{\mathrm{M}}$；$f_{\mathrm{H}}=f_{\mathrm{M}}$，$n=-5,-4,\cdots,5$

3.3　带通信号的采样定理

一个限制在$[f_L, f_H]$范围内的模拟信号，其单边带带宽为$B = f_H - f_L$，若类似于低通信号采样定理，取采样频率满足$f_s \geq 2f_H$，则自然可以从采样后的信号中恢复原模拟信号，但这样的采样频率太高，不仅消耗不必要的存储资源，在信号传输时，也会影响通信系统的频谱效率。对于带通模拟信号，可以证明，最低的无失真恢复模拟信号所需的采样频率是可以低于$2f_H$的。

若将f_H表示成

$$f_H = kB + mB \tag{3-8}$$

式中，k是一个不超过f_H / B的最大正整数；$m = f_H / B - k$满足$0 \leq m < 1$，则最小的无失真采样频率为

$$f_{s,\min} = 2f_H / k = 2B\left(1 + \frac{m}{k}\right) \tag{3-9}$$

从低通模拟信号恢复的原理可知，对于带通模拟信号，只要采样后信号的频谱不发生混叠，可采用滤波器恢复原模拟信号。由于在实际中通常满足$k \gg m$，因此一般选带通信号的采样频率为每秒$2B$个样本点。

3.4　脉冲幅度调制(PAM)

在3.1节至3.3节对模拟信号采样理论的分析中所采用的是理想的周期脉冲序列$\delta_T(t)$，在实际应用中$\delta_T(t)$函数是不可实现的，实际能实现的采样在每个采样点需要一定的脉冲宽度。图3.4展示了用模拟信号对一个周期为T的窄矩形脉冲序列的幅度进行调制的结果，由于这种采样等效为在周期性的矩形脉冲出现时，开关打开，让模拟信号输出；在其他时刻，开关闭合，禁止信号输出，从而导致在每个窄的矩形脉冲期间，输出的信号保持了原有的形状，因此也称为自然采样。

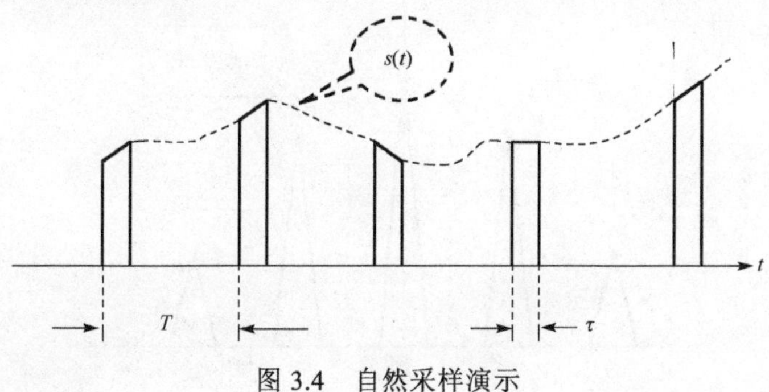

图 3.4　自然采样演示

宽度为τ的脉冲信号可以表示成

$$g_\tau(t) = \begin{cases} 1, & |t| \leq \tau / 2 \\ 0, & 其他 \end{cases} \tag{3-10}$$

其频谱函数为

$$G_\tau(\omega)=\tau\,\mathrm{Sa}\left(\frac{\omega\tau}{2}\right) \tag{3-11}$$

因此，周期为T的窄矩形脉冲序列可以表示为

$$g_{\mathrm{T},\tau}(t)=g_\tau(t)*\delta_{\mathrm{T}}(t)=\sum_{n=-\infty}^{\infty}g_\tau(nT)\delta(t-nT) \tag{3-12}$$

对应的频谱为

$$\begin{aligned}G_{\mathrm{T},\tau}(\omega)&=[G_\tau(\omega)\delta_{\omega_{\mathrm{s}}}(\omega)]=\omega_{\mathrm{s}}\sum_{n=-\infty}^{\infty}G_\tau(n\omega_{\mathrm{s}})\delta(\omega-n\omega_{\mathrm{s}})\\&=\omega_{\mathrm{s}}\tau\sum_{n=-\infty}^{\infty}\mathrm{Sa}\left(\frac{n\omega_{\mathrm{s}}\tau}{2}\right)\delta(\omega-n\omega_{\mathrm{s}})\end{aligned} \tag{3-13}$$

若被采样的模拟信号为$s(t)$，对应的频谱为$S(\omega)$，则自然采样时域的信号表示为

$$\hat{s}_{\mathrm{T}}(t)=s(t)g_{\mathrm{T},\tau}(t)=s(t)\sum_{n=-\infty}^{\infty}g_\tau(nT)\delta(t-nT) \tag{3-14}$$

采样后信号的频谱为

$$\hat{S}_{\mathrm{T}}(\omega)=\frac{1}{2\pi}[S(\omega)*G_{\mathrm{T},\tau}(\omega)]=\frac{\tau}{T}\sum_{n=-\infty}^{\infty}\mathrm{Sa}\left(\frac{n\omega_{\mathrm{s}}\tau}{2}\right)S(\omega-n\omega_{\mathrm{s}}) \tag{3-15}$$

图 3.5 描绘了自然采样后信号的频谱，其中位于理想低通滤波器（LPF）频段内、最高截止频率为f_{M}的频谱代表了原模拟信号的频谱。从图中可见，以$f=nf_{\mathrm{s}}$（n为整数）为中心均匀出现的原模拟信号谱的“副本”，只是根据各副本出现的位置不同，谱包络受到$\mathrm{Sa}\left(\frac{n\omega_{\mathrm{s}}\tau}{2}\right)$的调制。从图中还可以看出，只要满足采样定理$f_{\mathrm{s}}\geqslant 2f_{\mathrm{M}}$，则可以通过一个 LPF 来恢复原模拟信号，LPF 的最高截止频率范围为$f_{\mathrm{M}}\leqslant f_{\mathrm{H}}\leqslant f_{\mathrm{s}}-f_{\mathrm{M}}$。

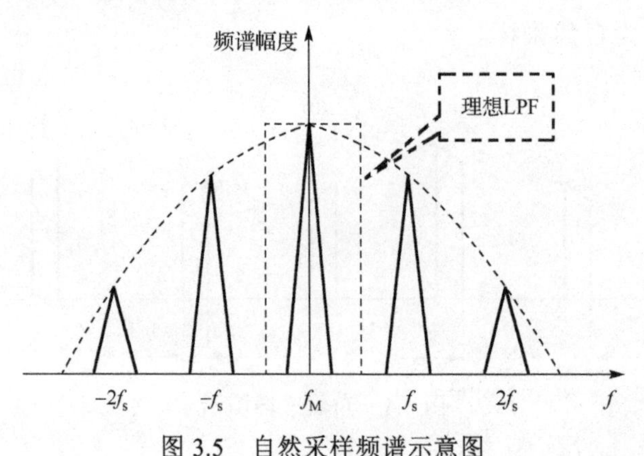

图 3.5　自然采样频谱示意图

由图 3.4 可见，自然采样后的信号波形的顶是不平的，显然不适合数字电路的实现以及进行信号传输。为了实现平顶采样，需要在每个采样点时刻采样之后保持采样值一段时

间不变，即利用采样保持电路，如图 3.6 所示。若采样后保持电路的时长为τ，则平顶采样后信号可以描述为

$$\overline{s}_{\mathrm{T}}(t)=\sum_{n=-\infty}^{\infty}s(nT)g_{\tau}(t-nT) \tag{3-16}$$

由式(3-4)和式(3-11)可得平顶采样后输出信号的频谱为

$$\overline{S}_{\mathrm{T}}(\omega)=S_{\mathrm{T}}(\omega)G_{\tau}(\omega)=\frac{1}{T}G_{\tau}(\omega)\sum_{n=-\infty}^{\infty}S(\omega-n\omega_{\mathrm{s}}) \tag{3-17}$$

从式(3-17)可见，平顶采样后的信号，其频谱受到了保持电路的矩阵谱的调制，导致无法简单地用滤波器从采样后的信号中恢复原模拟信号。若需要恢复模拟信号，首先需要用频率响应为$1/G_{\tau}(\omega)$的修正网络，对采样后信号的频谱进行修正，然后才能采用理想 LPF 来恢复模拟信号。

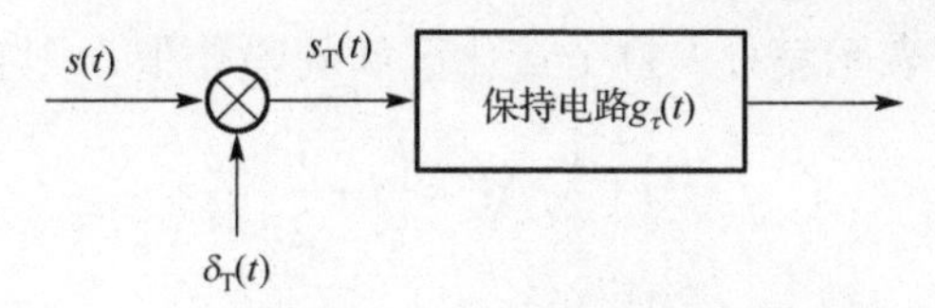

图 3.6　平顶采样系统

自然采样和平顶采样从信号处理的角度来看都属于脉冲幅度调制(PAM)。由于自然采样明显不适合数字通信系统的应用，因此在数字通信系统中只考虑平顶采样。从本节的分析可见，对于基于平顶采样的 PAM 信号，采样后的幅度值并没有实现真正意义上的离散化，也就是说，采样点的取值可以是信号从最小值到最大值之间的任何值，这也意味着每个采样值的数据长度可以是无限长(小数点后的位数不定)，因此要对采样值进行量化之后，才能真正实现幅度离散。最典型的量化是均匀量化，其基本原理是将信号的幅度范围(从最小值到最大值)等距离地划分成若干个小区间，落在每个小区间内的采样点的值，用该小区间中点的值(量化值)表示，而后发射给接收机的是代表实际采样值的量化值。因为该原因，许多国内外教材在讨论 PAM 信号时，往往已经隐含了幅度已经被量化的概念，如文献[4]和文献[5]中在分析 QAM 误码率时，都是基于量化后的 PAM 信号的误码率分析来进行的。

3.5　脉冲编码调制

脉冲编码调制(PCM)是将模拟信号数字化的一种技术或过程，它除对模拟信号的采样操作外，还需要对采样后的样本进行量化和编码。量化的目的，一是为了将模拟信号经过采样后的样本值真正地实现离散化；二是对进入数字通信系统之前的数据起到压缩作用。量化的原理是将信号幅度从最小值到最大值划分成若干个子区间范围，代表每个子区间的值称为量化值，该操作也称为分级处理，对落在某个子区间的采样值用量化值作为其近似值，通信系统只将量化值传输到接收端。显然，量化会带来量化误差，即量化值与真正样本值之间的偏差，量化误差在信号上是一种噪声，称为量化噪声。量化的分级数越多，量

化间隔就越小，平均的量化噪声功率也越小。但量化级数的增加会使得系统存储和计算开销增大，还会降低系统的频谱效率，因此在选择量化的分级数目时，要权衡得失。编码是对每个量化值安排一个二进制比特组(或者说二进制波形)与之对应，使得量化值能真正地经过数字系统进行传输。分级越多，所需的编码长度也越长，系统的频谱效率就越低。

3.5.1 均匀量化

所谓均匀量化，是将模拟信号幅度值所存在的区间等间距地划分成若干个子区间，取每个子区间的中点值作为量化值的量化方法。图 3.7 给出了一种量化级数为 4 的均匀量化方案。在该方案中，模拟信号的幅值区间$[-a,a]$被 4 级均匀量化等间距地划分成$M=4$个子区间，因此每个子区间的宽度，也称量化步长，为

$$\Delta V=\frac{2a}{M} \tag{3-18}$$

若用q_i，$i\in\{0,1,\cdots,M-1\}$表示第$(i+1)$个量化区间的量化值，则有

$$q_i=(i+\frac{1}{2})\,\Delta V=\left(i+\frac{1}{2}\right)\frac{2a}{M} \tag{3-19}$$

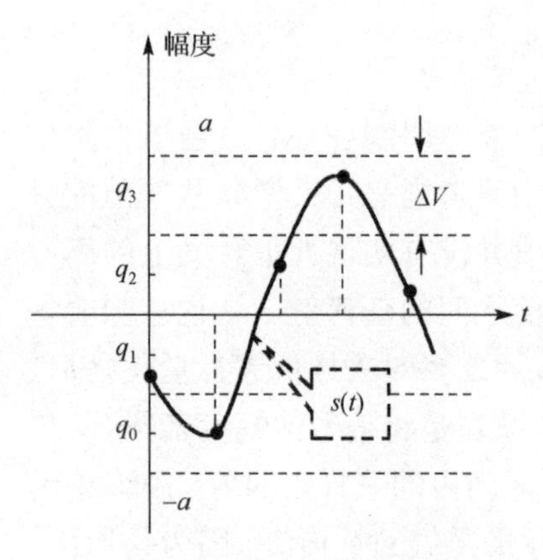

图 3.7 均匀量化示例

图 3.7 所示为$t=nT$（$n=0,1,\cdots,4$）时的采样值。观察这些采样值所在的量化子区间，以及每个子区间对应的量化值，不难得到这 5 个采样值对应的量比值构成的量化值组为$\{q_1,q_0,q_2,q_3,q_2\}$。也就是说，通信系统的接收机将依次收到这些量化值，把这些量化值当作原始模拟信号的采样值，而真正的采样值接收机是不知道的。

为了分析均匀量化中量化噪声的影响，需要分析量化信号和量化噪声值的特征。尽管对某个固定的模拟信号而言，信号并非随机信号，但当研究均匀量化的性能时，我们必须要考虑各种可能的模拟信号和大小不同的采样周期。因此在分析时，假设采样值是取值区间内均匀分布的随机变量，假设量化误差（量化噪声）e是均值为 0，均匀地分布在$[-\Delta V/2,\cdots,\Delta V/2]$范围内的随机变量，显然这是合理的。由于量化误差的概率密度函数为$P(e)=1/\Delta V$，因此噪声的方差为

$$\sigma^2=\int_{-\Delta V/2}^{\Delta V/2}e^2P(e)\,\mathrm{d}e=\frac{\Delta V^2}{12} \tag{3-20}$$

用s_k表示模拟信号的第k个采样值，假设s_k均匀分布在$[-a,a]$区间内，则其概率密度函数为$P(s_k)=1/(2a)$，因此信号的功率为

$$P_{\mathrm{s}}=\int_{-a}^{a}s_k^2P(s_k)\mathrm{d}s_k=\frac{1}{2a}\int_{-a}^{a}s_k^2\mathrm{d}s_k=\frac{1}{3}a^2=M^2\frac{\Delta V^2}{12} \tag{3-21}$$

由式(3-20)和式(3-21)可知，信号和量化噪声的功率比，简称为量化信噪比，为

$$\frac{P_{\mathrm{s}}}{\sigma^2} = M^2 \tag{3-22}$$

考虑到量化后，每个量化值还要进行编码，因此量化的级数 M 一般满足 $M = 2^N$，其中，N 为正整数，代表每个量化值编码时所需的二进制比特数，因此，式(3-22)可以进一步改写为

$$\frac{P_s}{\sigma^2} = M^2 = 2^{2N} \tag{3-23}$$

由式(3-23)不难看出，编码位数每增加一位，量化的分级数目翻番，量化信噪比提高约 6dB。

3.5.2　非均匀量化

从 3.5.1 节对均匀量化的介绍与分析中可见，量化噪声平均功率仅与量化间隔的大小有关(对于均匀量化，仅与量化级数有关)，与输入信号无关。也就是说，无论是小幅值的信号还是大幅值的信号，噪声功率是不受信号幅度影响的。这就会导致在接收机中小信号的瞬时信号和噪声平均功率的比值可能很小，严重影响对小信号的检测和恢复，这自然就导致了非均匀量化思想的产生。所谓非均匀量化，就是对幅度越小的信号，量化间隔越大，使其对应的量化噪声越小；而对于幅度越大的信号，反而量化间隔越小。与均匀量化相比，这样做对大信号会产生一定的量化信噪比损失，但仍然可以令接收机获得满意的瞬时信号和噪声平均功率的比值。

图 3.8 显示了非线性量化的原理。假设模拟信号的幅值在 $[-a, a]$ 的区间内，将信号的幅度划分成 $M = 8$ 级(图中只画出了信号幅度大于或等于零的部分)，用 y 轴上的均匀划分代表幅度的均匀量化，再按图 3.8 所示的函数 $y = f(x)$，将 y 轴上的均匀划分映射成 x 轴上的非均匀划分。显然，若用 y 轴上划分的每个子区间中点代表量化值，则量化为均匀量化。y 轴上的均匀划分映射到 x 轴上后，x 轴上对信号幅度区间的划分显然是非均匀的，这来自函数 $y = f(x)$ 的非线性。令 $x_4 = y_4 = a$，按图 3.8 中的曲线 $y = f(x)$，当信号幅度由大变小时，x 轴上的量化间隔逐渐变小。当取 y 轴上每个子区间的量化值在 x 轴上的映射作为 x 轴上对应子区间的量化值时，这些 x 轴上的量化值显然不是等距的。按照信号幅度从大到小，x 轴上各量化值相邻间距逐渐压缩。如果我们用 $q_{i,x}$（$i = 0,1,2,3$）代表 x 轴上 4 个子区间的量化值(见图 3.8)，对应的 y 轴上的 4 个子区间的量化值为 $q_{i,y}$（$i = 0,1,2,3$）。观察小信号所在的两个子区间的量化值，显然有 $q_{0,x} < q_{0,y}$，$q_{1,x} < q_{1,y}$。因此，与 y 轴上的均匀量化相比，图 3.8 中 x 轴上的非均匀量化(等效为均匀量化映射成的非均匀量化)对小信号起到了信号压缩的作用。

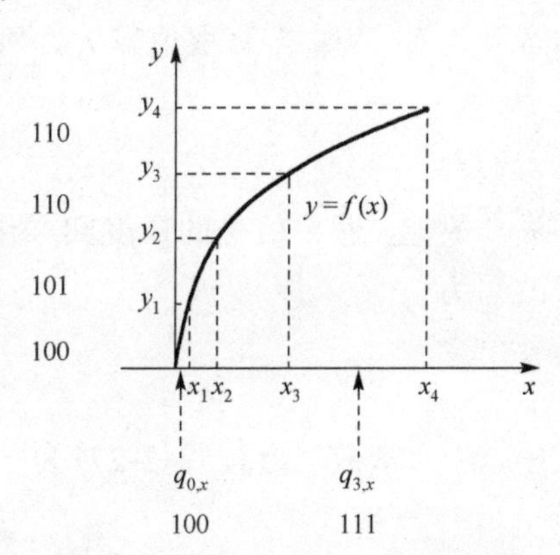

图 3.8　非线性量化与小信号压缩

现在我们来分析小信号压缩为信号传输带来的益处。只考虑小信号时，当采用均匀量化时，幅值落在区间 $[0, y_1]$ 内的采样值均用 $q_{0,y}$ 代表其量化值；采用非均匀量化时，幅值落在区间 $[0, x_1]$ 内的采样值均

用 $q_{0,x}$ 代表其量化值。显然区间 $[0,x_1]$ 的间隔远小于区间 $[0,y_1]$ 的间隔，因此，按 $[0,x_1]$ 的区间间隔来计算量化噪声的平均功率远小于按区间 $[0,y_1]$ 的间隔所计算的量化噪声平均功率。换句话说，对于均匀量化，在一个相对大的 $[0,y_1]$ 范围内所有的采样点都要在接收机用 $q_{0,y}$ 来近似；但对于非均匀量化，则在一个相对小的 $[0,x_1]$ 范围内所有的采样点都要在接收机用 $q_{0,x}$ 来近似，如果通信系统无传输错误，在接收机恢复模拟信号时，接收机是不知道具体采样值的，也就是说是以量化值来代表采样值的，那么非均匀量化时失真度要小得多。此外，在数字通信系统中，采样后的量化值是以编码的形式进行传输的，例如，采用图 3.8 所示的编码，即用“100”和“101”分别代表信号幅度最小的两个区间，如果因为信道的影响导致接收机将“100”误判为“101”，显然对于均匀量化，接收机要用 $q_{1,y}$ 作为模拟量的输出，而对于非均匀量化，接收机要以 $q_{1,x}$ 作为输出。由于均匀量化和非均匀量化正确判决的输出分别为 $q_{0,y}$ 和 $q_{0,x}$，有 $|q_{1,y}-q_{0,y}|>|q_{1,x}-q_{0,x}|$，因此传输小信号发生误码时，小信号压缩式的非均匀量化会降低接收机模拟量恢复后的失真度。

为了量化小信号压缩式非均匀量化与均匀量化相比所带来的量化信噪比增益，由式(3.21)可知，信号的平均功率仅与信号幅值的最大值 a 和最小值 $-a$ 有关，比较均匀量化和非均匀量化的量化信噪比时，两者的信号平均功率相等。由于噪声的方差与量化间隔的平方成正比，因此有

$$G_{\mathrm{SNR}}=10\log_{10}\left(\frac{\mathrm{SNR}_x}{\mathrm{SNR}_y}\right)=10\log_{10}\left(\frac{\Delta V_y}{\Delta V_x}\right)^2 \quad (\mathrm{dB}) \tag{3-24}$$

式中，G_{SNR} 代表量化信噪比增益；SNR_x 和 SNR_y 分别代表非均匀量化和均匀量化的量化信噪比。在实际的非均匀量化中，每个分段子区间可以近似为直线，因此常用压缩曲线在每个子区间的斜率来考量每个不同长度子区间所对应的量化信噪比增益，即

$$G_{\mathrm{SNR}}=20\log_{10}\left(\frac{\mathrm{d}y}{\mathrm{d}x}\right)^2 \tag{3-25}$$

当信号幅度由小变大、考量 $\Delta x\to 0$ 的任意一小段的量化信噪比增益时，都可以采用式(3-25)来分析。

用 M 表示量化所分级的数目，每个均匀量化区间的宽度为 Δy，每个非均匀量化区间的宽度为 Δx，如果 M 取值较大，每个子区间能用直线近似，则有

$$\frac{\Delta y}{\Delta x}=\frac{\mathrm{d}y}{\mathrm{d}x} \tag{3-26}$$

不失一般性，假设信号的幅度归一化，即归一化后的信号幅值在 $[-1,1]$ 范围内，则式(3-26)可改写为

$$\frac{\mathrm{d}x}{\mathrm{d}y}=M\Delta x=kx \tag{3-27}$$

式中，k 为常数。方程式(3-27)为一阶线性微分方程，其解的形式为

$$\ln x=ky+C \tag{3-28}$$

由于当 $x=1$ 时，$y=1$，因此有 $C=-k$ 和

$$y = 1 + \frac{1}{k}\ln x \tag{3-29}$$

上式所表示的压缩特性常称为对数压缩特性。该特性有个不切合实际的缺陷，即当 $x=0$ 时，$y=-\infty$，因此 ITU 提出了一种称为 A 律的语音压缩标准，表示为

$$y = \begin{cases} \dfrac{1+\ln(Ax)}{1+\ln A}, & \dfrac{1}{A} < x \leqslant 1 \\ \dfrac{Ax}{1+\ln A}, & 0 \leqslant x \leqslant \dfrac{1}{A} \end{cases} \tag{3-30}$$

当 $A=1$ 时，没有压缩；当 $A>1$ 时，才具有压缩作用。我国和欧洲使用 A 律标准。

ITU 还建议了另一个压缩标准，称为 μ 律标准，主要被北美、日本和韩国等国家所采用。μ 律标准为

$$y = \frac{\ln(1+\mu x)}{\ln(1+\mu)}, \quad 0 \leqslant x \leqslant 1 \tag{3-31}$$

例 3-1　根据 μ 律标准，$\mu=255$，分析当 $x\to 1$ 和 $x\to 0$ 时，与均匀量化相比，μ 律压缩的量化信噪比增益；画出 μ 律的压缩曲线。

解：当 $x\to 0$ 时，

$$G_{\text{SNR}} = 20\log_{10}\left(\frac{\mathrm{d}y}{\mathrm{d}x}\right) = 20\log_{10}\left(\frac{\mu}{(1+\mu x)\ln(1+\mu)}\right)\bigg|_{x\to 0} = 33.25 \quad (\text{dB})$$

当 $x\to 1$ 时，

$$G_{\text{SNR}} = 20\log_{10}\left(\frac{\mu}{(1+\mu x)\ln(1+\mu)}\right)\bigg|_{x\to 1} = -14.88 \quad (\text{dB})$$

由计算结果可见，$\mu=255$ 时的 μ 律标准对小信号有显著的量化信噪比增益；但对于 $x\to 1$ 的大信号，μ 律曲线起到扩张作用，反而损失了量化信噪比。$\mu=255$ 时 μ 律的压缩曲线如图 3.9 所示。

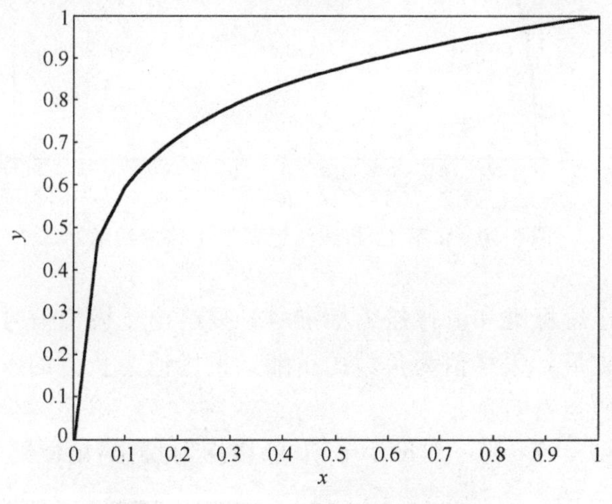

图 3.9　$\mu=255$ 时 μ 律的压缩曲线

例 3-2 根据 A 率压缩规律，计算当 $A=87.6$ 时，$y=\frac{i}{8}$（$i=1,2,\cdots,8$）对应的 x 值，并观察 x 值的规律。

解：$A=87.6$，$1/A=0.0114$；当 $x=1/A=0.0114$ 时，$y=\frac{1}{1+\ln A}=0.1827$

当 $i=2,3,\cdots,8$ 时，$y=\frac{i}{8}>0.1827$，$y=\frac{1+\ln(Ax)}{1+\ln A}$

即：$x=\frac{1}{A}\exp(y(1+\ln A)-1)$；

当 $i=1$ 时，$y=\frac{1}{8}<0.1827$，$y=\frac{Ax}{1+\ln A}$

即：$x=\frac{1}{A}y(1+\ln A)$

计算的结果如表 3.1 所示。由计算结果可见，$A=87.6$ 时，对应 $y=\frac{i}{8}$（$i=1,2,\cdots,8$），x 的取值可以用 $x=\frac{1}{2^j}$（$j=7, 6,\cdots,0$）分别近似，近似的压缩曲线如图 3.10 所示。

表 3.1 对应不同 $y=\frac{i}{8}$（$i=1,2,\cdots,8$）的 x 的值

y	1/8	2/8	3/8	4/8	5/8	6/8	7/8	1
x	0.0078	0.0165	0.0327	0.0648	0.1284	0.2546	0.5045	1
x 近似值	1/128	1/64	1/32	1/16	1/8	1/4	1/2	1

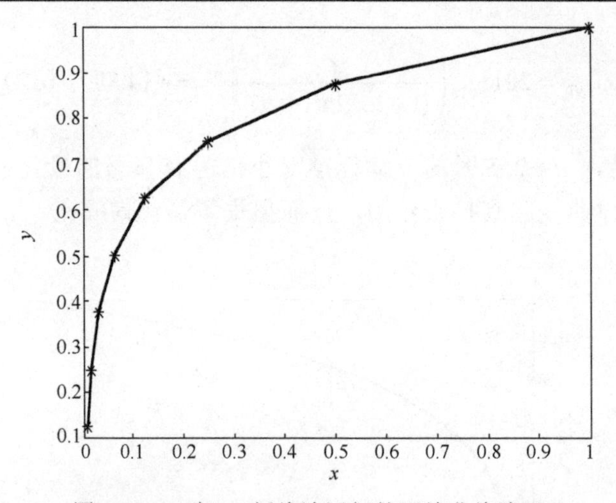

图 3.10 A 率 13 折线法近似的压缩曲线演示

上面讨论的 A 率压缩标准和 μ 律压缩标准尽管只给出了模拟信号采样值为正值时的压缩关系，但可以直接扩展到采样值为负数的压缩。采样值为负值的压缩曲线与采样值为正值时的压缩曲线关于原点奇对称。

由表 3.1 可见，$A=87.6$ 时，对应于 y 轴 8 级均匀量化（正值部分），x 的取值可以用 $x=\frac{1}{2^j}$（$j=7,6,\cdots,0$）分别近似，若在每个区间内用直线近似 A 率压缩曲线，近似的压缩曲线如图 3.10 所示。由表 3.1 还可见，在每个区间用直线近似后，在正的前两个小信号区间，压缩曲线的斜率相等，都等于 16。考虑到负值时的压缩曲线(在第三象限)还有两个小信号(幅度绝对值小)区间也具有相同的斜率，因此，在原点附近共有 4 个子区间其斜率都是 16，即这 4 个区间用一条直线近似。共有 16 个区间，因此总共需要 13 条折线来近似所有的压缩曲线。所以，这种方法也称为 13 折线法。

3.5.3 PCM 中的编码

模拟信号的数字化包含三个过程，即采样、量化和编码，综合起来称为脉冲编码调制(PCM)。本节主要讨论 PCM 技术中针对量化值的编码方法。

表 3.2 列出了采用 16 级量化时，两种不同的编码方法，一种称为自然二进制编码，另一种称为折叠二进制编码。这两种不同编码的区别主要在信号负量化值的编码上。无论是均匀量化还是非均匀量化，正、负值的区间间隔关于 0 电平对称分布。8 个正的量化值分别用 q_i（$i=0,1,\cdots,7$）表示；8 个负的量化值分别用 $-q_i$（$i=0,1,\cdots,7$）表示。因为分级数为 $M=16$，所以编码位数 $k=\log_2 M=4$。对于自然二进制编码，从最小量化值到最大量化值依次编码为“0000”到“1111”；对于折叠二进制编码，第 1 个比特代表符号，正的量化值第 1 个比特为“1”，后面的 3 个比特针对 0 电平具有对称性，表示幅度绝对值的大小。折叠二进制相比自然二进制编码的优点是：数字传输中出现比特错误时，导致接收机误判的量化值与原采样信号相比失真要小。如发射“0000”，接收误判为“1000”，在自然二进制编码时意味着接收机判决发射的量化值与发射的量化值要相差 8 个量化间隔，但采用折叠二进制编码时只相差 1 个量化间隔。在量化值的编码中，通常把自然二进制编码称为线性编码，把折叠二进制编码称为非线性编码。

表 3.2　量化值的编码

量化值极性	量 化 值	自然二进制编码	折叠二进制编码
正	q_7	1111	1111
	q_6	1110	1110
	q_5	1101	1101
	q_4	1100	1100
	q_3	1011	1011
	q_2	1010	1010
	q_1	1001	1001
	q_0	1000	1000
负	$-q_0$	0111	0000
	$-q_1$	0110	0001
	$-q_2$	0101	0010
	$-q_3$	0100	0011
	$-q_4$	0011	0100
	$-q_5$	0010	0101
	$-q_6$	0001	0110
	$-q_7$	0000	0111

为了更深入地理解非均匀量化和非线性编码的优点，以及实际应用方法，下面以一个具体的例子来详细讲解和讨论。

对一个具体的模拟信号，如果只存在大于或等于零的幅度，如语音信号，按 13 折线法，则只需要 8 个量化区间，如表 3.1 和图 3.10 所示。对于非均匀量化（x 轴所示的量化），从最大量化间隔 1/2（对应区间[0.5,1]），到最小量化间隔 1/128（对应区间[0,1/128]），区间的量化间隔以 1/2 的比例缩减。如果按最小量化间隔的量化信噪比，[0,1]之间的均匀量化需要 128 个量化间隔。为了达到更高的量化精度，8 个量化区间的每个区间进一步均匀分成 16 个更小的量化区间，则最小的量化间隔为 1/2048。现在我们来讨论 13 折线法在[0,1]区间按 128 个最小量化间隔，或者说在[−1,1]区间内按 256 个量化区间来进行编码。为了表达方便，首先将编码分成 3 个部分：极性码、段落码和段内码。极性码用于区分量化值是正值还是负值，正值用“1”码表示；负值用“0”码表示。区分了正、负量化值后，对应每种极性，分别都有 8 个量化大区间称为段落，分别用“000”到“111”的 3 位二进制编码从小幅度（绝对值）到大幅度来进行段落编码。联合考虑极性码和段落码，4 位的带极性的段落码是折叠二进制码。由于每个段落进一步分成了 16 个均匀的子量化间隔，因此段内码要用 4 位二进制码表示。由于段内码无极性，也就无折叠和自然之分。对于每个段，段内码按每个子段量化值的绝对值的大小，由小到大从“0000”到“1111”进行编码。总的编码如图 3.11 所示。

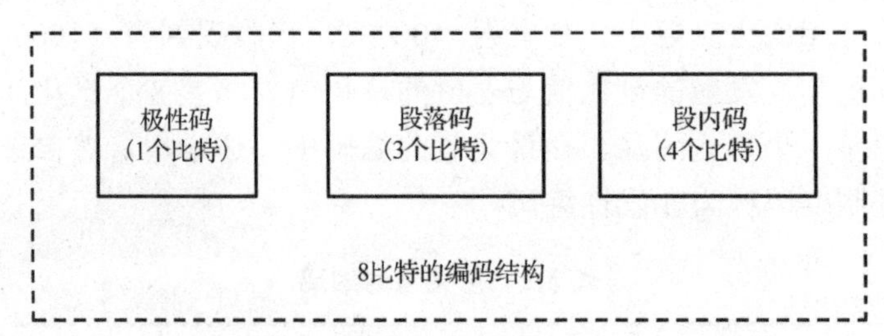

图 3.11 13 折线法 8 比特编码的结构示意图

由上述编码结构的分析可以看出，对于小信号，如果均匀编码要达到 13 折线法 A 律近似中最小量化间隔所要求的量化信噪比（或者说量化精度），均匀量化 4096 个量化区间需要 12 位二进制编码。而 13 折线法只需要 8 位二进制编码。如果不存在负的量化值，则均匀量化需要 2048 个间隔为 1/2048 的量化间隔，即 11 位线性编码；而 13 折线法只需要 7 位二进制编码，最小量化间隔为 1/2048。

例 3-3 对幅度值在[−5V,5V]区间内的模拟信号，按 13 折线法的 8 比特编码，段落码为折叠二进制编码，分析一个电压为−2V 的采样值所对应的量化电平值，写出其完整的 8 位二进制编码，分析其量化误差，写出 8 位非线性编码所对应的 12 位线性编码。

解：在研究基于 13 折线法的非线性折叠二进制编码时，按照 A 律压缩规则，采样值的最大值要归一化，对于归一化后的最大幅度值 1，从 0 电平到 1 电平计数，对应最小量化间隔数为 2048；对于归一化的幅度值−1，从 0 电平到−1 电平计数，对应着 2048 个最小量化间隔。

采样电平为–2V，归一化的幅度值为–0.4。若对于负的量化值，最靠近 0 电平的段落 $[-1/128, 0]$ 为第 1 个段落，最远的 $[-1, -0.5]$ 为第 8 个段落，则 –0.4 落在第 7 个段落，因此极性码为“0”，段落码为“110”。

对应第 7 段，段内分成 16 个子量化区间时，子量化间隔的宽度为 $\frac{2048}{4}\times\frac{1}{16}=32$ 个最小量化间隔，而第 7 段 $[-0.5, -0.25]$ 的右端点对应的最小量化间隔数为 $\frac{2048}{4}=512$，归一化的采样值对应的最小量化间隔数为 819.2，因此有

$$819.2-512=307.2=32\times 9+19.2$$

考虑段内码时，在负值区间，第 7 段从右端点到左端点计数，采样值落在第 10 个小段内，因此段内码为“1001”。总的 8 位非线性编码为“01101001”。

若取第 10 小段的中点为量化值，量化值为

$$512+32\times 9+32/2=816\text{（个最小量化间隔）}$$

因此，量化误差为 3.2 个量化间隔，实际的量化误差为 $3.2\times\frac{5}{2048}=0.0078\,(\text{V})$。

若采用 12 位线性编码，采样值落在第 820 个最小量化间隔，由于

$$819=2^9+2^8+2^5+2^4+2^1+2^0$$

则码字为“0001100110011”，量化误差为 0.2 个最小量化间隔，即 0.049mV。

从上面的例子中可以看出，在保证相同最小量化间隔的量化精度时，考虑双极性采样值，基于 13 折线法只需要 8 位二进制编码，而均匀量化则需要 12 位二进制编码；仅编码单极性的采样值时，13 折线非线性编码需要 7 位，而均匀量化的线性编码需要 11 位。显然非线性压缩编码大大提高了频谱效率。从例 3-3 中的量化误差计算结果，如果不仔细分析可能会得到一个错误的结论，那就是非线性压缩编码的量化误差比线性编码的量化误差要大。但这样的结论是我们对均匀量化的编码长度远大于 13 折线压缩的非线性编码长度时得到的。如果均匀编码也采用 8 位二进制编码，即均匀编码的量化间隔等效于 13 折线法 8 位非线性编码的最小段落 $[-1/128, 0]$ 的宽度，考虑小信号，就可以得到公平正确的结论。该问题留给读者自己分析、验证和总结。

为了在接收端实现模拟信号的恢复，可以先考虑从量化信号恢复模拟信号。由于量化器的输出端不知道准确的采样值，一种合理的办法就是把量化值当作采样值，进一步考虑满足采样定理的模拟信号恢复，即对量化值进行低通滤波后就可以当作模拟信号的近似。这也意味着 PCM 信号的接收机在完成 PCM 信号的译码后，获得了发射的量化值，如果是均匀量化，就可以通过低通滤波器获得发射端输入的模拟信号的一个近似值。

图 3.12 所示为基于 13 折线法的 *A* 律语音编码具体实现原理框图。其主要的原理是通过逐次逼近来依次判别 8 位编码中除了极性位的后 7 位比特。输入的 PAM 信号一方面通过极性判决获得 8 位二进制编码的第 1 位，即符号位，另一方面经整流和保持电路后，输出的电流加入比较器与本地译码器产生的参考电流比较后输出判决比特。比较和判决采用

了逐次逼近法。逐次逼近是依次假设 C_i（$i=2,\cdots,8$）为“1”，再将其转换为线性码后产生相应的参考电流 I_c，进而将输入信号对应的电流 I_s 与 I_c 进行比较，若 $I_s \geqslant I_c$，则比较器输出维持“1”不变，否则比较器输出“0”，完成当前时钟脉冲对应的比特输出。在一个采样点的量化编码期间，总的时钟周期数为 8 个，在第 1 个时钟脉冲，编码器输出符号位，在后面的 7 个时钟脉冲周期，比较器要依次输出 7 个比特。在第 2 个时钟脉冲，比较器初始输出为“1”，使得本地译码器内的 $C_2=1, C_i=0$（$i=3,\cdots,8$），初始值为“1000000”，该初始值转换为 11 位线性编码后，在本地译码器输出产生对应的恒流参考电流值，提供给比较器判决 C_2。在第 3 个时钟脉冲到来时，保持器输出的 I_s 不变，比较器输出为“1”，使得 $C_3=1$，这时 C_2 判决后的值保留在记忆电路内，使得本地译码器的记忆电路的值为“$C_2$100000”，该初始值在本地译码器输出产生新的参考电流 I_c，提供给比较器判决 C_3。这个过程将持续到 C_8 的判决完成。

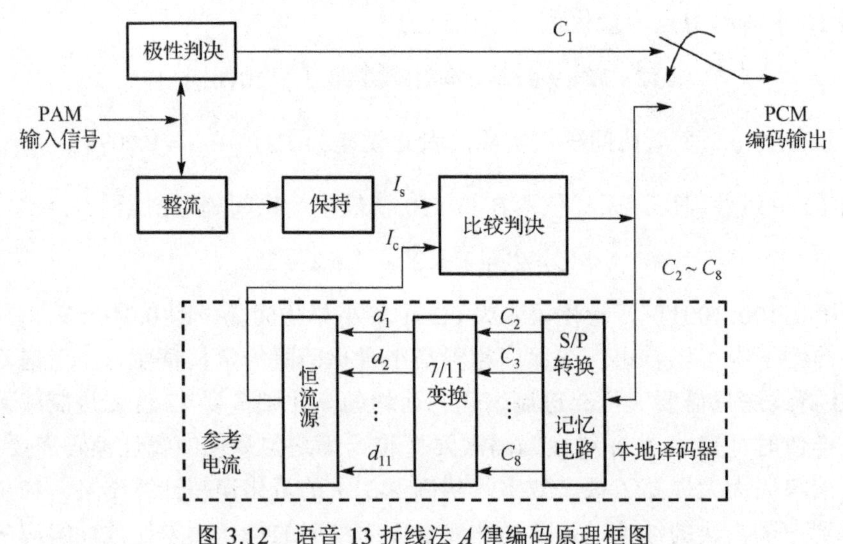

图 3.12 语音 13 折线法 A 律编码原理框图

图 3.13 语音 13 折线法 A 律编码器对应的解码电路原理框图

图 3.13 所示为对应图 3.12 的解码输出电路，其结构类似于编码器本地译码电路，原理也比较简单，这里就不再讨论。

3.6　差分脉冲编码调制

在通信系统中，尤其是无线通信系统中，频谱资源的共享特征和不可再生性使得提高频谱效率成为了系统设计的主要目标之一。从 3.5 节的讨论可知，与线性编码相比，非线性编码可以提高频谱效率。本节讨论另外一种 PCM 技术中提高频谱效率的有效手段，即差分脉冲编码(DPCM)。DPCM 的主要原理是利用采样点之间的相关性，用前面的若干个采样值预测当前的采样值，再对实际采样值与预测值的误差进行编码。由于与实际采样值相比，误差值的范围会大大压缩，因此达到同样的量化信噪比所需的编码位数也就大大减少。

差分编码器的结构框图如图 3.14 所示，其中 s_k 代表模拟信号 $s(t)$ 的第 k 个采样时刻的采样值；e_k 为 s_k 和其预测值 s_k 之间的误差；q_k 为 e_k 的量化值；$s(t)$ 为采样信号 s_k 的修复值。由图 3.14 可知

$$e_k = s_k - \hat{s}_k \tag{3-32}$$

$$q_k = e_k + e_{q,k} = s_k - \hat{s}_k + e_{q,k} \tag{3-33}$$

$$\tilde{s}_k = \hat{s}_k + q_k = \hat{s}_k + s_k - \hat{s}_k + e_{q,k} = s_k + e_{q,k} \tag{3-34}$$

式中，$e_{q,k}$ 为量化误差。由式(3-34)可见，$\tilde{s}_k$ 与采样信号之间仅仅多了个量化误差 $e_{q,k}$。如果量化误差 $e_{q,k}$ 为 0，则 $s_k = \tilde{s}_k$。进而，线性预测器的输出与输入的关系可以表示为

$$\hat{s}_{k+1} = \sum_{i=0}^{P-1} a_i \tilde{s}_{k-i} \tag{3-35}$$

式中，a_i ($i = 0, \cdots, P-1$) 为线性预测的加权系数。如果式(3-35)的预测精度较高，e_k 值总的范围很小，则 $e_{q,k}$ 值的大小也较小，$\tilde{s}_k$ 就可以作为 s_k 的有效近似。正是基于该原理，DPCM 信号的接收机可以设计成如图 3.15 所示的结构。

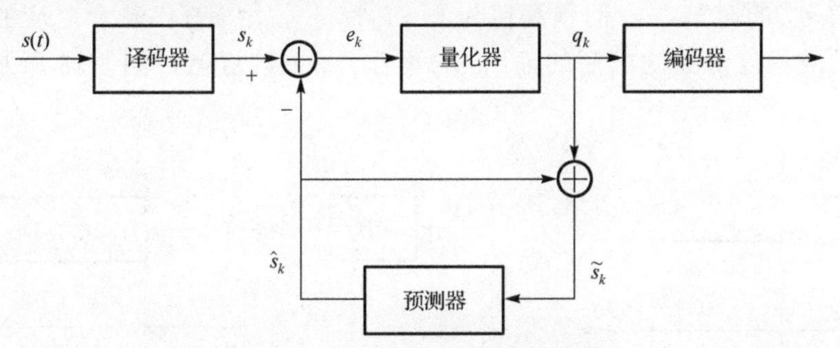

图 3.14　差分编码器的结构框图

仔细分析图 3.14 所示的 DPCM 编码器结构不难看出，线性预测器的预测精度会直接影响量化器的输入信道的动态范围。如果在实际系统中，输入信号是确知的幅度范围一定的信号，或者是统计特征平稳的随机信号，则 e_k 值的范围可以充分地确定，量化器的分级数 M 也可以确定以保证量化误差在所要求的范围内。例如，e_k 值的范围能保证在 $[-v, v]$ 范

围内，则量化间隔为 $2v/M$，$e_{q,k}$ 的范围可以保证在 $[-v/M, v/M]$ 内。这种量化噪声称为一般的量化噪声。如果输入信号为非平稳的随机信号，一旦某 e_k 值超越了系统量化所基于的幅度范围 $[-v, v]$ 的假设，$e_{q,k}$ 会超出 $[-v/M, v/M]$ 的范围，则量化器的输出除一般量化误差外，还叠加了一个因线性预测器预测精度不够所导致的额外的噪声，这种额外的噪声称为过载量化噪声。为了保证线性预测器的输出能始终跟踪上译码器的输出，线性预测器加权系数需要根据输入信号的短时统计特性的变化进行自适应地调整。这种自适应改变线性预测器加权系数的 DPCM 技术，称为自适应 DPCM，即 ADPCM。

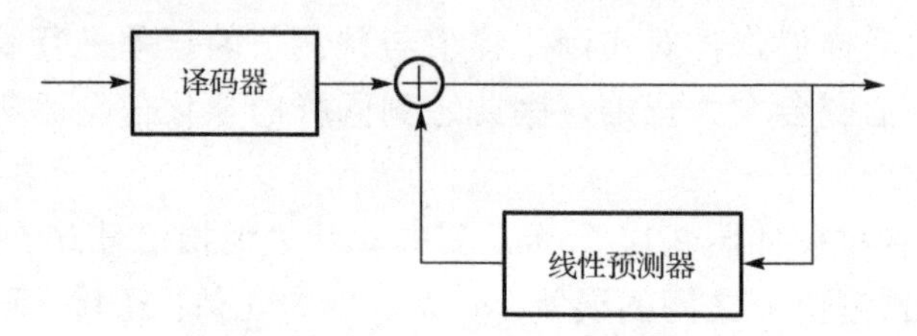

图 3.15　DPCM 接收机结构框图

3.7 增 量 调 制

增量调制也称 DM 调制，或 ΔM 调制。DM（Delta Modulation）可以看作 DPCM 技术的一种特例。DM 调制只是将线性预测误差经过 fg 电平量化后输出 1 位二进制编码。一个比特的编码“1”或“0”分别对应量化电平“$+E$”或“$-E$”。量化器输出的量化电平可以当作双极性的二进制编码信号的数字波形。二电平量化的输入-输出关系如图 3.16 所示。

图 3.17 所示为一个简单的 DM 调制器的原理框图。当前输入的采样值 s_k 与前一个采样值的预测值 $\hat{s}_{k-1}$ 之差为 e_k 时，二电平量化器的输出 q_k 满足

$$q_k = \begin{cases} E, & e_k \geqslant 0 \\ -E, & e_k < 0 \end{cases} \tag{3-36}$$

在输入采样值 s_{k+1} 的时刻，s_k 的预测值为 $\hat{s}_k = \hat{s}_{k-1} + q_k$。用 $\hat{s}(t)$ 代表 $\hat{s}_k$ 对应的连续的台阶波，则该台阶波经过低通滤波后的输出 $\tilde{s}(t)$ 可作为 $s(t)$ 的近似，图 3.18 所示为译码器的原理框图。

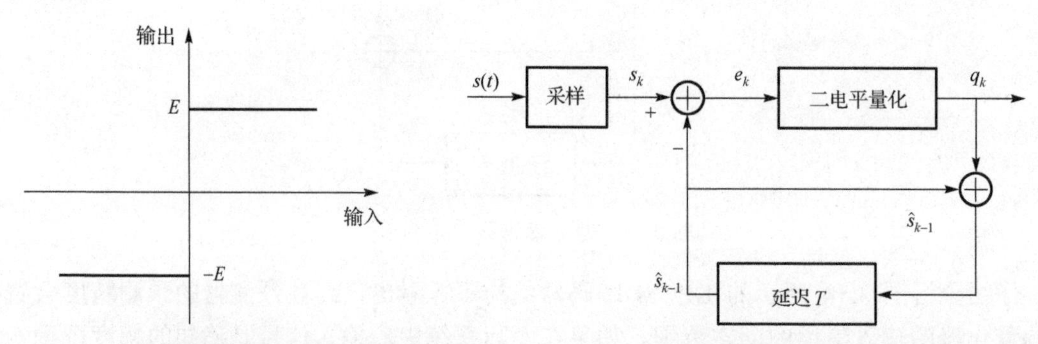

图 3.16　二电平量化器的输入-输出关系　　图 3.17　简单的 DM 调制器的原理框图

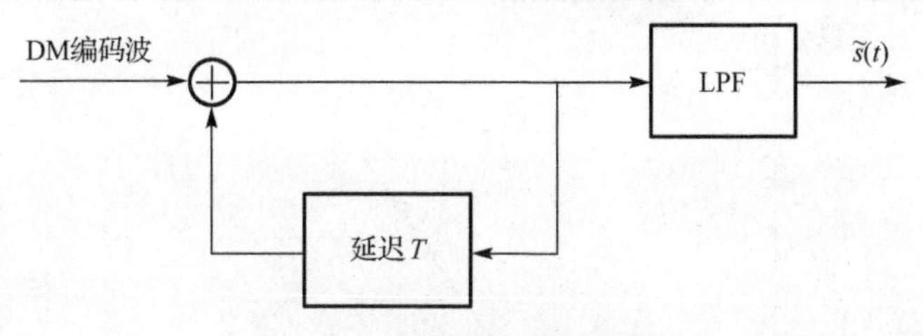

图 3.18　译码器的原理框图

图 3.19 示出了 DM 调制和解调中，信号 $s(t)$ 和 $\hat{s}(t)$ 的进程及相互关系。需要说明的是，q_k 对应的数字波形是双极性的二进制波，可以直接当作双极性的编码输出波形，也可以转为单极性的二进制波形作为编码器输出的数字波。

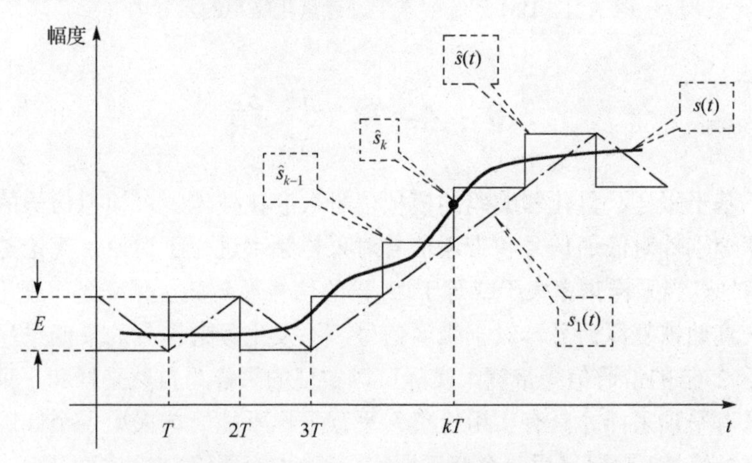

图 3.19　简单的 DM 调制和解调信号进程示意图

图 3.17 中用延迟一个采样周期的延迟电路作为预测电路，用台阶波来跟踪模拟信号的变化。除采用延迟器作为预测器外，还可以采用积分器作为预测器。由图 3.19 中可见，如果将量化电平针对采样周期 T 进行归一化，即量化电平为 $\pm E/T$，则可以对台阶波进行积分，从而获得图 3.19 中 $s_1(t)$ 所表示的曲线，显然该曲线也对采样前的模拟信号进行了跟踪，可以作为对原模拟信号的近似，对应的 DM 编码器框图如图 3.20 所示。

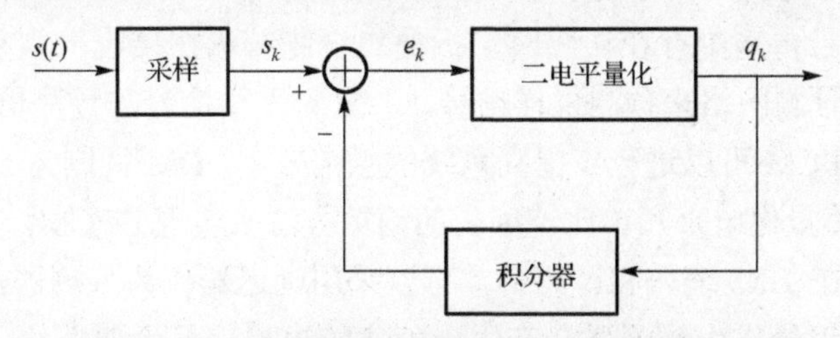

图 3.20　采用积分器作为预测器的 DM 编码电路

在 DM 系统中，如果模拟信号在一定的时间段内信号幅度变化较大，如图 3.21 所示，则量化输出信号会跟踪不上原模拟信号的变化。这是因为模拟信号的短时斜率的绝对值大于 E/T，在这种情况下，量化不仅会产生一般的量化噪声，还会产生过载量化噪声。一般的量化噪声满足 $|e_k| < E$。当 $|e_k| > E$ 时，说明出现了过载量化噪声。在 DM 系统设计时，一定要在采样间隔和量化电平设计上进行综合考虑，使 DM 系统不出现过载量化噪声。

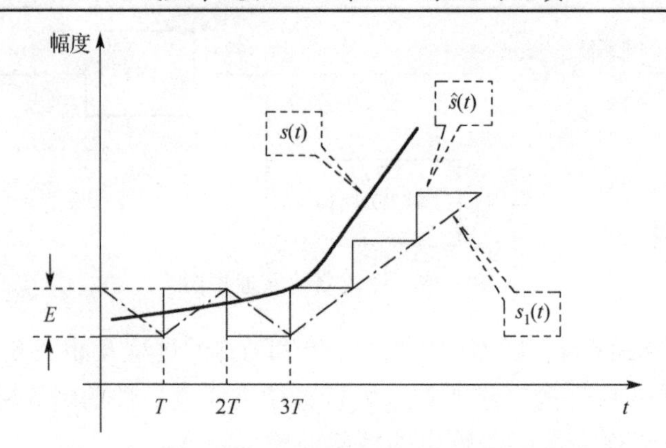

图 3.21　DM 系统中产生过载量化噪声的示意图

3.8　本章小结

本章讨论了基于采样、量化和编码的模拟信号数字化技术。对模拟信号的采样必须满足采样定理。本章分别针对低通信号和带通信号对采样频率进行了讨论。无论是低通模拟信号还是带通模拟信号，当采样频率大于或等于 2 倍的信号最高截止频率时，理论上可以从采样后的信号中无失真地恢复原信号。对于带通信号，不发生频谱混叠的最低采样频率还可以降低，可以近似为 2 倍的带通信号带宽。实际可以实现的采样为自然采样和平顶采样，但在数字通信系统中只有平顶采样才具有实用价值。平顶采样不能简单采用一个低通滤波器从采样后的信号中恢复原信号，需要采用一个修正网络(或称均衡网络)来补偿“采样-保持”操作中，网络对理想采样信号的频谱造成的畸变。对采样信号的量化，均匀量化的量化噪声只与量化间隔有关，因此会导致小信号的量化信噪比相对较低。基于小信号压缩的非线性量化可以克服均匀量化的这一缺点。对于用于语音压缩的μ率和 A 率标准，可以采用折线近似压缩曲线。本章对基于 13 折线法的 A 率标准的量化与 PCM 编码进行了讨论。13 折线法 8 位非线性编码可以和 12 位线性编码具有相等的最小量化间隔。因此，采用小信号压缩的非线性编码比采用均匀良好的线性编码具有更高的频谱效率。在 PCM 编码中，可以采用自然二进制编码和折叠二进制编码。当小信号传输中存在误码时，折叠二进制编码在接收机恢复发射信号时失真度较小。DPCM 采用了预测网络来预测采样信号，并只对采样信号与预测信号的差值进行编码，与 PCM 技术相比，DPCM 可以进一步提高系统的频谱效率。DM 调制为 DPCM 技术的一种特例，DM 技术采用二值量化电平和单比特编码的简单方法来实现 DPCM，其实现简单，但容易产生过载量化噪声。在 DM 编码和译码中，可以采用延迟器作为预测器，也可以采用积分器作为预测器。采用延迟器作为预测器会产生台阶式的模拟信号近似曲线；采用积分器作为预测器则产生折线式的曲线来近似原模拟信号。

习　题　3

3.1　已知信号 $s(t)$ 的频谱为 $S(f)$，最高频率为 f_{H}，采用矩形脉冲按奈奎斯特采样率进行采样，矩形脉冲的幅度为 1，宽度为 T，写出采样后信号的时域和频域表达式。

3.2　已知信号 $s(t)=5\cos 200\pi t$，假设采样频率为 250Hz，写出理想采样后信号的频谱；若要无失真地恢复信号，求采用理想 LPF 的截止频率。

3.3　模拟信号的概率密度函数如图 3.22 所示，若采用四电平量化，

(1) 确定其量化电平；

(2) 计算其量化信噪比。

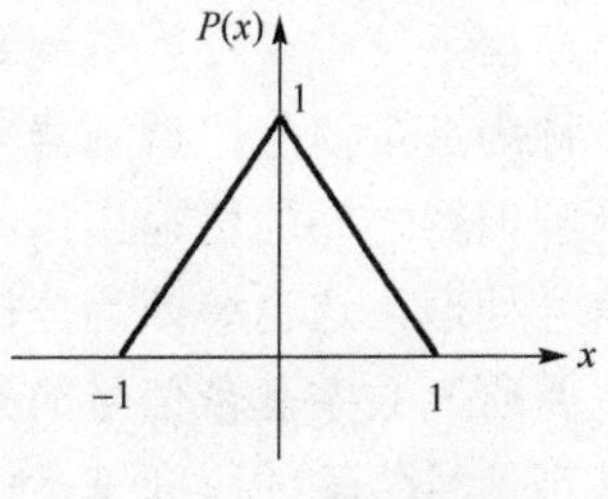

图 3.22　习题 3.3 的图

3.4　对频率在 300～500kHz 的带通模拟信号，求能无失真地恢复模拟信号的最低采样频率。

3.5　对于 μ 率的压缩规则，若将 x 轴的正值部分分成 8 个段落，依次为 $\left(\dfrac{2^{k-1}-1}{255},\dfrac{2^{k}-1}{255}\right)$，$k=1,2,\cdots,8$，分析其每个区间的折线斜率，如果考虑对称正、负值量化，全部 16 个区间共有多少个不同斜率折线？画出折线法压缩曲线并与 $\mu=255$ 的 μ 率压缩曲线进行比较。

3.6　采用 13 折线法，分析量化值为 200 个最小量化间隔所在的段落码和段内码，并求量化误差；将其 8 位压缩编码转化为 12 位的线性码。

3.7　已知模拟信号的取值区间为−5～5V，采用 13 折线法分析“−3V”电平的 8 位压缩编码和量化误差(段落码为折叠二进制码)，并写出其对应的 12 位线性码和采用 12 位线性编码时的量化误差。

3.8　对于一个采用均匀量化和自然二进制编码的通信系统，量化电平数为 M，对应的编码位数为 $N=\log_2 M$。在信道传输中 AWGN 会导致接收机产生误码，误码率为 P_{e}。假设接收机中每个量化电平的编码中出现误码时最多只有一个比特发生误码。由于传输信道噪声导致的误码在接收机采用低通滤波(假设为理想 LPF)恢复信号时等效于引入了噪声。

(1) 试分析一个量化电平的编码码字中，不同编码位的比特发生错误时所引入的噪声功率；

(2) 试分析误码率为 P_{e} 的传输系统，在接收滤波器输出端引入的等效噪声的功率谱密度(即噪声平均功率)；

(3) 除了(2)中的等效噪声，发射机采样量化时还存在量化噪声，计算误码率为 P_{e} 所引入的等效噪声和量化噪声的总和；

(4) 计算总的量化信号功率与接收滤波器输出端总的噪声功率的比值。

3.9　对于一个 PCM 系统，假设模拟信号为带限信号，最高截止频率为 f_{H}，采用理想的奈奎斯特采样率采样后，对每个量化电平进行 N 比特的 PCM 编码。

(1) 计算单路 PCM 信号传输的系统带宽；

(2) 计算 8 路同样的 PCM 信号进行时分复用所需的系统总带宽。

第 4 章　数字信号的基带传输

数字信号在数字通信系统中进行传输时，由于基带数字信号的传输波含有丰富的低频分量，传输距离受到限制，因此对于短距离的传输，可以通过有线连接直接进行传输，但对远距离的传输，需要用数字信号调制高频的正弦载波来实现信息传输。在具有载波的数字通信系统中，发射机调制器输入之前的和接收机解调器输出之后的数字通信系统中的信号称为基带信号；调制器输出到解调器输入之间传输的信号称为频带信号。如果把调制器到解调器之间的传输当作一个广义信道的传输，而分析设计只关心基带部分的单元设计和信号处理，这也等效为分析和研究数字信号的基带传输。对于数字信号的基带传输，本章主要研究数字基带信号的频谱、数字基带信号直接传输(不需要载波)时的码形，以及数字基带信号传输的码间干扰问题。

4.1　数字基带信号的波形与频谱

数字基带信号通常用“1”和“0”组成的二进制序列来描述。二进制序列也称为码，最典型的波形是用矩形脉冲来作为码元的波形。矩形脉冲信号可以表示为

$$g(t)=\begin{cases}1, & -T/2\leqslant t\leqslant T/2\\ 0, & 其他\end{cases} \tag{4-1}$$

式中，T 为码元周期(或称比特周期)。利用傅里叶变换可得到其频谱为

$$G(f)=T\,\mathrm{sinc}\,(fT)=\frac{\sin(\pi fT)}{\pi f} \tag{4-2}$$

图 4.1 所示为矩形脉冲的波形，其对应的频谱如图 4.2 所示。

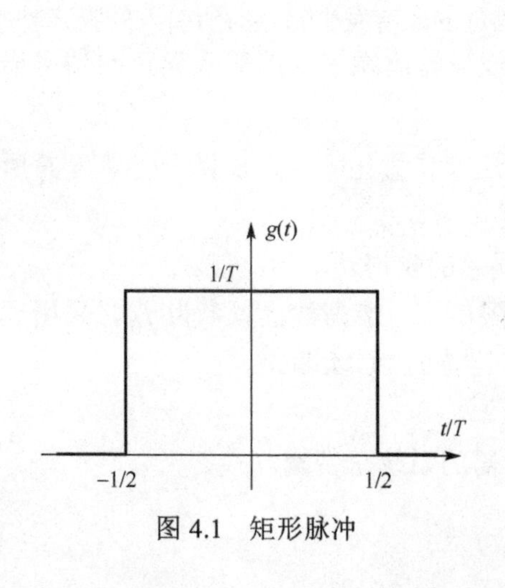

图 4.1　矩形脉冲

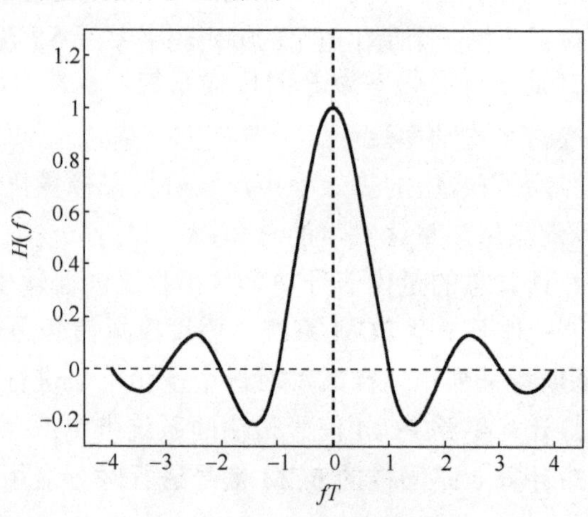

图 4.2　矩形脉冲的频谱

根据“1”码和“0”码采用矩形波方式上的不同，基带信号最基本的波形可以分为单极性不归零码、双极性不归零码、单极性归零码和双极性归零码。这四种不同的波形分别如图 4.3 中的(a)、(b)、(c)和(d)子图所示。单极性码是指“1”码发送正的矩形脉冲信号，“0”码不发送信号；双极性码是指“1”码发送正的矩形脉冲信号，“0”码发送负的矩形脉冲。不归零码是指代表一个码元的正/负电平占满了整个码元周期，即所谓的占空比为 1。归零码是占空比小于 1 的码。对于归零码，每个采样时刻应该落在前面正/负电平出现的时间段内。由图 4.3(d)可以看出，双极性归零码是一种三电平码。

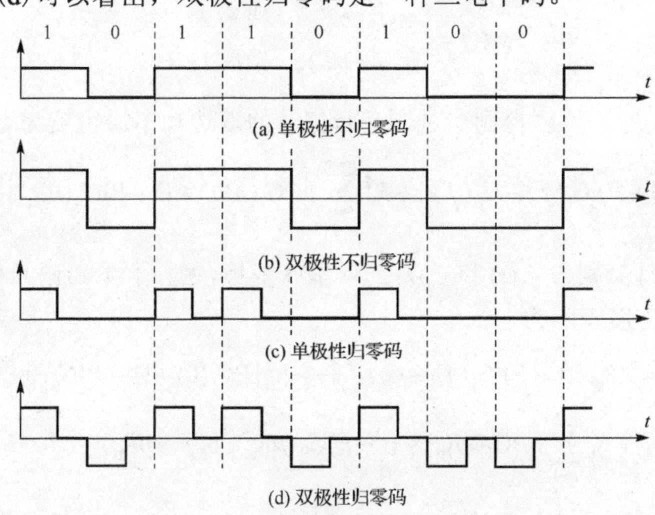

图 4.3　最基本的基带数字信号波形

除上述四种最基本的基带数字波形外，还有两种波形既可以认为是基本的数字信号波形，也可以认为是编码后的基带数字信号波形，即差分码波形和多电平波形，分别如图 4.4(a)、(b)所示。差分编码的波形是首先利用相邻码元相异，则编码输出为“1”，相邻码元相同，则编码输出为“0”的规则来进行编码，进而针对编码输出采用单极性码或双极性码波形进行传输的。图 4.4(a)对差分编码器的输出采用了单极性不归零码的波形进行传输。多电平波形的每一级都对应了一组二进制比特。多级电平的级数 M 与比特组中的比特数 k 之间的关系满足 $M = 2^k$。对于多级电平，可以当作模拟信号的均匀量化电平，其对应的编码即为二进制码元的组合。

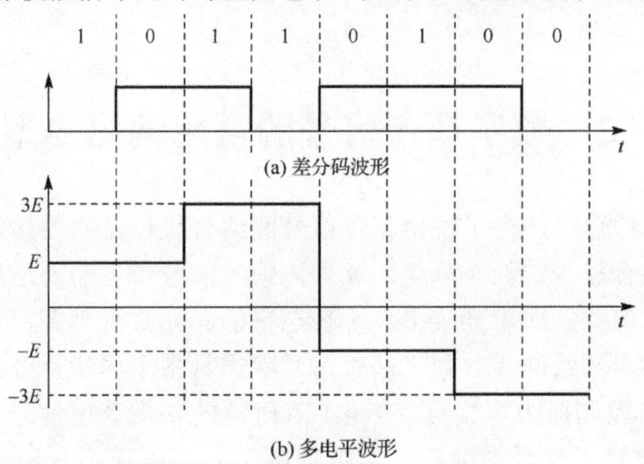

图 4.4　差分码波形和多电平波形

由于实际的数字通信系统中，数字基带波形主要为二进制不归零码波形，因此在分析数字基带信号的频谱时，主要分析二进制不归零信号的频谱。二进制不归零信号可以表示为

$$s(t)=\sum_{n=-\infty}^{\infty}s_n(t) \tag{4-3}$$

其中

$$s_n(t)=\begin{cases}g_1(t-nT), & \text{概率 } P\\ g_0(t-nT), & \text{概率 } 1-P\end{cases} \tag{4-4}$$

利用式(4-1)和式(4-2)，可以得到二进制基带信号的双边功率谱密度为

$$P_s(f)=R_bP(1-P)\left|G_1(f)-G_0(f)\right|^2+R_b^2\sum_{n=-\infty}^{n=\infty}\{\left|PG_1(nR_b)+(1-P)G_0(nR_b)\right|^2\delta(f-nR_b)\} \tag{4-5}$$

式中，$G_1(f)$ 和 $G_0(f)$ 分别为 $g_1(t)$ 和 $g_0(t)$ 的傅里叶变换，$R_b=1/T$ 为码元传输速率。式(4-5)对应的单边功率谱密度表示为

$$\begin{aligned}P_s(f)=&2R_bP(1-P)\left|G_1(f)-G_0(f)\right|^2+R_b^2\left|PG_1(0)+(1-P)G_0(0)\right|^2\delta(f)\\&+R_b^2\sum_{n=1}^{n=\infty}\{\left|PG_1(nR_b)+(1-P)G_0(nR_b)\right|^2\delta(f-nR_b)\}\end{aligned} \tag{4-6}$$

对于双极性的不归零码，假设 $P=0.5$，且 $g_1(t)=-g_0(t)$，则双边功率谱密度为

$$P_s(f)=R_b\left|G_1(f)^2\right|=T\operatorname{sinc}^2(fT) \tag{4-7}$$

由式(4-7)可见，对于“1”和“0”等概率出现的双极性码，其功率谱密度中只有连续谱，没有离散谱。

对于单极性的不归零码，假设 $P=0.5$，且 $g_0(t)=0$，则双边功率谱密度为

$$\begin{aligned}P_s(f)&=\frac{1}{4}R_b\left|G_1(f)\right|^2+\frac{1}{4}R_b^2\sum_{n=-\infty}^{n=\infty}\{\left|G_1(nR_b)\right|^2\delta(f-nR_b)\}\\&=\frac{1}{4}T\operatorname{sinc}^2(fT)+\frac{1}{4}\delta(f)\end{aligned} \tag{4-8}$$

4.2　数字基带信号的常用编码码型

数字信号的基带传输中，为了使得基带信号能适合较长距离的传输，数字基带信号应不含直流分量，也应含较少的低频分量。此外，信号的波形也需要适用于接收机进行周期性的码元同步操作。例如，如果连续出现一种电平的码元数目过多，可能会导致接收机不能准确地实现码元同步和帧同步。数字基带信号除需具备上述特点外，最好还具有频谱效率高和有一定的差错控制能力等优点。在 4.1 节讨论的基带数字信号常见波形中，除差分码外，其他均未考虑数字信号的编码。可以理解为随机出现的二进制序列可能采用的不

同波形传输方式，也可以理解为无论编码还是不编码，数字基带信号的传输波形都属于 4.1 节所介绍的基本波形中的一种。本节主要介绍几种典型的基带信号编码方式及其对应的特点。

1．双相码

双相码又称为曼切斯特(Manchester)码，是一种用“10”和“01”分别代表两种不同的二进制比特的编码方法。例如，可以用“10”来对“1”进行编码，用“01”对“0”进行编码。从波形上看，双相码采用双极性高低电平变换的方式不同来代表“1”和“0”，属于双极性不归零码。双相码的编码和译码非常简单，且无直流分量，但这种码的带宽较宽。

2．传号反转(CMI)码

CMI(Coded Mark Inversion)码，也称为传号反转码或传号码，其编码方式是用“11”和“00”表示“1”，但前后两“1”采用的“11”和“00”必须是交替变化的；用“01”表示“0”。图 4.5 给出了 CMI 码的编码方法及波形。CMI 码无直流分量，包含丰富的定时信息。

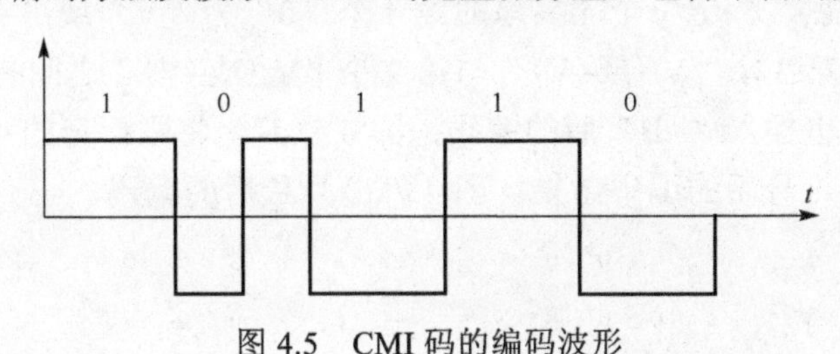

图 4.5　CMI 码的编码波形

3．密勒(Miller)码

密勒码是双相码的一种变形，密勒码将“1”码交替地编码为“01”和“10”，将“0”码编码为“11”和“00”，如图 4.6 所示。由于密勒码对输入的“1”和“0”每种码元都具有两种可能的输出选择，因此密勒码还附加了约束条件以保证正确译码及保证码的质量。附加的约束条件为：(1)连续“1”码的码元交界处电平不出现电平跳变，连续“0”码的中间码元交界处电平必须出现电平跳变；(2)“0”码与“1”码的码元交界处不出现电平跳变。密勒码主要用于低速的数据传输，但密勒码的能量集中度高，主要集中在 $R_b/2$ 的低频范围，且带宽几乎是双相码的一半。

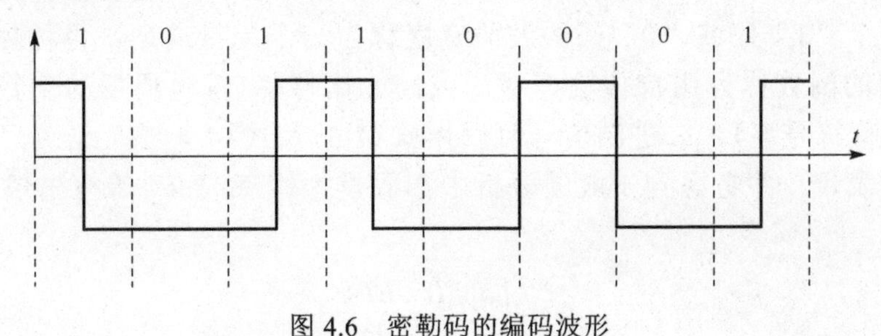

图 4.6　密勒码的编码波形

4．传号交替反转(AMI)码

AMI(Alternate Mark Inversion)码将“1”码称为传号，编码为交替出现的“+1”和“−1”；

将“0”码称为空号，因此 AMI 码中会出现正、负和零三种电平。这种码没有直流分量，有较少的低频分量，具有一定的检错能力。AMI 码的主要缺点是当出现连续的多个“0”码时，对接收机提取定时信息会带来困难。

5．HDB_3 码

HDB_3 (High Density Bipolar of Order 3)码也称为三阶高密度双极性码，是 AMI 码的一种改进码。HDB_3 只对有连续 4 个“0”码的 AMI 码进行改进。步骤为：(1)先进行 AMI 编码；(2)发现有连续的 4 个“0”时，在第 4 个“0”处标记“V”，“V”的实际编码与 4 零串前的非“0”码元的编码相同；(3)从第 1 个 4 零串开始，依次检查两个最近的 4 零串，若它们之间有偶数个“非 0”码元，还要将后面的这个标记过“V”的 4 零串最前面的“0”标记为“B”，“B”的极性与它前面最近一个码元的极性相反；每标记一个“B”，“B”后面的所有非零码元均要改变符号。

图 4.7 示出了从 AMI 码进行 HDB_3 码的编码过程。图 4.7(a)为 AMI 码；图 4.7(b)为发现总共有 3 个 4 零串后，标记每个 4 零串的第 4 个“0”为“V”或“–V”后的编码结果；图 4.7(c)为发现标记第 3 个“V (或–V)”与第 2 个“V (或–V)”之间有偶数个非 0 值的码元后，对第 3 个 4 零串插入“–B”后的编码；图 4.7(d)为将刚标记的“B(或–B)”后面的非 0 符号全部取相反符号后的编码结果；图 4.7(e)为最后的编码。

(a)	1	–1	0	0	0	0	1	0	0	0	0	–1	1	0	0	0	0	–1	1	0	–1	0	0	0
(b)	1	–1	0	0	0	–V	1	0	0	0	V	–1	1	0	0	0	V	–1	1	0	–1	0	0	0
(c)	1	–1	0	0	0	–V	1	0	0	0	V	–1	1	–B	0	0	V	–1	1	0	–1	0	0	0
(d)	1	–1	0	0	0	–V	1	0	0	0	V	–1	1	–B	0	0	–V	1	–1	0	1	0	0	0
(e)	1	–1	0	0	0	–1	1	0	0	0	1	–1	1	–1	0	0	–1	1	–1	0	1	0	0	0

图 4.7 HDB_3 码的编码方法示意图

4.3 数字基带信号的无码间干扰传输

4.1 节介绍了二进制序列可以用不同的波形来传输，如果把二进制序列的每个比特“1”和“0”分别用一种特定的波形来表示，这种波形称为二进制基带信号。在二进制信号中，一个“1”码或“0”码的波的宽度称为一个比特周期，也称为一个符号周期。比特周期的倒数称为比特传输速率，或简称比特率(符号周期的倒数称为符号传输速率，或简称符号率)。二进制信号可以用式(4-3)及式(4-4)表示。为了便于扩展到多进制波形的表示，并考虑到一般的分析中都假设“1”和“0”等概出现，将式(4-4)改写为

$$s_n(t)=\begin{cases}a_1 g_1(t-nT)\\ a_0 g_0(t-nT)\end{cases} \tag{4-9}$$

对于 4.2 节编码后的二进制序列，二电平信号的波形也符合式(4-9)的表示形式，即电平的变化反应了编码输出的比特的变化。最常用的二电平波形还可以进一步表示为

$$s_n(t)=\begin{cases}a_1 g(t-nT)\\ a_0 g(t-nT)\end{cases} \tag{4-10}$$

结合式(4-3)和式(4-10)所代表的二电平信号可以理解为是一个二值的理想采样序列经过单位冲激响应为 $g(t)$ 的低通滤波器的输出波形。在4.1节和4.2节介绍的二电平波形中，$g(t)$ 为如图4.1所示的矩形波。

图4.4显示了一种二比特组合后代表的四电平信号，可以认为是均匀量化值的四电平PAM信号，通常国外教材直接称这类信号为PAM信号。对于 M 电平的PAM信号，每 $k=\log_2 M$ 个比特的组合对应一个电平，不同的比特组（不同的 k 比特编码形式）对应不同的电平。电平的变换周期（含 k 个比特的周期）称为符号周期，用 T_s 表示。也就是说，可以等效理解为：一个符号对应了一次采样，采样值为对应的量化电平。由于双极性的不归零信号也属于 $M=2$ 的PAM信号，且在第5章的线性数字调制中，基带复数符号的实部和虚部所分别对应的基带信号可以理解为相互独立的两路PAM信号，因此基带PAM信号具有普遍的意义。

M 个电平的PAM信号可以表示为

$$s(t)=\sum_{n=-\infty}^{\infty} a_n g(t-nT_s) \tag{4-11}$$

式中，a_n 为第 n 个符号的幅度。由式(4-11)可以看出，M 个电平的PAM信号也可以理解为一个具有 M 个不同幅度的冲激序列经过一个冲激响应为 $g(t)$ 的低通滤波器的输出，$g(t)$ 决定了每个符号的波形，也称为“成形滤波器”。

对于 $M>2$ 的PAM信号，每 k 个比特的不同编码对应了一个不同的电平，现在我们来考虑PAM信号经过数字通信系统传输时，基带接收信号的表示。从等效基带传输信道的角度来看，在某个符号期间，某个电平的采样值 a_n 要经过图4.7所示的等效系统传输到接收机的输出端，其中 $g_T(t)$ 和 $g_R(t)$ 分别代表发射和接收滤波器的单位冲激响应，$c(t)$ 为传输信道的单位冲激响应。图4.7所示的三个滤波器的级联可以等效为一个滤波器，其单位冲激响应为

$$h(t)=g_T(t)*c(t)*g_R(t) \tag{4-12}$$

对应的滤波器频率响应为

$$H(\omega)=G_T(\omega)C(\omega)G_R(\omega) \tag{4-13}$$

式中，$G_T(\omega)$、$G_R(\omega)$ 和 $C(\omega)$ 分别表示发射滤波器、接收滤波器和信道的频率响应。

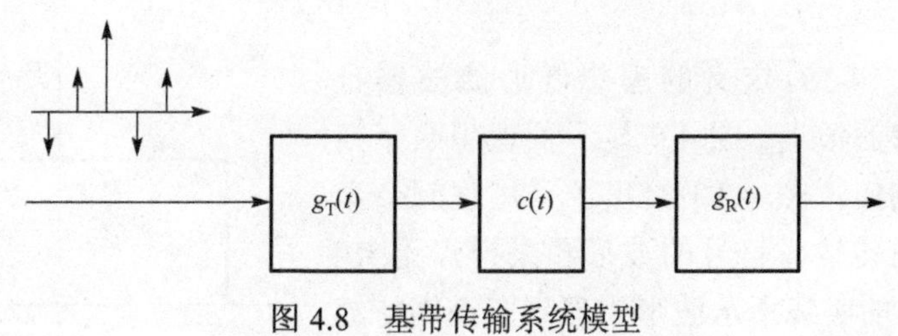

图4.8　基带传输系统模型

显然，滤波器 $H(\omega)$ 输出的基带信号可以表示为

$$\hat{s}(t)=\sum_{n=-\infty}^{\infty}a_n h(t-nT_{\mathrm{s}}) \tag{4-14}$$

式(4-14)可以理解为，$\hat{s}(t)$的波形是一个采样序列$s_{\mathrm{T}}(t)=\sum\limits_{n=-\infty}^{\infty}a_n\delta(t-nT_{\mathrm{s}})$经过了一个冲激响应为$h(t)$的成形滤波器的输出波形。

对$\hat{s}(t)$以T_{s}为周期进行采样，并考察$t=kT_{\mathrm{s}}$的采样值可得

$$\hat{s}(kT_{\mathrm{s}})=\sum_{n=-\infty}^{\infty}a_n h(kT_{\mathrm{s}}-nT_{\mathrm{s}})=h(0)a_k+\sum_{\substack{n=-\infty\\n\neq k}}^{\infty}a_n h(kT_{\mathrm{s}}-nT_{\mathrm{s}}) \tag{4-15}$$

显然，如果$h(kT_{\mathrm{s}})$满足

$$h(kT_{\mathrm{s}})=\begin{cases}C, & k=0\\0, & k\neq 0\end{cases} \tag{4-16}$$

则$\hat{s}(kT_{\mathrm{s}})=Ca_k$，其中$C$为常数；否则，$\hat{s}(kT_{\mathrm{s}})$中包含了其他符号的采样值$a_n$（$n\neq k$），对检测$a_k$所造成的干扰，这种干扰代表了由信道传播带来的符号间相互干扰(Inter-Symbol Interference，ISI)，习惯上称为码间干扰。ISI是由于发射信号经过等效信道后的时域弥散性所导致的。需要说明的是，对于所有的发射电平采样值放大一个固定的常数不会影响输出判决。

由于$h(kT_{\mathrm{s}})$是$h(t)$的均匀采样值，其对应的频率响应是$h(t)$的频谱与周期序列$\delta_{R_{\mathrm{s}}}(f)$的卷积，因此无ISI的频域条件为

$$\sum_{k=-\infty}^{\infty}H(f+kR_{\mathrm{s}})=A\,,\qquad |f|\leqslant R_{\mathrm{s}}/2 \tag{4-17}$$

式中，R_{s}为符号速率，也等于采样率；A为任意正常数。由式(4-16)和式(4-17)定义的无符号间干扰的等效信道所需要满足的时域或频域特性称为奈奎斯特无ISI传输准则，也称为奈奎斯特第一准则。

由式(4-17)可以看出，满足式(4-17)且频率响应为理想的矩形脉冲的低通滤波器为

$$H(f)=\frac{1}{R_{\mathrm{s}}}\Pi\left(\frac{f}{R_{\mathrm{s}}}\right) \tag{4-18}$$

其对应的滤波器单位冲激响应为

$$h(t)=\mathrm{sinc}(t/T_{\mathrm{s}})=\frac{\sin(\pi R_{\mathrm{s}}t)}{\pi R_{\mathrm{s}}t} \tag{4-19}$$

式(4-18)和式(4-19)定义的理想低通滤波器也称为理想奈奎斯特滤波器。图4.9显示了理想奈奎斯特滤波器的频率响应；图4.10给出了采用理想奈奎斯特低通滤波信道传输时符号的波形和采样点无ISI的波形，图4.9中的实线所示波形为理想奈奎斯特滤波器的单位冲激响应。

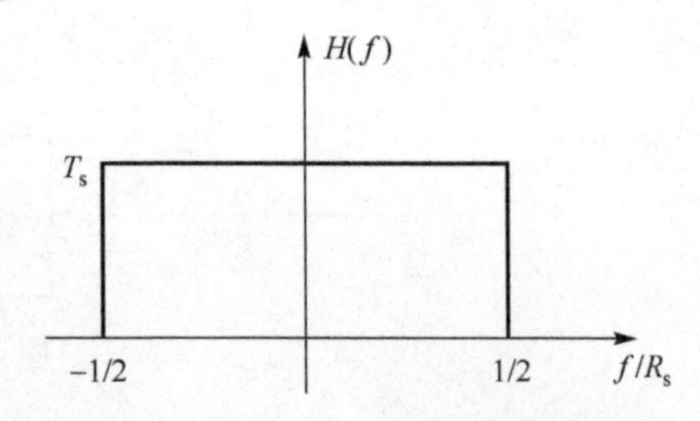

图4.9　理想的奈奎斯特低通滤波器

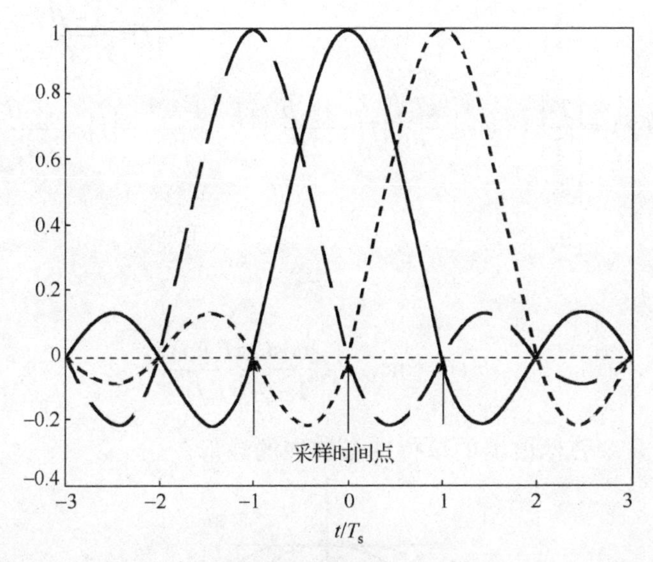

图 4.10　理想奈奎斯特滤波器无码间干扰

从图 4.9 可见，理想奈奎斯特滤波器的带宽为 $B_b = R_s/2$，因此频谱效率为

$$\eta_N = \frac{R_s}{B_b} = 2 \quad \text{(Baud/Hz)} \tag{4-20}$$

理想的奈奎斯特滤波器是频谱效率最高的无码间干扰低通滤波器，也就是说，要实现无 ISI 传输，符号传输速率 R_s 最高只能为 $R_s = 2B_b$，该速率也称奈奎斯特传输速率。由于“无 ISI 的符号速率必须满足 $R_s \leqslant 2B_b$”这一结论也来自于式(4-17)所给出的要求，有些教材中也将这一结论称为奈奎斯特第一准则。需要说明的是，如果通信系统中存在基于线性数字调制的频带传输，则奈奎斯特传输速率也满足 $R_s = B$，其中 B 为频带带宽。一般把频率响应满足式(4-17)的低通滤波器均称为奈奎斯特滤波器，把频率响应为图 4.8 所示的滤波器称为理想的奈奎斯特滤波器。

由上述讨论可见，采用“sinc 波形”进行传输能实现无 ISI 的最高频谱效率传输，但遗憾的是，理想的奈奎斯特滤波器其频谱在截止频率处的陡峭下降导致了滤波器是非因果系统，在实际中是不可实现的。但由式(4.17)可知，只要等效信道的 $H(f)$ 图形以 $f = R_s/2$ 奇对称，则等效的信道就可以实现无 ISI 传输。比较奈奎斯特滤波器与图 4.1 和图 4.2 所示的矩形成形脉冲滤波器可见，理想的奈奎斯特滤波器的频谱效率是矩形成形脉冲滤波器的 2 倍。是否存在接近于理想奈奎斯特滤波器能提供的最大无 ISI 频谱效率，又便于实际实现的低通滤波器呢？回答是肯定的，那就是下面所要介绍的升余弦滤波器(或称滚降余弦滤波器)。

升余弦滤波器代表了一系列在频域具有升余弦形状频率响应的滤波器，它们之间仅靠一个“滚降因子”β 的值来区分。这种滤波器具有“滚降”的频谱特征，滚降的频率响应曲线以 $f = R_s/2$ 奇对称，如图 4.11 所示(为方便起见，图中将符号周期 T_s 用 T 表示)，其频率响应的数学描述为

$$H(f)=\begin{cases} T_s, & 0\leqslant |f|\leqslant \dfrac{1-\beta}{2T_s} \\ \dfrac{T_s}{2}\left(1+\cos\left(\dfrac{\pi T_s}{\beta}\left(|f|-\dfrac{1-\beta}{2T_s}\right)\right)\right), & \dfrac{1-\beta}{2T_s}\leqslant |f|\leqslant \dfrac{1+\beta}{2T_s} \\ 0, & 其他 \end{cases} \tag{4-21}$$

对应的单位冲激响为

$$h(t)=\text{sinc}(2R_s t)\frac{\cos(2\pi\beta R_s t)}{1-(4\beta R_s t)^2} \tag{4-22}$$

图 4.12 显示了升余弦滤波器的单位冲激响应的波形。

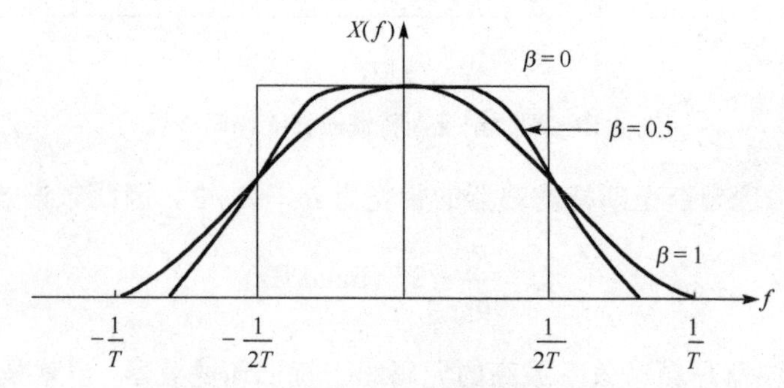

图 4.11 升余弦滤波器的频率响应[5]

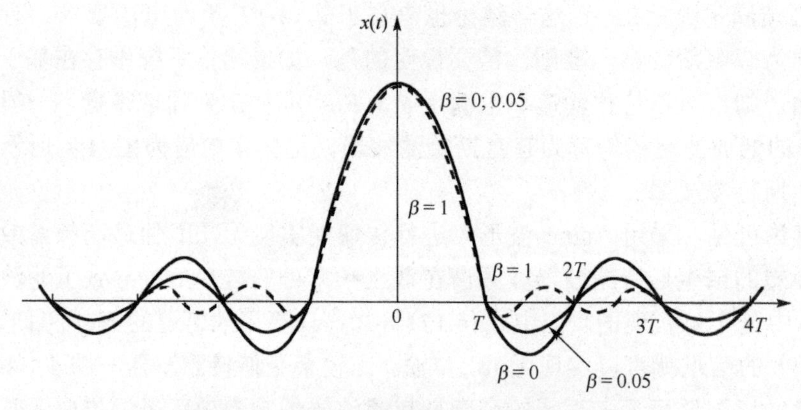

图 4.12 升余弦滤波器的单位冲激响应[5]

显然，升余弦滤波器属于奈奎斯特滤波器，当 $\beta=0$ 时，升余弦滤波器实际上就是理想奈奎斯特滤波器。从图 4.11 中还可以看出，β 的值决定了升余弦滤波器的带宽与奈奎斯特带宽 $B_N=1/2T_s$ 相比所需的超越带宽，当 $\beta=1$ 时，升余弦滤波器的带宽是理想奈奎斯特滤波器带宽的 2 倍，即超越带宽与理想奈奎斯特滤波器的绝对带宽相等。升余弦滤波器的带宽为

$$B=(1+\beta)\frac{1}{2T_s}=\frac{1}{2}(1+\beta)R_s \tag{4-23}$$

因此升余弦滤波器的基带频谱效率为

$$\eta = \frac{R_s}{B} = \frac{2}{1+\beta} \quad \text{(Baud/Hz)} \tag{4-24}$$

这意味着，与奈奎斯特滤波相比，升余弦低通滤波在频谱效率上有所降低。奈奎斯特滤波在基带可提供的最高频谱效率为 2Baud/Hz。升余弦低通滤波频谱效率最低时仅为 1Baud/Hz。

4.4　数字基带信号传输中的匹配滤波器设计

由式(4-13)可见，总的基带信号传输的等效信道由三个级联的滤波器组成，其中传输信道的频率响应 $C(\omega)$ 实际中只有通过针对不同的信道进行测量才能获得较好的近似。一般在设计发射和接收滤波器时，假设在所关心的频率范围内 $C(\omega)=1$。在该假设下，式(4-13)可以改写为

$$H(\omega) = G_T(\omega)G_R(\omega) \tag{4-25}$$

由式(4-25)可见，如果已知 $H(\omega)$，若 $G_T(\omega)=G_R(\omega)$，则可以获得发射滤波器和接收滤波器的频率响应。现在的问题是让接收滤波器和发射滤波器具有相同的频率响应是否是有效的。学习完本章有关匹配滤波器的内容后，便会得到该问题的答案。

4.4.1　匹配滤波器

匹配滤波器是一种特殊的线性滤波器，这种滤波器能保证在采样时刻获得的瞬时信号功率与噪声平均功率的比值达到最大。假设发射的信号为 $s(t)$，则匹配滤波器的单位冲激响应定义为

$$h(t) = Ks(t_0 - t) \tag{4-26}$$

式中，K 为正常数，t_0 代表采样时间。匹配滤波器的频率响应因此为

$$H(\omega) = Ks^*(\omega)\mathrm{e}^{-\mathrm{j}\omega t_0} \tag{4-27}$$

如果选择在每个接收符号周期结束的时刻进行采样，即选择 $t_0 = T_s$，并选取 $K=1$，则有

$$h(t) = s(T_s - t) \tag{4-28}$$

对应的匹配滤波器的输出为

$$y(t) = s(t) * s(T_s - t) \tag{4-29}$$

4.4.2　基带接收匹配滤波器

考察一个符号期间发射滤波器输出的基带信号。为了方便起见，我们将信号表示为 $T_s/2 \leqslant t \leqslant T_s/2$ 内的波，即

$$a_n(t) = a_n g_T(t) \tag{4-30}$$

由于在一个符号周期内 a_n 为常数，将上述信号加入接收滤波器 $g_R(t)$ 时，由 4.3 节所讨论的匹配滤波器的原理可知，$g_R(t)$ 可设计为与信号 $a_n(t)$ 匹配的滤波器并在符号周期结束时

进行采样，能获得最大瞬时信号功率与噪声平均功率的比值，这意味着接收滤波器可设计为

$$|G_{\rm R}(\omega)| = |G_{\rm T}(\omega)| \tag{4-31}$$

在不考虑相频特性的条件下，可以将发射滤波器和接收科波器设计为

$$G_{\rm T}(\omega) = G_{\rm R}(\omega) = \sqrt{H(\omega)}, \quad H(\omega) \geqslant 0 \tag{4-32}$$

上式也解释了在实际的通信系统中，开平方的滚降余弦滤波器常作为发射和接收滤波器的原因。

4.5 消除和降低 ISI 的技术

在实际的通信系统中，即使采用了基于无 ISI 准则的发射滤波器和接收滤波器设计，由于传输信道的非理想性，接收滤波器输出的信号中可能仍然存在 ISI。例如，在现代宽带无线通信系统中，信道往往是频率选择性衰落信道，从而在接收机中不可避免地存在 ISI。为了在接收机中有效地消弱或消除 ISI，在接收机的信号处理中主要采用均衡和分集接收技术。

4.5.1 均衡技术

奈奎斯特第一准则告诉我们，要避免 ISI，关键是要让发射机的符号输出到接收机的符号判决前的等效信道满足式(4-17)。但如果发射滤波器的输入到接收滤波器的输出的等效信道不能完全满足式(4-17)，则可以在接收滤波器的输出加一个滤波器 $T(\omega)$ 来均衡前面的等效信道，使加了均衡器后的总的等效传输信道 $\tilde{H}(\omega) = H(\omega)T(\omega)$ 满足式(4-17)，即

$$\sum_{k=-\infty}^{\infty} H(f + kR_{\rm s})T(f + kR_{\rm s}) = A \tag{4-33}$$

若 $T(f)$ 设计为以 $R_{\rm s}$ 为周期的周期函数，则有

$$T(f) = A \Big/ \sum_{k=-\infty}^{\infty} H(f + kR_{\rm s}) \tag{4-34}$$

由于 $T(f)$ 为周期函数，因此可以展开成傅里叶级数，即有

$$T(f) = \sum_{n=-\infty}^{\infty} C_n \exp(-{\rm j}2\pi n T_{\rm s} f), \qquad |f| \leqslant R_{\rm s}/2 \tag{4-35}$$

式中，C_n 是傅里叶级数的系数。将式(3-35)进行傅里叶反变换可得均衡器的单位冲激响应为

$$g_{\rm E}(t) = \sum_{n=-\infty}^{\infty} C_n \delta(t - nT_{\rm s}) \tag{4-36}$$

上式表明，均衡器可以用以符号周期为延迟单元的横向滤波器来实现。由于实际的滤波器不可能用无限个延迟单元来实现，因此实际的均衡器应该具有图 4.13 所示的结构，对应的单位冲激响应为

$$g_{\mathrm{E}}(t)=\sum_{n=-N}^{N}C_n\delta(t-nT_{\mathrm{s}}) \tag{4-37}$$

假设均衡器输入信号

$$y(t)=\sum_{k=-\infty}^{\infty}a_k h(t-kT_{\mathrm{s}}) \tag{4-38}$$

均衡器的输出为

$$z(t)=\sum_{n=-N}^{N}C_n y(t-nT_{\mathrm{s}}) \tag{4-39}$$

在接收滤波器后面加上一个均衡器后，总的传输系统的单位冲激响应应为

$$\tilde{h}(t)=h(t)*g_{\mathrm{E}}(t)=\sum_{n=-\infty}^{\infty}C_n h(t-nT_{\mathrm{s}}) \tag{4-40}$$

若对系统的单位冲激响应进行采样，则可获得式(4-40)的离散形式：

$$\tilde{h}(m)=\sum_{n=-N}^{N}C_n h_{m-n} \tag{4-41}$$

为了消除 ISI，希望有

$$\tilde{h}(m)=\begin{cases}1, & m=0\\0, & m\neq 0\end{cases} \tag{4-42}$$

如果均衡器的系数设计使得式(4-42)成立，则可以强迫符号间的干扰为零，从而完全消除 ISI。这种方法称为迫零算法。下面的例子，给出了根据式(4-41)计算均衡器加权系数的方法。

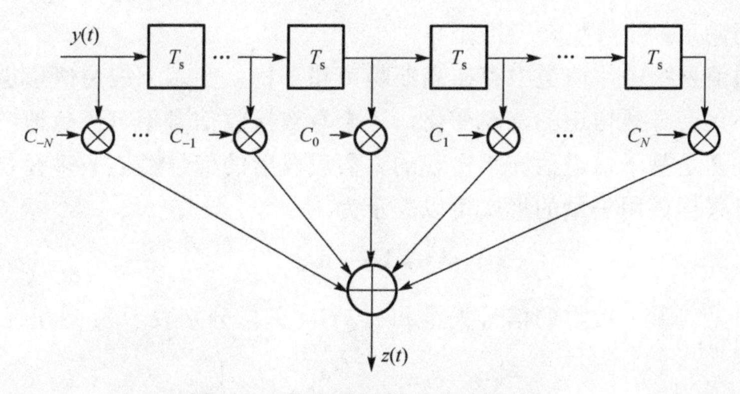

图 4.13　均衡器的横向滤波器结构

例 4-1　考虑一个 3 抽头的均衡器，对于发射滤波器前输入的单位脉冲，已知接收滤波器的输出中 h_k（$k=-3,-2,-1,0,1,2,3$）有值，若用式(4-41)来求均衡系数 C_k（$k=-1,0,1$），写出求解 C_k（$k=-1,0,1$）的方程。

解：根据式(4-37)有

$$\begin{bmatrix} h_{-1} & h_{-2} & h_{-3} \\ h_0 & h_{-1} & h_{-2} \\ h_1 & h_0 & h_{-1} \\ h_2 & h_1 & h_0 \\ h_3 & h_2 & h_1 \end{bmatrix} \begin{bmatrix} C_{-1} \\ C_0 \\ C_1 \end{bmatrix} = \begin{bmatrix} \tilde{h}_{-2} \\ \tilde{h}_{-1} \\ \tilde{h}_0 \\ h_1 \\ \tilde{h}_2 \end{bmatrix}$$

为了消除 ISI，则需要满足

$$\begin{bmatrix} h_{-1} & h_{-2} & h_{-3} \\ h_0 & h_{-1} & h_{-2} \\ h_1 & h_0 & h_{-1} \\ h_2 & h_1 & h_0 \\ h_3 & h_2 & h_1 \end{bmatrix} \begin{bmatrix} C_{-1} \\ C_0 \\ C_1 \end{bmatrix} = \begin{bmatrix} 0 \\ 0 \\ 1 \\ 0 \\ 0 \end{bmatrix}$$

将上式写成矩阵形式为

$$\mathbf{Hc} = \tilde{\mathbf{h}}$$

$$\mathbf{c} = (\mathbf{H}^{\mathrm{H}}\mathbf{H})^{-1}\mathbf{H}^{\mathrm{H}}\tilde{\mathbf{h}} = \mathbf{H}^{+}\tilde{\mathbf{h}}$$

式中，$\mathbf{H}^{+} = (\mathbf{H}^{\mathrm{H}}\mathbf{H})^{-1}\mathbf{H}^{\mathrm{H}}$ 称为 $\mathbf{H}$ 矩阵的伪逆矩阵。

一旦获得了均衡器抽头的加权系数，如果不改变加权系数，则用于实际的接收信号进行均衡时，由于信道的改变，可能导致设计的均衡器加权系数不再满足式(4-42)，因此需要对均衡器的有效性进行评估。评价均衡器有效性的一个指标参数为峰值畸变，定义为

$$D = \frac{1}{\bar{h}(0)} \sum_{\substack{k=-\infty \\ k\neq 0}}^{\infty} \left|\bar{h}(k)\right| \tag{4-43}$$

可见，迫零均衡满足最小峰值畸变准则。

在实际的通信系统中，信道中存在高斯噪声和干扰，宽带无线通信信道还存在频率选择性衰落，这不仅会导致信道的随机变化，还会导致接收信号不可避免地产生码间干扰。在实际中信道均衡是基于信道估计来实现的。假设发射的信号经 L 条多径传播到接收机，接收的基带信号采样值用矢量的形式可以表示为

$$\mathbf{y} = \mathbf{Hx} + \mathbf{n} \tag{4-44}$$

其中，发射的符号矢量、接收的信号矢量和 AWGN 矢量分别表示为

$$\mathbf{x} = [x_k \quad x_{k-1} \quad \cdots \quad x_{k-(N+L-2)}]^{\mathrm{T}} \tag{4-45}$$

$$\mathbf{y} = [y_k \quad y_{k-1} \quad \cdots \quad y_{k-(N-1)}]^{\mathrm{T}} \tag{4-46}$$

$$\mathbf{n} = [n_k \quad n_{k-1} \quad \cdots \quad n_{k-(N-1)}]^{\mathrm{T}} \tag{4-47}$$

假设接收机对第 1 条传播路径同步，则信道矩阵的形式为

$$\mathbf{H}=\begin{bmatrix}\alpha_0 & \alpha_1 & \cdots & \alpha_{L-1} & 0 & 0 & \cdots & 0\\ 0 & \alpha_0 & \alpha_1 & \cdots & \alpha_{L-1} & 0 & \cdots & 0\\ \vdots & \vdots & \vdots & & \vdots & \vdots & & \vdots\\ 0 & 0 & 0 & \cdots & \alpha_0 & \alpha_1 & \cdots & \alpha_{L-1}\end{bmatrix} \tag{4-48}$$

在一般的通信系统中，会周期性地向发射的符号序列插入导频符号用于信道估计，周期的长短取决于信道变化的快慢，也需要综合考虑系统的频谱效率损耗。假设接收机获得了理想的信道估计，则接收机的均衡器可以用矩阵表示为

$$\mathbf{H}^{+}=(\mathbf{H}^{\mathrm{H}}\mathbf{H})^{-1}\mathbf{H}^{\mathrm{H}} \tag{4-49}$$

均衡器的输出为

$$\mathbf{z}=\mathbf{H}^{+}\mathbf{y}=\mathbf{x}+\mathbf{H}^{+}\mathbf{n}=\mathbf{x}+\tilde{\mathbf{n}} \tag{4-50}$$

式中，$\tilde{\mathbf{n}}$ 为 AWGN 矢量，其每个元素的均值为 0，方差大于矢量 $\mathbf{n}$ 中对应 AWGN 变量的方差。也就是说，均衡器将接收信号矢量 $\mathbf{y}$ 中的 ISI 转化为了噪声，从而达到了迫使 ISI 为零的目的。式(4-49)是典型的数据块迫零均衡器的表达式。

除迫零均衡外，实际中还有一种重要的针对数据块均衡的算法，称为最小均方误差(MMSE)均衡算法。MMSE 均衡器满足均衡器的输出与已知的导频符号平均的均方误差最小，用 $\mathbf{W}$ 表示均衡矩阵，则 MMSE 均衡使得下面的消费函数最小：

$$f_{\mathrm{Eq}}=E(\|\mathbf{e}\|_2^2)=E(\|\mathbf{W}\mathbf{y}-\mathbf{x}\|_2^2) \tag{4-51}$$

使上述消费函数最小的解为

$$\mathbf{W}=(\mathbf{H}^{\mathrm{H}}\mathbf{H}+\rho^{-1}\mathbf{I})^{-1}\mathbf{H}^{\mathrm{H}} \tag{4-52}$$

式中，$\rho=\varepsilon_x/\sigma^2$ 为发射信号平均功率与噪声平均功率的比。

4.5.2　分集技术

均衡技术的作用是消除除所同步路径信号外，其他多径信号对同步路径信号的干扰，但并没有利用其他多径信号。事实上，所有接收机可分辨的多径信号均承载有相同的有用的发射符号，采用优化的合并准则，相干地合并多径信号，可以起到变废为宝的作用。

一种典型的抗多径干扰的分集技术就是 DSSS 系统中的 RAKE 接收机。DSSS 扩频系统中，对发射产生的基带信号要采用一个伪随机(PN)序列进行扩频操作，扩频后的每个码片通常称为一个切普。由于扩频后信号的处理是在切普级进行处理的，接收机采样速率为切普率，因此，如果信道的最大相对时延小于符号周期，但大于切普周期，就会导致切普间的干扰。也就是说，对于 DSSS 系统，ISI 是指切普间的干扰，利用扩频码(PN 码)尖锐的自相关特征，在接收机可以对不同的多径信道通过 PN 序列的相关运算进行同步和解扩，进而采用基于信道估计的分集合并权系数，对不同路径的解扩信号进行合并，最后对合并后的信号进行符号判决。关于 RAKE 接收机的详细介绍参见第 8 章。

4.6 本章小结

本章主要介绍了数字基带信号传输中的波形、数字基带信号的功率谱密度、数字基带信号直接传输时典型的编码技术和数字基带信号传输中的无 ISI 传输准则。数字基带信号的波形主要分双极性归零和不归零码、单极性归零和不归零码。最常用的是不归零码波形。数字基带信号的编码主要是为了消除数字基带信号的直流分量和减少低频分量，以便于实现相对远的数字基带信号直接传输。数字基带信号的编码还要考虑到有利于接收机检测码元变化以实现码元同步。本章最核心的内容是数据基带信号的无 ISI 传输。奈奎斯特无 ISI 传输准则给出了实现无 ISI 传输的时域和频域条件。要满足无 ISI 传输，符号传输速率应该满足 $R_s \leqslant 2B_b$，并且还要选择合适的符号波形。理想的奈奎斯特滤波器(符号波形为 sinc 的函数波形)可以达到无 ISI 传输的最高频谱效率，即 2Baud/Hz，但理想的奈奎斯特滤波器不可实际实现。实际的奈奎斯特滤波器是带宽和波形依赖滚降因子的滚降余弦滤波器。在实际的通信系统中，由于只能在发射和接收滤波波形和符号速率方面来进行基于奈奎斯特准则的系统设计，因此即使理论上满足了奈奎斯特无 ISI 准则，但由于实际的传输信道的非理想性或时变性，接收机需要进一步采用均衡器或分集接收机来抑制或消除 ISI。典型的均衡技术有迫零均衡和 MMSE 均衡；DSSS 系统中的 RAKE 接收机是一种典型的抗 ISI 的分集接收机。

习　题　4

4.1　假设基带信号的成形滤波器采用理想的“sinc”脉冲，且“1”码和“0”码等概出现，试分析双极性不归零二进制码的功率谱密度。

4.2　假设二进制序列为 10000110000101100001；写出其 AMI 码及 HDB_3 码。

4.3　一基带传输系统，其传输特性用带宽为 B Hz、幅度为 1 的理想低通滤波器表示。

(1) 试根据无码间干扰的时域条件，分析不产生 ISI 的符号传输速率；

(2) 若系统比特率为 $3B$ bps，则采用几进制的符号传输可以避免 ISI？

4.4　对应符号速率为 R_s 的基带传输系统，分析当信道频率响应为下列函数时，系统能否实现无 ISI 传输。

(1) 幅度为 1、带宽为 $0.5R_s$ 的矩形函数；

(2) 最大值为 1、带宽为 $2R_s$ 的等腰三角形函数；

(3) 最大值为 1、带宽为 R_s 的滚降余弦函数。

4.5　图 4.14 所示的系统，其中常数 β 满足 $0 \leqslant \beta \leqslant 1$。

(1) 判断该系统能实现无 ISI 传输的条件；

(2) 在无 ISI 传输时，系统最大符号传输速率为多少？

(3) 若采用四进制符号，则无 ISI 传输的最大频谱效率为多少？

4.6　假设有一个 3 抽头的迫零均衡器；在迫零均衡器输入端观察的系统单位冲激响应采样值分别为 $x_{-1}=0.1$，$x_0=1$，$x_1=0.2$，$x_2=0.1$，其他值为 0，求理想迫零均衡的抽头权值。

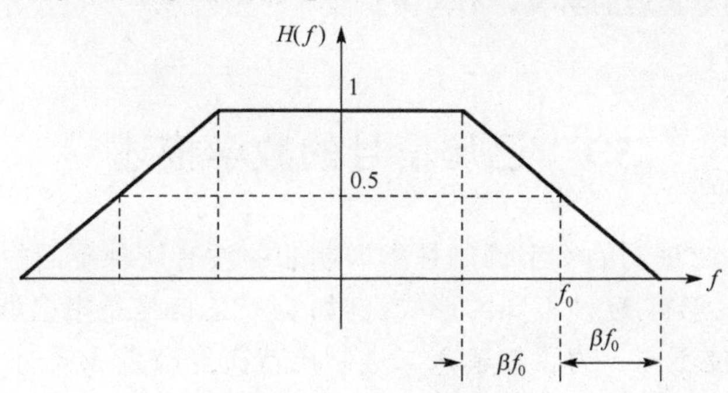

图 4.14　习题 4.5 中的图

4.7　对于用式 (4-44)～式 (4-48) 表示的多径传输系统，若假设接收机所同步的路径不是第 1 条，而是第 2 条路径，请考虑系统的信号模型。

4.8　比较式 (4-49) 和式 (4-52) 分别代表的均衡器，分析它们之间的关系；考虑信道矩阵各元素值都很小 (接近 0) 时两种滤波器可能发生的现象；分析 MMSE 算法与迫零算法相比在实际应用时的缺点。

第5章　数字调制

第1章曾讲过，数字调制的作用主要是为了将承载信息的低频数字信号转换为适合信道传输的射频信号，接收机要通过数字解调技术恢复调制前的信号。数字调制的具体实现方法是利用低频数字信号调制一个频率比其大得多的正弦信号，将要发送的信息放到高频正弦波的振幅、频率和相位中的一个或两个参数上进行传输。调制前的数字信号称为调制信号，被调制的高频正弦波称为载波，载波只是为实现信道传输所利用的一个承载工具。接收机通过数字解调后，如果不考虑信道中的干扰和AWGN，则解调器的输出就理想地恢复了调制信号。调制前和解调后的信号称为基带信号，从调制器的输出到解调器的输入所传输的信号称为频带信号。在模拟通信系统中，模拟调制通过利用基带模拟信号改变载波的幅度、频率或相位，对应的调制分别称为调幅、调频和调相。在数字通信系统中，利用数字基带信号改变载波的振幅、频率或相位所对应的数字调制则分别称为振幅键控(ASK)、频移键控(FSK)和相移键控(PSK)。在数字调制中，还存在一种常用的联合振幅和相位调制技术，称为正交振幅调制(QAM)。在数字调制中，二进制调制是最基本的数字调制，典型的二进制调制技术有2ASK、2FSK和2PSK，其中2ASK也称OOK，2PSK又称BPSK。高进制调制一般表示为MASK、MFSK、MPSK，其中$M>2$。研究数字调制技术主要是研究不同调制技术调制与解调的实现、不同调制技术的频谱效率，以及不同调制技术对误符号率和误码率的影响。

5.1　已调信号的数学描述

在数字调制中，二进制的数字调制是指调制后的波有两种不同的波形；M进制的调制是指调制以后的波形有M种不同的形式。例如MPSK信号是指已调信号有M个波形，这M个波形只是相位不同。为了使输入二进制比特流能产生M个不同的波形，需要将输入调制器的每连续$k=\log_2 M$个比特划分为一组，使得不同编码形式的比特组分别对应调制器输出一种对应的波形。为了便于分析，在数字通信中引入“符号”的概念。一个符号可以抽象地理解为对应一个比特组的基带信号，因此一个M进制的符号的能量含有k个比特能量的总和，即$E_s=kE_b$；一个符号周期含k个比特周期，即$T_s=kT_b$。对于PSK和QAM调制，由于在调制波信号空间中，调制波信号的同相分量和正交分量可以分别唯一地映射为复数空间中一个复数的实部和虚部，为了分析和仿真方便，通常将每个比特组映射为一个复数，并称该复数为一个符号。为了方便统一分析，本章在分析已调信号的数学表示时，假设载波的初相为0，且将M进制调制扩展到含$M=2$的情景。

对于MASK调制，已调信号可以写成

$$x(t)=\sqrt{\frac{2E_s}{T_s}}\cos(\omega_c t)\text{，}\quad E_s\in\{0,E,2^2E,\cdots,(M-1)^2E\}\text{；}\quad 0\leqslant t\leqslant T_s \tag{5-1}$$

式中，系数$\sqrt{2}$的配置是为了满足：当一个符号周期含整数个载波周期时，式(5-1)所示的能量信号的能量等于E_s，即有$\int_0^T x^2(t)\mathrm{d}t=E_s$，以便于接收信号的表示与分析。由式(5-1)可见，MASK信号中，M个不同的波相互之间的区别仅在幅度上，频率和相位均相同且等于载波的频率和相位。对于2ASK信号，意味着在一个符号周期内要么传输能量为E_s的波，要么不传输信号。

对于MPSK信号，MPSK信号将含M个幅度和频率均相同，只是相位不同的波。不失一般性，假设载波初相为0，则MPSK信号可以表示为

$$x(t)=\sqrt{\frac{2E_s}{T_s}}\cos(\omega_c t+\theta_i)\text{，}\quad i\in\{1,2,\cdots,M\}\text{；}\quad 0\leqslant t\leqslant T_s \tag{5-2}$$

式中，θ_i是由比特组的编码形式唯一确定的传输波相位。对于2PSK信号，每个符号内传输波的相位只能是两个可能相位值中的一个。

MFSK信号中会出现幅度和初相相同，但频率有M个不同值的波。每个符号周期内，MFSK信号的频率是一定的，其选择由符号对应的k个比特的编码形式来决定。也就是说，如果我们选定了M个不同频率的载波来实现MFSK调制，则每个符号期间传输哪个频率的载波是由该符号对应的k个比特的编码形式确定的。MSK可以写成

$$x(t)=\sqrt{\frac{2E_s}{T_s}}\cos(\omega_c t)\text{，}\quad \omega_c\in\{\omega_1,\omega_2,\cdots,\omega_M\}\text{；}\quad 0\leqslant t\leqslant T_s \tag{5-3}$$

5.2　线性数字调制信号的信号空间分析

考虑一个确定的实值信号集，其中包含M个信号$s_i(t)$（$i=1,\cdots,M$），每个信号都是在范围[0, T]内能量有限的信号。假设存在一组实值正交函数$\{e_i(t),\ i=1,\cdots,N\}$，满足

$$\int_0^T e_i(t)e_j(t)\mathrm{d}t=\begin{cases}0, & i\neq j\\ 1, & i=j\end{cases} \tag{5-4}$$

式中，$i,j\in\{0,\cdots,N\}$，$N\leqslant M$，则可以通过这些正交函数的加权线性组合来表示每一个$s_i(t)$（$i\in\{1,\cdots,M\}$）。这些正交函数称为$s_i(t)$（$i=1,\cdots,M$）的基函数。因此，可以得到

$$s_i(t)=\sum_{j=1}^{N}s_{ij}e_j(t),\quad 0\leqslant t\leqslant T \tag{5-5}$$

在数字调制中，ASK、PSK和QAM信号的频率只是将基带信号以“0频率”为中心搬移到了以载波频率为中心的频段，频带内的带宽是基带带宽的2倍，频谱的形状保持不变，这些调制技术可以通过线性技术实现，因此我们通常称这类技术为线性数字调制技术。FSK信号的频谱会大于2倍的基带信号带宽，频带的频谱形状与基带频率的形状也有很大差异，并且只能用非线性技术实现调制过程，因此通常称之为非线性数字调制技术。

由 5.1 节的分析可知，对于线性数字调制，已调信号可以统一地表示成

$$x(t)=\text{Re}\left[A\sqrt{\frac{2}{T_\text{s}}}\exp(-\text{j}\omega_\text{c}t)\right]=a\sqrt{\frac{2}{T_\text{s}}}\cos(\text{j}\omega_\text{c}t)-b\sqrt{\frac{2}{T_\text{s}}}\sin(\omega_\text{c}t),\quad 0\leqslant t<T_\text{s} \tag{5-6}$$

上式可进一步写为

$$x(t)=|A|\sqrt{\frac{2}{T_\text{s}}}g(t)\cos(\text{j}\omega_\text{c}t+\theta) \tag{5-7}$$

其中，

$$|A|=\sqrt{a^2+b^2} \tag{5-8}$$

$$\theta=\arctan\left(\frac{b}{a}\right) \tag{5-9}$$

$$g(t)=\begin{cases}1, & 0\leqslant t\leqslant T_\text{s}\\ 0, & \text{其他}\end{cases} \tag{5-10}$$

考察下面两个函数：

$$\varphi_1(t)=\sqrt{\frac{2}{T_\text{s}}}g(t)\cos(\omega_\text{c}t) \tag{5-11}$$

$$\varphi_2(t)=-\sqrt{\frac{2}{T_\text{s}}}g(t)\sin(\omega_\text{c}t) \tag{5-12}$$

假设在每个符号周期存在整数个载波周期，不难得出

$$\int_0^{T_\text{s}}\varphi_i^2(t)\text{d}t=1,\quad i=1,2 \tag{5-13}$$

$$\int_0^{T_\text{s}}\varphi_1(t)\varphi_2(t)\text{d}t=0 \tag{5-14}$$

这意味着$\{\varphi_i(t),\ i=1,2\}$可以作为线性已调信号的基函数，即

$$x(t)=a\varphi_1(t)+b\varphi_2(t) \tag{5-15}$$

根据上述基于正交基函数的已调信号的表示，a 和 b 也通常分别被称为已调信号的同相分量和正交分量。在调制波的信号空间中，a 和 b 分别代表了一个点在两个正交基上的投影，如图 5.1 所示。

由式(5-15)和图 5.1 可见，线性数字调制已调信号的信号空间中的一个信号点与复数空间内的一个复数 $x=a+\text{j}b$ 所对应的信号点是一一对应的，因此，在对线性数字调制的分析中，也经常用复数空间的表示来分析调制后的信号，这样会给调制信号的分析和调制技术的仿真分析带来方便。但应该说明的是，线性数字调制系统已调信号的空间和复数空间在概念上是截然不同的两个信号空间。

对于某种线性数字调制技术，我们可以将所有可能出现的复数符号画在信号空间图上，这样的图称为调制技术的星座图。图 5.2 和图 5.3 给出了一种 4PSK（一般称为 QPSK）和一种 4ASK 的星座图。显然，如果所有可能出现的复数调制符号（包含实数符号）都在一个圆周上，这意味着不同的调制波只有相位的区别，幅度是相同的，对应的调制技术是一种 PSK 调制技术；如果所有的复数（包含实数）符号都在一条直线上，且所有的复数都满足 b/a 为正的实数，则对应的调制属于 ASK 调制。需要指出的是：(1) 在 ASK 和 PSK 调制中，相邻信号点之间的距离都是相等的；(2) 在线性调制中已调波的基函数有可能只有一个，如 ASK 和经典的 BPSK。

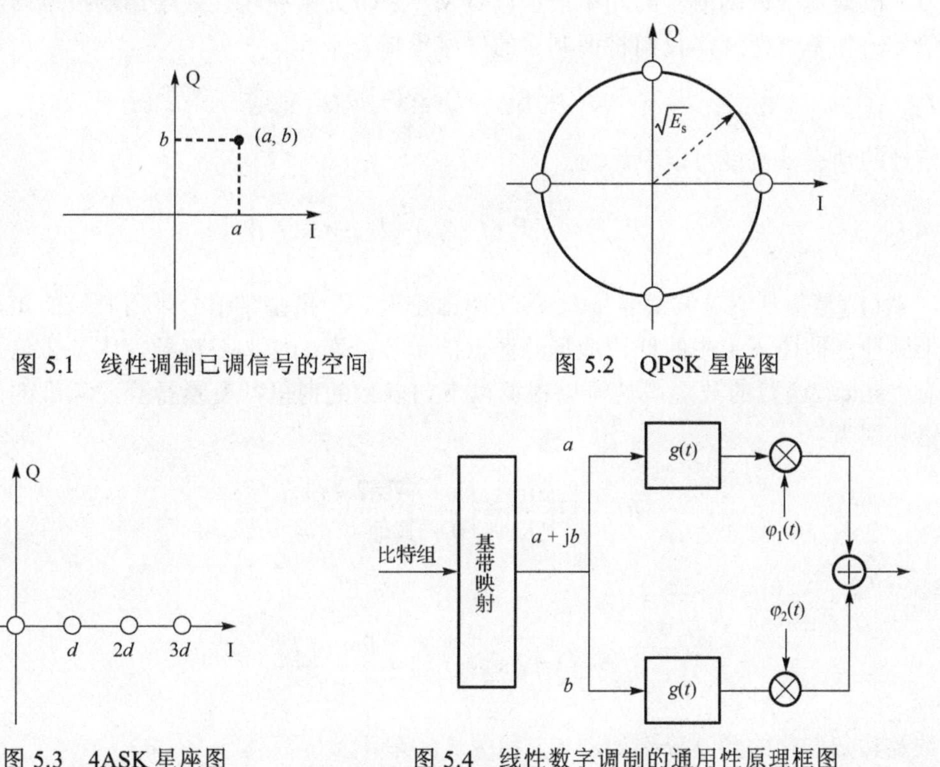

图 5.1 线性调制已调信号的空间

图 5.2 QPSK 星座图

图 5.3 4ASK 星座图

图 5.4 线性数字调制的通用性原理框图

式(5-6)或式(5-15)所示的调制波表达式也展示了实现线性数字调制的正交调制方案，如图 5.4 所示。现在讨论基于图 5.4 的具体实现线性调制的过程。从数学的角度看，输入给数字调制器的二进制比特流，每 k 个比特一组划分后，每个比特组要映射成调制方案星座图中的一个复数符号，这个复数符号的实部和虚部再进一步分别与 $\varphi_1(t)$ 和 $\varphi_2(t)$ 相乘，然后相加作为输出。从信号的角度来看，以 T_b 为周期的双极性二进制波进入调制器后，将先产生两路以 T_s 为周期的双极性基带波，一路波在每个符号周期内的幅度由对应符号的实部 a 决定，称为同相分量波；另一路波在每个符号周期内的幅度受对应复数符号的虚部 b 决定，称为正交分量波。同相分量波和正交分量波进一步分别调制同相载波分量和正交载波分量，最后两路波相加输出。

由上述分析可见，ASK 和 PSK 以及联合对载波的幅度和初相进行调制的数字调制技术（QAM），都可以通过分别设计复数符号，然后分别调整两个正交子载波的幅度来实现。

由调制器输入的二进制比特流对应的数字波，可以通过线性技术分别实现复数符号的实部和虚部对应的基带数字波，这样等效于通过线性技术实现了已调信号的幅度或/和相位，所以这些数字调制技术通常也称为线性调制技术。FSK 调制则不能用图 5.4 所示的框图来描述其调制实现原理，也就是说不能用线性技术从输入的二进制数字波来获得已调信号的频率，因此 FSK 调制也称为非线性数字调制技术。

5.3 线性数字调制的功率谱

为了根据基带调制信号的功率谱密度(PSD)来研究某种线性数字调制技术对应的通带已调信号的功率谱密度，我们将调制后的信号重新表示为

$$x(t)=\mathrm{Re}(m(t)\exp(-\mathrm{j}\omega_{\mathrm{c}}t)) \tag{5-16}$$

已调信号的功率谱密度可以表示为

$$P(f)=\frac{1}{4}[P_m(f-f_{\mathrm{c}})+P_m(-f-f_{\mathrm{c}})] \tag{5-17}$$

式中，$P_m(f)$ 是基带调制波信号 $m(t)$ 的功率谱密度。如果基带信号采用时域的矩形脉冲作为成形脉冲，即图 5.4 中的低通成形滤波器的单位冲激响应为门函数，则基带信号的频谱将具有“sinc”函数的波形，这可以根据以下门函数的傅里叶变换得到。标准的门函数及其频谱分别为

$$G(t)=\Pi\left(\frac{t}{T}\right)=\begin{cases}1, & -T/2\leqslant t<T/2\\ 0, & \text{其他}\end{cases} \tag{5-18}$$

和

$$H(f)=T\,\mathrm{sinc}(fT)=\frac{\sin(\pi fT)}{\pi f} \tag{5-19}$$

门函数及其归一化的频谱分别如图 5.5 和图 5.6 所示。

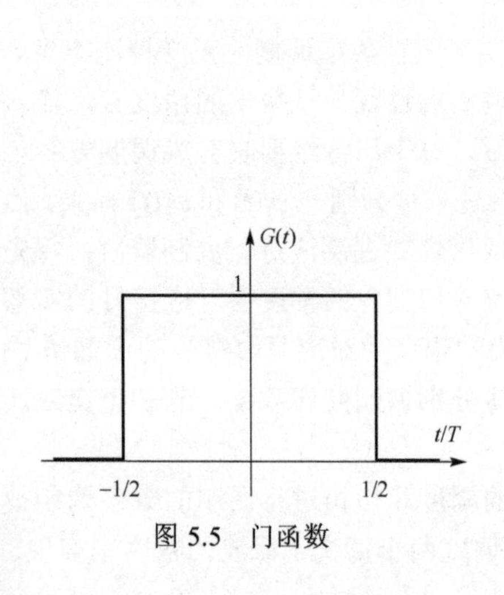

图 5.5 门函数

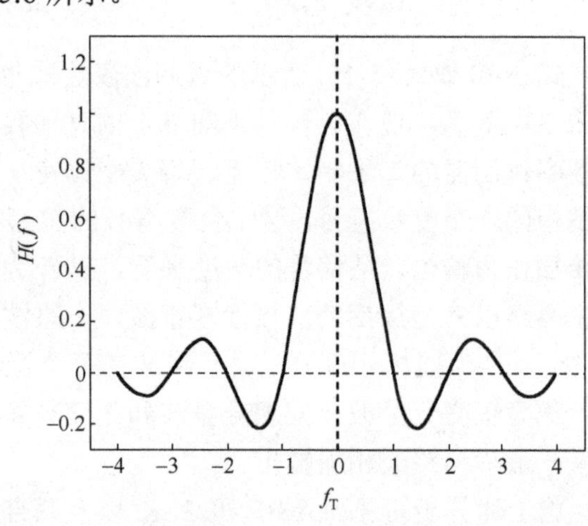

图 5.6 门函数的频谱

5.4　二进制数字调制

对于二进制数字调制，有 $E_s = E_b$ 和 $T_s = T_b$。二进制数字调制的具体表现形式与比特和符号的映射关系以及调制后信号的星座图有关。

5.4.1　2ASK 调制

对于 2ASK 调制，如果将发射的比特“1”和“0”分别映射成星座图中的两个复数(实数) $\sqrt{E_b}$ 和 0，根据式(5-1)，2ASK 调制的已调信号可以表示成

$$x(t)=\begin{cases}\sqrt{\dfrac{2E_b}{T_b}}\cos(\omega_c t), & \text{输入“1”}\\ 0, & \text{输入“0”}\end{cases}\quad 0\leqslant t\leqslant T_b \tag{5-20}$$

上式意味着 2ASK 信号可以用输入给调制器的双极性数字波(二进制比特)作为控制信号控制一个门电路，当数字波为高电平(比特“1”)时，打开门，让输入给门电路的同相载波分量从门电路输出，因此 2ASK 也称为“OOK”(On-Off-Keying)调制。图 5.7(a)给出了 2ASK 波。

由于 2ASK 信道对应的基带信号是单极性不归零的数字信号，该基带信号的频谱除以 0 频率为中心、存在图 5.6 所示形状的连续谱外，在频率 0 处还存在离散谱(直流分量)。由式(5-17)可知，2ASK 的频谱是将基带频谱分别搬移到以 $f = f_c$ 和 $f = -f_c$ 为中心后的结果，因此，2ASK 信号的功率谱密度将分别以 $f = f_c$ 和 $f = -f_c$ 为中心出现截短的“$\text{sinc}^2(\cdot)$”函数的谱形，且分别在 $f = f_c$ 和 $f = -f_c$ 处出现离散谱，“截短”是假设接收机前端采用了理想的带通滤波器。

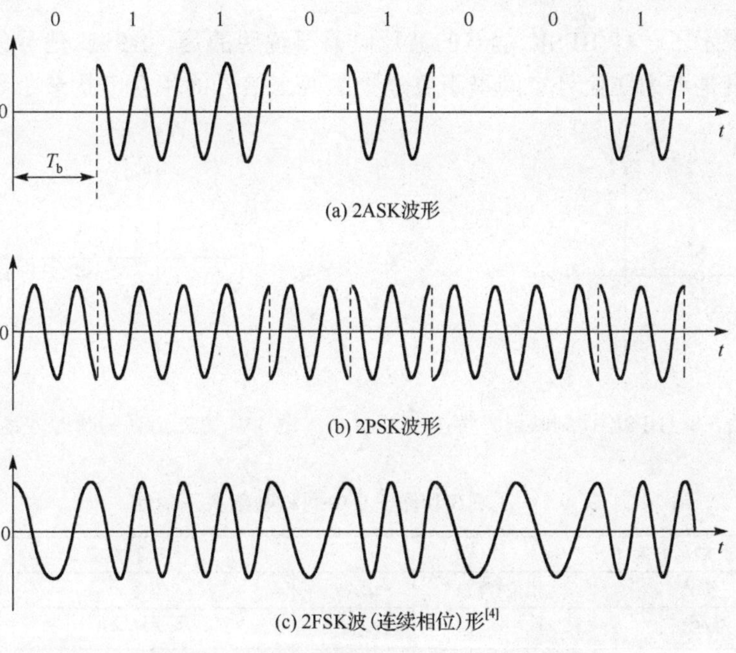

(a) 2ASK波形

(b) 2PSK波形

(c) 2FSK波(连续相位)形[4]

图 5.7　2ASK、2PSK、2FSK 波形示意图

由图 5.7 可知，在 2ASK 调制中，基带调制波的带宽(正频率部分第一个过零点的带宽)为 $B_b = R_b$。因此，2ASK 频带信号的带宽为

$$B = (f_c + R_b) - (f_c - R_b) = 2R_b = 2B_b \tag{5-21}$$

根据上式可得，2ASK 调制采用矩形脉冲作为成形滤波器单位冲激响应时，其频谱效率为

$$\eta = \frac{R_b}{B} = 0.5 \quad (\text{bps/Hz}) \tag{5-22}$$

5.4.2　BPSK 调制

BPSK 信号的数学描述与二进制比特和二进制符号的映射关系有关。对应星座图 5.8 和图 5.9 中两种不同的比特与符号的映射方案，比特、符号及已调信号的相位三者的对应关系如表 5.1 所示。由表 5.1 可见，对应“映射方案 1”的 BPSK 信号可写为

$$x(t) = \begin{cases} \sqrt{\dfrac{2E_b}{T_b}}\cos(\omega_c t), & \text{输入“1”} \\ -\sqrt{\dfrac{2E_b}{T_b}}\cos(\omega_c t), & \text{输入“0”} \end{cases} \quad 0 \leqslant t \leqslant T_b \tag{5-23}$$

而对应“映射方案 2”的 BPSK 信号的表示为

$$x(t) = \begin{cases} \sqrt{\dfrac{2E_b}{T_b}}[\cos(\omega_c t) - \sin(\omega_c t)], & \text{输入“1”} \\ -\sqrt{\dfrac{2E_b}{T_b}}[\cos(\omega_c t) - \sin(\omega_c t)], & \text{输入“0”} \end{cases} \quad 0 \leqslant t \leqslant T_b \tag{5-24}$$

图 5.7(b)展示了一种 BPSK 信号的波形。需要说明的是，BPSK 信号的两个相位被调制为相差 180 度是考虑在信号空间里距离最大的两个信号的相互干扰最小。

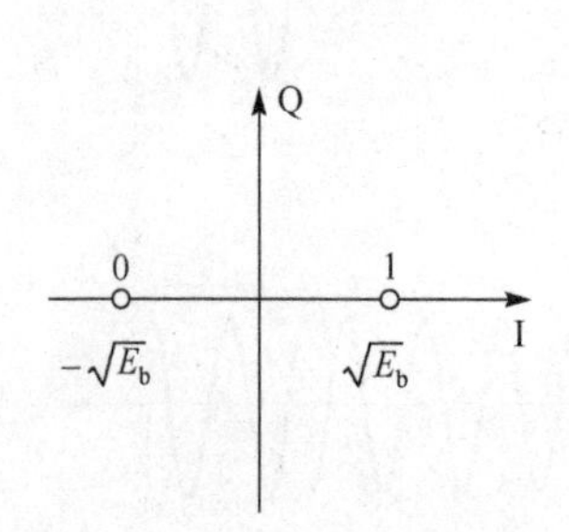

图 5.8　BPSK 调制映射方案 1

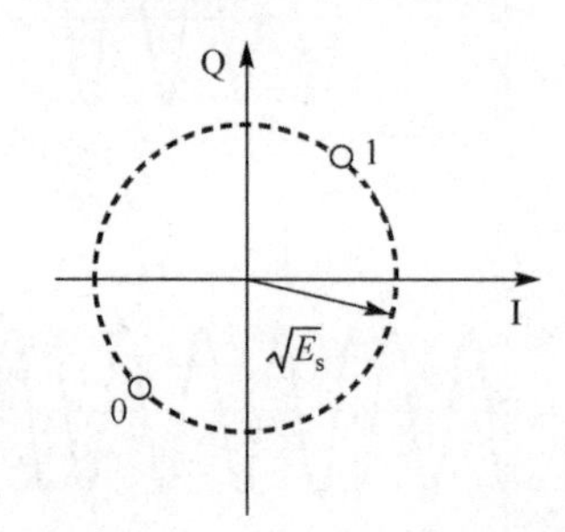

图 5.9　BPSK 调制映射方案 2

表 5.1　图 5.8 和图 5.9 中两种映射关系对比

映射方案 1			映射方案 2		
比特	符号	相位(度)	比特	符号	相位(度)
1	$\sqrt{E_b}$	0	1	$\sqrt{E_b/2}(1+j)$	45
0	$-\sqrt{E_b}$	180	0	$-\sqrt{E_b/2}(1+j)$	225

为了研究 BPSK 信号的功率谱，考察 BPSK 调制的基带信号

$$m_{\mathrm{BPSK}}(t)=\pm\sqrt{2E_{\mathrm{b}}/T_{\mathrm{b}}}G(t-T_{\mathrm{b}}/2) \tag{5-25}$$

利用式(5-19)可得其对应的功率谱密度函数为

$$P_{m,\mathrm{BPSK}}(f)=2E_{\mathrm{b}}\mathrm{sinc}^2(fT_{\mathrm{b}}) \tag{5-26}$$

进一步利用式(5-17)可得 BPSK 已调信号的功率谱密度为

$$P_{\mathrm{BPSK}}(f)=\frac{E_{\mathrm{b}}}{2}[\mathrm{sinc}^2((f-f_{\mathrm{c}})T_{\mathrm{b}})+\mathrm{sinc}^2((-f-f_{\mathrm{c}})T_{\mathrm{b}})] \tag{5-27}$$

上式表示的 BPSK 功率谱密度如图 5.10 所示。为方便起见，图中只画出了归一化的单边功率谱密度。需要说明的是，对于 BPSK 调制，图中 R_{s} 等于 R_{b} 。由图 5.10 可见，BPSK 信号的带宽为 $B=2R_{\mathrm{b}}$，因此，BPSK 系统的频谱效率与 2ASK 相等，为 0.5bps/Hz。

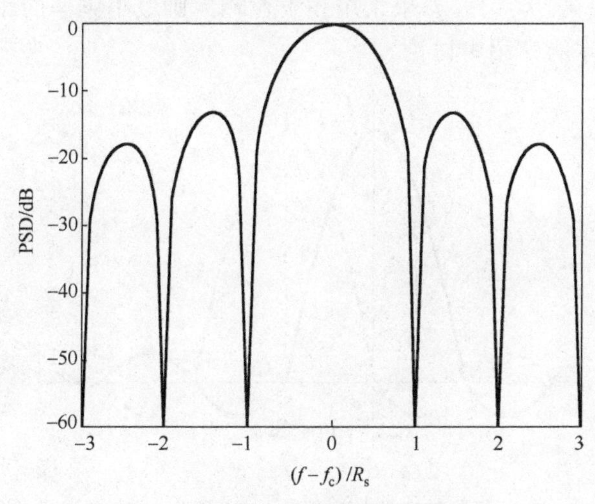

图 5.10　BPSK 信号的功率谱密度

5.4.3　2FSK 调制

2FSK 信号采用 $\omega_{\mathrm{c1}}=2\pi f_{\mathrm{c1}}$ 和 $\omega_{\mathrm{c2}}=2\pi f_{\mathrm{c2}}$ 两个不同频率分别传输二进制比特“1”和“0”所携带的信息。假设载波的初相位为 0，则 2FSK 调制的已调信号可以写成

$$x(t)=\begin{cases}\sqrt{\dfrac{2E_{\mathrm{b}}}{T_{\mathrm{b}}}}\cos(\omega_{\mathrm{c1}}t), & \text{输入“1”}\\ \sqrt{\dfrac{2E_{\mathrm{b}}}{T_{\mathrm{b}}}}\cos(\omega_{\mathrm{c2}}t), & \text{输入“0”}\end{cases}\qquad 0\leqslant t\leqslant T_b \tag{5-28}$$

由上述 2FSK 信号的表达式可以看出，在 2FSK 信号的单边功率谱密度中，对应不同的比特“1”和“0”，将分别以 $f=f_{\mathrm{c1}}$ 和 $f=f_{\mathrm{c2}}$ 为中心出现截短的“ $\mathrm{sinc}^2((f-f_{\mathrm{c1}})T_{\mathrm{b}})$ ”和“ $\mathrm{sinc}^2((f-f_{\mathrm{c2}})T_{\mathrm{b}})$ ”函数。显然，2FSK 信号的带宽取决于 f_{c1} 与 f_{c2} 的间距，间距越大，占用的频带带宽越大，频谱效率越低；间距越小，$\mathrm{sinc}^2((f-f_{\mathrm{c1}})T_{\mathrm{b}})$ 函数的峰值与 $\mathrm{sinc}^2((f-f_{\mathrm{c2}})T_{\mathrm{b}})$ 函数的峰值越靠近，则接收机对发射机调制前比特的判决就越困难。

为了确定能实现接收机正确判决所需的 f_{c1} 与 f_{c2} 的最小间距，有必要考虑 2FSK 信号的检测方案。首先在接收机前端要采用中心频率和带宽均合适的带通滤波器。实际上所有的无线通信系统在接收机的前端都要使用合适的带通滤波器来消除带宽干扰和噪声。如果在 2FSK 系统接收机的两个中心频率分别为 f_1 和 f_2、带宽为 $2R_b$ 的带通滤波器后采用包络检波，进而比较两路的采样值的大小来判决发射的是哪个频率的信号(即判决发射是“1”还是“0”)，这种检测技术称为非相干检测，因为接收机没有产生或利用与发射载波相干的信号用来检测信号。如果接收机产生本地载波信号，并用它与接收信号进行相关运算来检测信号，则相应的检测技术称为相干检测，对应的接收机称为相干接收机。由图 5.11 可见，当两载波的间距为 R_b 时，非相干接收机每路滤波器输出最大信号时，另一个滤波器输出信号为零，因此 2FSK 信号非相干检测所需的最小载波频率间距为 R_b Hz。不难证明，当 $|f_1-f_2|=kR_b$，k 为任意正整数时，两个频率的波是正交的，当采用非相干测量时，考虑到尽可能提高频谱效率，取 $k=1$。如果采用相干检测，则最小频率间距为 $R_b/2$，这将在最小频移键控(MSK)技术的介绍中讨论。

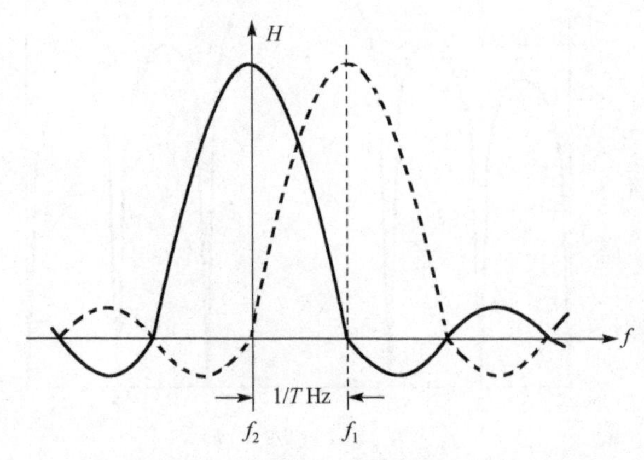

图 5.11　载波频率间距为 R_b 时 2FSK 信号单边频谱，$T=T_b=T_s$

从图 5.11 可知，2FSK 信号的带宽为 $B=2R_b+|f_{c2}-f_{c1}|$，因此 2FSK 的频谱效率低于 BPSK 和 2ASK。非相干解调时 2FSK 系统的最大频谱效率为 $\eta=R_b/B=1/3$ bps/Hz。

5.5　MSK 调制

最小频移键控(MSK)可以看作一种特殊的 2FSK 调制，但它又不同于一般所指的 2FSK。不同之处在于一般的 2FSK 信号带宽满足式(5-26)，与 BPSK 相比，2FSK 信号的带宽会大于 BPSK 信号的带宽，而 MSK 信号的带宽则会小于 BPSK 信号的带宽。另一个不同之处是，一般的 2FSK 信号是用非线性技术实现的，而 MSK 信号是通过调相来间接实现调频的，可以采用线性技术实现。MSK 和 2FSK 信号的相同之处在于，对应不同的输入比特，调制后的信号在幅度和相位相同时只存在频率上的不同。MSK 信号也常常被称为相位连续、包络稳定和带宽最小的 FSK 调制。相位连续是指在码元变换处 MSK 信号保持了相位的连续性，而一般的 2FSK 信号很难满足；包络稳定是因为 MSK 信号与 2FSK 信号相比，由于其码元变换处能保持相位的连续性，其包络会严格恒定，不会像 2FSK 信号那样

在码元变换处由于相位的不连续性出现包络抖动；最小带宽是因为 MSK 信号两个频率间距是使得接收机能通过相干检测正确实现解调的最小间距，满足 $|\Delta f| = 0.5R_{\mathrm{b}}$（调制指数 $|\Delta f|T_{\mathrm{b}} = 0.5$），在该频率间距下，MSK 两个频率的信号严格正交。

MSK 信号可以表示为

$$x(t) = \cos\left(\omega_{\mathrm{c}}t + \frac{a_k\pi}{2T_{\mathrm{b}}}t + \varphi_k\right), \qquad (k-1)T_{\mathrm{b}} \leqslant t \leqslant kT_{\mathrm{b}} \tag{5-29}$$

式中，$a_k = \pm1$ 是输入的码元；φ_k 为第 k 个码元期间 MSK 信号的初相。对应 $a_k = 1$ 和 $a_k = -1$，MSK 信号可以进一步改写为

$$x(t) = \cos\left(2\pi\left(f_{\mathrm{c}} + a_k\frac{1}{4T_{\mathrm{b}}}\right)t + \varphi_k\right), \qquad (k-1)T_{\mathrm{b}} \leqslant t \leqslant kT_{\mathrm{b}} \tag{5-30}$$

由式(5-28)和式(5-29)可见，MSK 信号的两个频率分别为 $f_1 = f_{\mathrm{c}} + 1/(4T_{\mathrm{b}})$ 和 $f_2 = f_{\mathrm{c}} - 1/(4T_{\mathrm{b}})$，两个频率的差为 $|\Delta f| = 1/(2T_{\mathrm{b}})$。为了实现 MSK 两个不同波之间互不相关，必须满足 $f_{\mathrm{c}} = n/(4T_{\mathrm{b}})$，其中 n 为正整数。不难证明，当选择 $f_{\mathrm{c}} = n/(4T_{\mathrm{b}})$，$n$ 为正整数时，式(5-29)所示的信号或式(5-30)所示的信号在一个码元周期范围内，两个频率的信号是相互正交的，即在一个码元周期内，两个信号乘积的积分为 0。

为了实现相位的连续性，即第 k 个码元 MSK 信号的起始总相位与第$(k-1)$个码元结束时的总相位相等，必须满足

$$\frac{a_{k-1}\pi}{2T_{\mathrm{b}}}kT_{\mathrm{b}} + \varphi_{k-1} = \frac{a_k\pi}{2T_{\mathrm{b}}}kT_{\mathrm{b}} + \varphi_k, \qquad k = 1, 2, \cdots \tag{5-31}$$

即有

$$\varphi_k = \varphi_{k-1} + \frac{(a_{k-1} - a_k)\pi}{2T_{\mathrm{b}}}kT_{\mathrm{b}} = \begin{cases} \varphi_{k-1}, & a_k = a_{k-1} \\ \varphi_{k-1} \pm k\pi, & a_k \neq a_{k-1} \end{cases} \tag{5-32}$$

为了建立 MSK 信号产生的发射机结构，将式(5-27)改写为

$$\begin{aligned} x(t) &= \cos\varphi_k\cos(\omega_{\mathrm{c}}t)\cos\left(\frac{\pi t}{2T_{\mathrm{b}}}\right) - a_k\cos\varphi_k\sin\left(\frac{\pi t}{2T_{\mathrm{b}}}\right)\sin(\omega_{\mathrm{c}}t) \\ &= b_{\mathrm{I}}\cos(\omega_{\mathrm{c}}t)\cos\left(\frac{\pi t}{2T_{\mathrm{b}}}\right) + b_{\mathrm{Q}}\sin\left(\frac{\pi t}{2T_{\mathrm{b}}}\right)\sin(\omega_{\mathrm{c}}t) \end{aligned} \tag{5-33}$$

由于 $\varphi_k \in \{-\pi, 0, \pi\}$，因此有 $b_{\mathrm{I}} = \pm1$，$b_{\mathrm{Q}} = a_k b_{\mathrm{I}} = \pm1$。这也说明 $a_k = b_{\mathrm{I}}b_{\mathrm{Q}}$。进一步利用式(5-33)可得 $b_{\mathrm{I},2n} = b_{\mathrm{I},(2n-1)}$，$b_{\mathrm{Q},(2n+1)} = b_{\mathrm{Q},2n}$，这就意味着 b_{I} 在 $(2n-1)T_{\mathrm{b}} \leqslant t \leqslant (2n+1)T_{\mathrm{b}}$ 的范围内保持不变；b_{Q} 在 $(2n)T_{\mathrm{b}} \leqslant t \leqslant (2n+2)T_{\mathrm{b}}$ 内保持不变。根据上述分析，可以得到 MSK 信号可以由图 5.12 所示的系统产生。

由图 5.12 所示的调制方案可知，我们可以用类似于 MPSK 信号功率谱分析的方法，先考虑基带波形的功率谱密度，再将其搬移到以载波为中心的频段。由式(5-32)可知，MSK 信号对应的基带脉冲可以表示为

$$g(t)=\begin{cases}\cos\dfrac{\pi t}{2T_{\mathrm{b}}}, & 0\leqslant t\leqslant T_{\mathrm{b}}\\ 0, & 其他\end{cases} \tag{5-34}$$

而 MSK 信号的功率谱密度为

$$P_{\mathrm{MSK}}(f)=\frac{16T_{\mathrm{b}}}{\pi^2}\left\{\frac{\cos 2\pi(f+f_{\mathrm{c}})T_{\mathrm{b}}}{1-[4(f+f)T_{\mathrm{b}}]^2}\right\}^2+\frac{16T_{\mathrm{b}}}{\pi^2}\left\{\frac{\cos 2\pi(f-f_{\mathrm{c}})T_{\mathrm{b}}}{1-[4(f-f_{\mathrm{c}})T_{\mathrm{b}}]^2}\right\}^2 \tag{5-35}$$

图 5.13 展示了 MSK 信号功率谱密度与 BPSK 信号功率谱密度的比较，可见 MSK 调制具有比 BPSK 更窄的频带带宽。

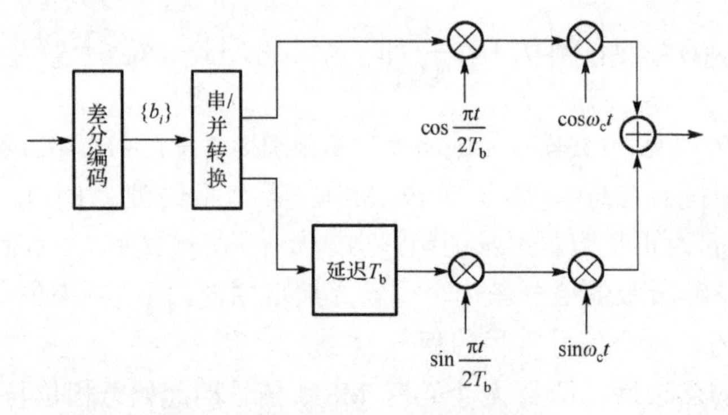

图 5.12 MSK 信号产生系统框图

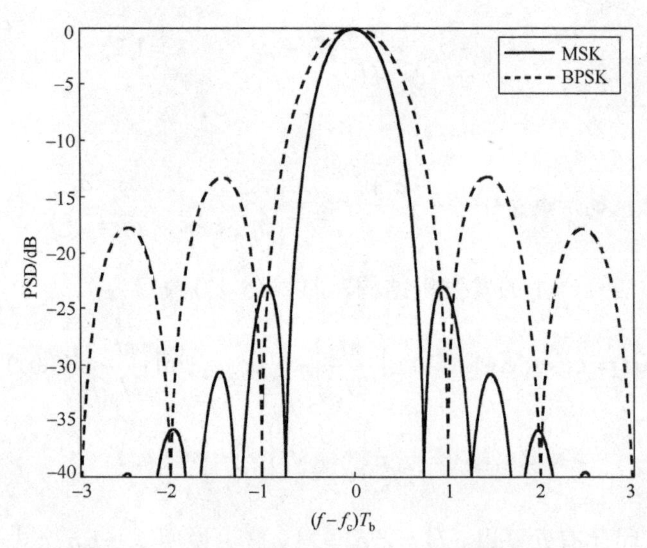

图 5.13 MSK 信号最大值归一化的功率谱密度

5.6 QPSK 调制及 MPSK($M>4$)调制

在 QPSK 调制中，星座中有 4 个信号点。为了使 QPSK 系统平均的符号错误率最小，4 个符号点被设计为等距离地分布在半径为 $\sqrt{E_{\mathrm{s}}}$ 的圆周上，因此每个符号的能量为 E_{s}。对于符号能量归一化的发射符号，圆的半径为 1。

QPSK 已调信号的数学表示与其星座图有关，如对应图 5.14 所示的信号设计，QPSK 信号可以写成

$$x(t)=\sqrt{\frac{2E_\mathrm{s}}{T_\mathrm{s}}}\cos\left[\omega_\mathrm{c}t+(k-1)\frac{\pi}{2}\right],\quad 0\leqslant t\leqslant T_\mathrm{s};\quad k=1,2,3,4 \tag{5-36}$$

为了分析 QPSK 信号的功率谱密度，由上式可知，QPSK 信号的基带信号可以表示成

$$m_{\mathrm{QPSK}}(t)=\pm\sqrt{2E_\mathrm{s}/T_\mathrm{s}}G(t-T_\mathrm{s}/2) \tag{5-37}$$

因此，对应的功率谱密度函数为

$$P_{\mathrm{QPSK}}(f)=\frac{E_\mathrm{s}}{2}[\mathrm{sinc}^2((f-f_\mathrm{c})T_\mathrm{s})+\mathrm{sinc}^2((-f-f_\mathrm{c})T_\mathrm{s})] \tag{5-38}$$

比较式(5-38)和式(5-27)可见，在符号级层面上，QPSK 的功率谱表达式与 BPSK 功率谱的表达式相同，这是因为对 BPSK 有 $E_\mathrm{s}=E_\mathrm{b}$ 和 $T_\mathrm{s}=T_\mathrm{b}$，因此图 5.10 也可以表示 QPSK 信号的归一化单边功率谱密度(最大值归一化)。由图 5.10 可知，QPSK 信号的带宽为 $B=2R_\mathrm{s}=R_\mathrm{b}$，因此 QPSK 的频谱效率为 1bps/Hz。

对于 QPSK 调制，由于 $M=4$，因此一个符号对应 $k=\log_2 M=2$ 个比特。图 5.15 展示了一种 QPSK 调制方案中比特组与符号的映射关系。

上述对 QPSK 的分析可以直接扩展到对 MPSK($M>4$)信号的分析。对于 MPSK 调制，这在 MPSK 星座图中，半径为 $\sqrt{E_\mathrm{s}}$ 的圆周上将等距离地分布着 M 个符号，每个符号对应一个含 $k=\log_2 M$ 比特的编码组。在编码比特组与复数符号的一一映射中，理论上可以随机地安排对应关系，但为了保持系统平均的误码率最小，一般采用格雷映射。格雷映射是指空间位置相邻的复数符号所对应的编码组中只有 1 个比特不同，这样每个符号误判为相邻符号时(在实际中每个符号误判为相邻符号的概率要大于误判为远距离符号的概率)，对应的比特判决中只有 1 个比特发生错误。图 5.15 中的映射满足格雷映射。

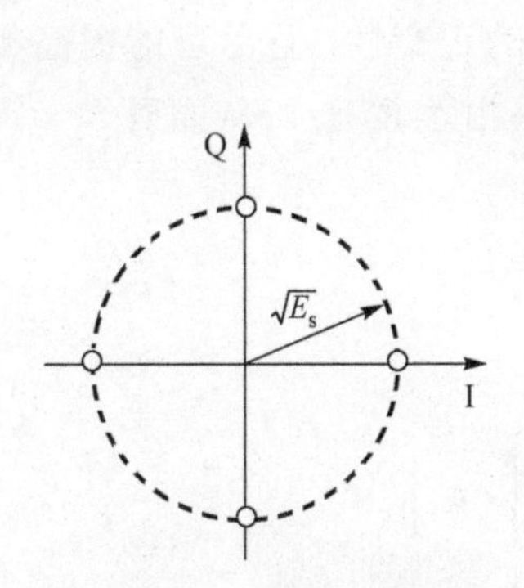

图 5.14 QPSK 星座图

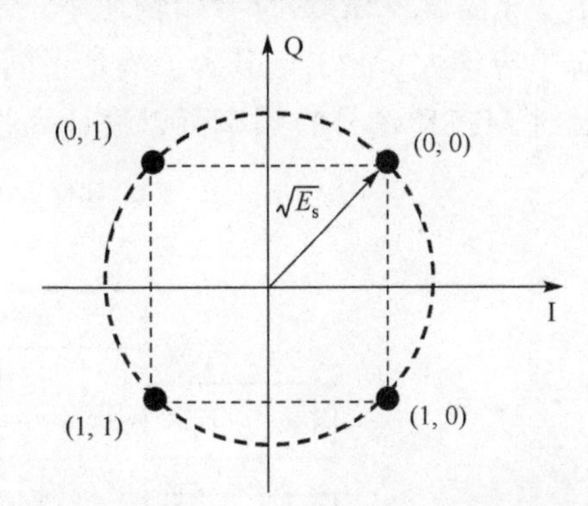

图 5.15 QPSK 调制中比特组与符号的映射

若总有一个符号落在 $(\sqrt{E_\mathrm{s}},0)$ 的坐标处，则经矩形脉冲成形滤波的 MPSK 信号可以表示为

$$y_{\mathrm{MPSK}}(t)=\sqrt{E_\mathrm{s}}\cos\left[\frac{2\pi}{M}(m-1)\right]\varphi_1(t)+\sqrt{E_\mathrm{s}}\sin\left[\frac{2\pi}{M}(m-1)\right]\varphi_2(t),\quad 0\leqslant t\leqslant T;\ k=1,\cdots,M \tag{5-39}$$

对 MPSK 调制，其功率谱密度的表示与 QPSK 相同，如式(5-38)所示。由于每个 MPSK 符号含有 $k=\log_2 M$ 比特，因此 MPSK 信号的带宽为 $B=2R_s=2R_b/k$，频谱效率为(0.5k) bps/Hz。

5.7　MASK 和 MFSK 调制

通常所指的 MASK 调制和 MFSK 调制是指 $M=2^k$，$M>2$ 的 ASK 和 FSK 调制。对于 MASK 调制，已调信号最多含 M 个幅度不同(频率、相位均相同)的波。在信号的星座图中，M 个信号等距离地分布在“包轴”上。图 5.3 展示了 $M=4$ 时的 ASK 的星座图。如果相邻的符号间距为 $d=\sqrt{E}$，即相邻的符号能量相差 $(2k-1)E$，$k=1,\cdots,(M-1)$ 焦耳，则平均的符号能量为

$$E_{\mathrm{av}}=\frac{(M-1)M(2(M-1)+1)E}{6M}=\frac{(M-1)(2M-1)}{6}E \tag{5-40}$$

由上式可得星座图中相邻 MASK 符号之间的间距为

$$d=\sqrt{E}=\sqrt{\frac{6E_{\mathrm{av}}}{(M-1)(2M-1)}} \tag{5-41}$$

MASK 信号的数学描述如式(5-1)所示，从中可以看出，总的基带的符号波包含 M 个幅度不同、符号周期为 T_s 的方波信号，因此 MASK 调制已调信号的带宽和频谱效率均与 MPSK 相同，分别为 $B=2R_s=2R_b/k$ 和 $\eta=(\log_2 M)/2$ bps/Hz。

MFSK 信号中对应不同的符号周期会出现最多 M 个频率不同的波，波的频率由当前符号对应的输入比特组中比特的编码形式决定。如 4FSK 信号中每个不同频率的波将对应比特组“00”、“01”、“10”和“11”中的一个，其对应的编码器可以用图 5.16 所示的非线性技术来实现。MFSK 信号的表达式如式(5-3)所示。MFSK 信号的带宽可以表示为 $B=2R_s+|f_M-f_1|$，其中 R_s 为符号传输速率。MFSK 信号相邻载波频率的间距在采用非相干解调的系统中应该大于 $1/T_s$。但为了满足不同频率之间的正交性，且尽可能提高频谱效率，非相干解调时 MFSK 信号的频率可以设计为相邻的频率相差 R_s Hz，从而有 $B=(M+1)R_s$。

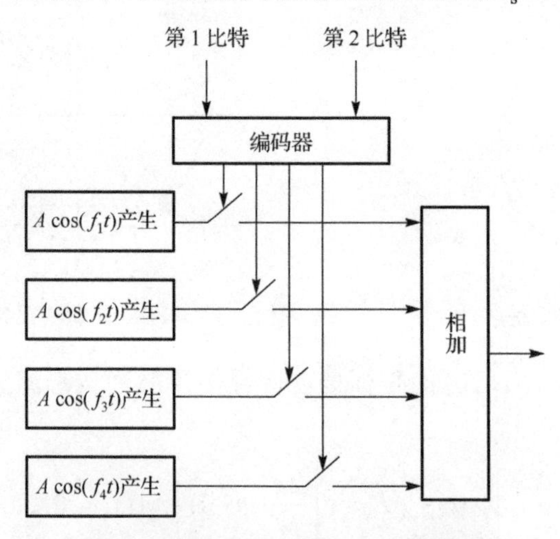

图 5.16　4FSK 信号产生器系统框图

5.8　16QAM 和 MQAM($M>16$)调制

QAM 称为正交幅度调制，是一种对载波和相位进行联合调制的数字调制技术。从星座图上看，最典型的QAM调制是信号点均匀对称分布在以原点为中心的矩形内，这类QAM调制也称矩形 QAM 调制；其次是将 QAM 符号设计在以原点为中心、半径不同的圆周上。本书中只讨论矩形 QAM 调制，并简称为 QAM 调制。最低阶的 QAM 调制是 4QAM 调制，由于 4QAM 调制实质上就是一种 QPSK 调制，不能代表 QAM 调制的一般性，因此本节主要讨论 16QAM 调制，并在其基础上分析一般的 MQAM($M>16$)调制。由于矩形 QAM 调制的特殊性，矩形 QAM 调制中 M 的取值满足 $M=4^k$，k 为正整数。

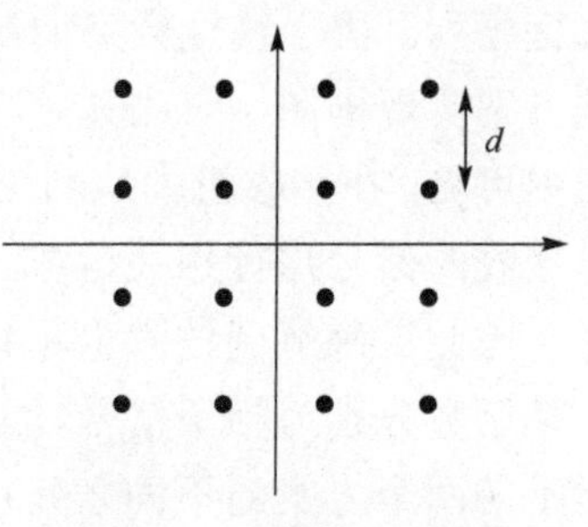

图 5.17　16QAM 星座图

图 5.17 给出了 16QAM 调制的星座图。16 个信号点的位置可用一个复数矩阵表示，即

$$\mathbf{S}_{16\text{QAM}}=\frac{d}{2}\begin{bmatrix}(-3+\text{j}3) & (-1+\text{j}3) & (1+\text{j}3) & (3+\text{j}3)\\(-3+\text{j}) & (-1+\text{j}) & (1+\text{j}) & (3+\text{j})\\(-3-\text{j}) & (-1-\text{j}) & (1-\text{j}) & (3-\text{j})\\(-3-\text{j}3) & (-1-\text{j}3) & (1-3\text{j}) & (3-\text{j}3)\end{bmatrix} \tag{5-42}$$

最小符号能量为 $E_{\min}=d^2/2$。平均符号能量为

$$E_{\text{av}}=\frac{10}{4}d^2 \tag{5-43}$$

在采用矩形脉冲成形低通滤波器的情况下，调制信号可表示为

$$\begin{aligned}x(t)&=\sqrt{\frac{2E_{\min}}{T_{\text{s}}}}a_i\cos(2\pi f_{\text{c}}t)-\sqrt{\frac{2E_{\min}}{T_{\text{s}}}}b_i\sin(2\pi f_{\text{c}}t)\\&=\sqrt{E_{\min}}a_i\varphi_1(t)-\sqrt{E_{\min}}b_i\varphi_2(t),\qquad 0\leqslant t\leqslant T_{\text{s}}\end{aligned} \tag{5-44}$$

式中，a_i 和 b_i 分别表示能量对 $E_{\min}=d^2/2$ 归一化后调制符号 $s_i=a_i+\text{j}b_i$ 的实部和虚部。式(5-44)表明，16QAM 调制属于线性数字调制技术，其发射机调制方案的实现框图如图 5.4 所示。

16QAM 信号的表示和产生技术可以直接扩展到一般的 MQAM 调制。对于 MQAM 调制，其已调信号的带宽分析与 QPSK 调制相同，因此相同进制的 MQAM 调制和 MPSK 调制具有同样的带宽和频谱效率。

5.9　线性调制已调信号的解调及误码率

误码率与解调的方法有关，解调可以分为相干解调和非相干解调。相干解调是指接收机将在本地产生与传输载波相干的信号，进而利用该相干性在接收机实现去载波操作的解调技术。非相干解调由于接收机本地不产生载波信号，只能利用滤波后加包络检波的技术来实现解调。所有的数字调制技术都能采用相干解调方法进行解调，但只有 ASK 和 FSK 信号才能采用非相干解调技术进行解调。

5.9.1 相关接收机解调

解调是调制的逆过程，其目的是从已调信号中恢复调制波信号，也就是恢复二进制的比特序列。由于线性数字调制技术可以用式(5-1)来统一描述，也具有图 5.4 所示的统一调制方案实现框图，因此其对应的解调过程也可以用统一的框图来描述，如图 5.18 所示。由图中可见，在接收机本地利用含同相载波分量的基函数 φ_1 和正交载波分量的基函数 φ_2 分别与接收的信号进行相关运算(一个符号周期内乘积后积分)，分别提取调制符号的实部和虚部，因此这种解调技术也称相关检测技术。由于本地的两个基函数与发射机调制所用的两个基函数分别为相干信号，因此相关检测技术也属于相干检测技术。图 5.18(a)和图 5.18(b)所示的两个方案的不同之处在于：前者是先进行符号判决，再将每个符号反映射为一个比特组；后者是在同相检测支路和正交检测支路针对每个符号分别独立的子比特组进行判决，进而将两路判决的子比特组复接为一个与符号对应的总比特组。这两种不同的方案将在后续的解调方法介绍中详细讨论。

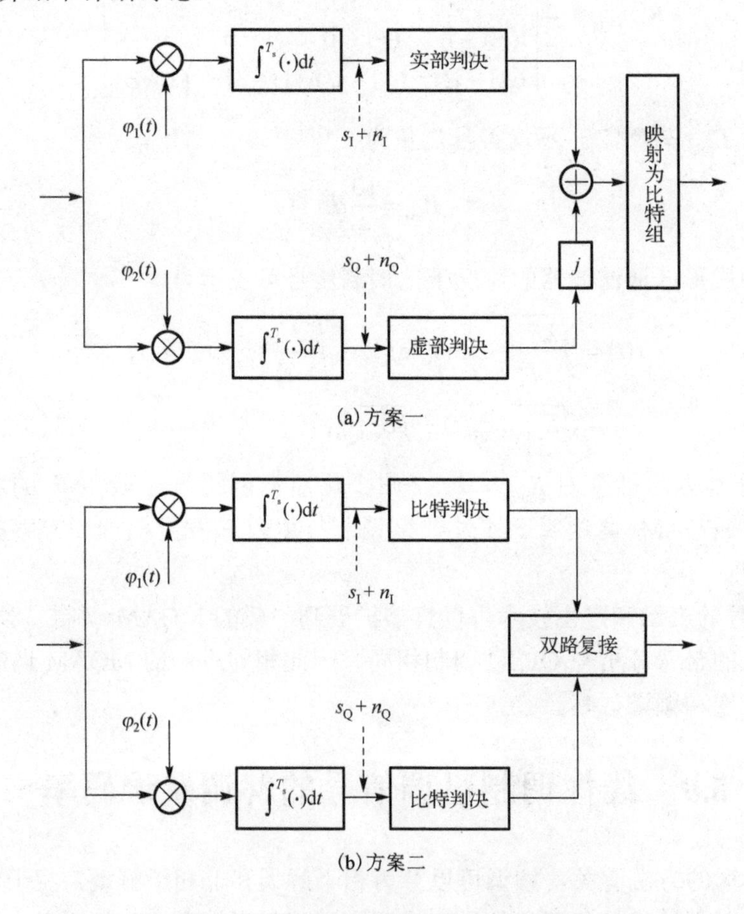

图 5.18 线性数字调制的解调系统框图

假设接收机实现理想同步后，接收的信号用 $y(t)$ 表示，利用两个正交基函数的正交性，接收机中同相支路和正交支路积分器的输出可分别表示为

$$r_{\mathrm{I}}=\int_0^{T_s} y(t)\varphi_1(t)\mathrm{d}t=s_{\mathrm{I}}+n_{\mathrm{I}} \tag{5-45}$$

$$r_{\mathrm{Q}}=\int_0^{T_s} y(t)\varphi_2(t)\mathrm{d}t=s_{\mathrm{Q}}+n_{\mathrm{Q}} \tag{5-46}$$

式中，$s_{\mathrm{I}}\in\{a_1,a_2,\cdots,a_{\mathrm{M}}\}$ 和 $s_{\mathrm{Q}}\in\{b_1,b_2,\cdots,b_{\mathrm{M}}\}$ 分别代表发射符号的实部和虚部：

$$n_{\mathrm{I}}=\int_0^{T_s} n(t)\varphi_1(t)\mathrm{d}t \tag{5-47}$$

$$n_{\mathrm{Q}}=\int_0^{T_s} n(t)\varphi_2(t)\mathrm{d}t \tag{5-48}$$

如果 $n(t)$ 的均值为 0、双边功率谱密度为 $\dfrac{N_0}{2}$，那么 n_{I} 和 n_{Q} 将是两个独立的高斯随机变量，且均值为 0、双边功率谱密度与 $n(t)$ 相同。考虑 n_{I} 和 n_{Q} 的高斯分布特性，有

$$P(r_{\mathrm{I}}\,|\,s_{\mathrm{I}})=\frac{1}{\sqrt{\pi N_0}}\exp\left[-\frac{(r_{\mathrm{I}}-s_{\mathrm{I}})^2}{N_0}\right] \tag{5-49}$$

$$P(r_{\mathrm{Q}}\,|\,s_{\mathrm{Q}})=\frac{1}{\sqrt{\pi N_0}}\exp\left[-\frac{(r_{\mathrm{Q}}-s_{\mathrm{Q}})^2}{N_0}\right] \tag{5-50}$$

以上两个条件概率称为似然函数。为了判决对应当前接收的信号是哪个发射符号，最佳的判决准则是最大后验概率准则，但最大后验概率准则需要已知星座图上每个符号在当前符号周期出现的先验概率，这在实际中是不可能的，一个合理的假设是它们的先验概率相等。在上述假设下，最大后验概率准则就等效于最大似然(ML)准则。在 ML 准则下有

$$a=a_i=\underset{s_{\mathrm{I}}\in\{a_i\}}{\operatorname{argmax}}(P(r_{\mathrm{I}}\,|\,s_{\mathrm{I}})) \tag{5-51}$$

$$b=b_i=\underset{s_{\mathrm{Q}}\in\{b_i\}}{\operatorname{argmax}}(P(r_{\mathrm{Q}}\,|\,s_{\mathrm{Q}})) \tag{5-52}$$

式(5-51)意味着接收机可以根据接收信号的实部与所有可能的发射符号的实部分别求一维距离，以最小距离对应的符号的实部作为当前发射符号的实部。同样，式(5-52)意味着接收机可以根据接收信号的虚部与所有可能的发射符号的虚部分别求一维距离，以最小距离对应的符号的虚部作为当前发射符号的虚部。最后，可以得到发射符号的判决，这种判决是对发射符号实部和虚部独立地进行判决。显然可以考虑对发射复数符号的整体判决，其对应的 ML 判决准则为，使得当发射复数符号 $s=s_{\mathrm{I}}+\mathrm{j}s_{\mathrm{Q}}$ 已知时，接收符号 $r=r_{\mathrm{I}}+\mathrm{j}r_{\mathrm{Q}}$ 的条件概率最大，其对应的消费函数为

$$P(r\,|\,s)=P(r_{\mathrm{I}}\,|\,s_{\mathrm{I}})\,P(r_{\mathrm{Q}}\,|\,s_{\mathrm{Q}})=\left(\frac{1}{\sqrt{\pi N_0}}\right)^2\exp\left[-\frac{(r_{\mathrm{I}}-s_{\mathrm{I}})^2+(r_{\mathrm{Q}}-s_{\mathrm{Q}})^2}{N_0}\right] \tag{5-53}$$

显然，要使上述消费函数最大，等效于使信号空间接收信号点与发射符号点之间的欧几里

德距离最小，等效于使下面的消费函数最小：

$$d_{r,s}=\sqrt{(r_{\mathrm{I}}-s_{\mathrm{I}})^2+(r_{\mathrm{Q}}-s_{\mathrm{Q}})^2} \tag{5-54}$$

式(5-54)说明，我们可以计算接收的基带复数符号(被噪声污染后)与每个可能的不同发射符号之间的距离，取距离最小者作为当前实际发射符号。

本节前面讨论的判决都是符号判决。符号判决后要根据比特编码组与符号之间的映射关系，从复数符号获得对应的比特组，从而实现一组比特的判决。不难看出，如果在比特组与复数符号的映射中，符号的实部和虚部分别是比特组中一半的比特编码后单独映射的，则在复数符号的实部和虚部独立判决后，就可以进一步各自独立映射成对应的比特子组。如在 16QAM 调制中，每个复数符号由 1 组编码独立的 4 个比特映射获得，若 4 个比特中的前 2 个比特决定复数符号的实部，后 2 个比特决定复数符号的虚部，则反映射时，就可以用判决获得的符号的实部反映射出对应的前 2 个比特，用判决获得的符号的虚部反映射获得发射比特的后 2 位。这种在 I 接收支路和 Q 接收支路独立进行比特判决后，再将两路比特复接的方法，正是图 5.18(b)所示的方案。

5.9.2 匹配滤波器解调

假设在接收机接收的信号为

$$y(t)=s_{\mathrm{I}}\varphi_1(t)+s_{\mathrm{Q}}\varphi_2(t)+n(t) \tag{5-55}$$

式中，$n(t)$ 是均值为 0、方差为 $\sigma^2=N_0/2$ 的 AWGN。

若同相支路和正交支路分别采用单位冲激响应为 $h_{\mathrm{I}}(t)=\varphi_1(T_{\mathrm{s}}-t)$ 和 $h_{\mathrm{Q}}(t)=\varphi_2(T_{\mathrm{s}}-t)$ 的匹配滤波器来进行滤波，则在一个符号周期内，同相支路匹配滤波器的输出为

$$z_{\mathrm{I}}(t)=\int_0^{T_{\mathrm{s}}}y(\tau)h_{\mathrm{I}}(t-\tau)\mathrm{d}\tau=s_{\mathrm{I}}\int_0^{T_{\mathrm{s}}}\varphi_1(\tau)\varphi_1(T-t+\tau)\mathrm{d}\tau+I_{\mathrm{I}}(t)+n_{\mathrm{I}}(t) \tag{5-56}$$

式中，

$$I_{\mathrm{I}}(t)=s_{\mathrm{Q}}\int_0^{T_{\mathrm{s}}}\varphi_2(\tau)\varphi_1(T-t+\tau)\mathrm{d}\tau \tag{5-57}$$

$$n_{\mathrm{I}}(t)=\int_0^{T_{\mathrm{s}}}n(\tau)h_{\mathrm{I}}(t-\tau)\mathrm{d}\tau=\int_0^{T_{\mathrm{s}}}n(\tau)\varphi_1(T-t+\tau)\mathrm{d}\tau \tag{5-58}$$

由于 $\varphi_1(t)$ 是能量归一化的正弦波函数，故 $n_{\mathrm{I}}(t)$ 也是均值为 0、方差与 $n(t)$ 的方差相同的 AWGN。进一步，我们考虑在 $t_0=T_{\mathrm{s}}$ 对匹配滤波器输出进行采样，则有

$$I_{\mathrm{I}}(T_{\mathrm{s}})=s_{\mathrm{Q}}\int_0^{T_{\mathrm{s}}}\varphi_2(\tau)\varphi_1(\tau)\mathrm{d}\tau=0 \tag{5-59}$$

$$z_{\mathrm{I}}(T_{\mathrm{s}})=s_{\mathrm{I}}\int_0^{T_{\mathrm{s}}}\varphi_1(\tau)\varphi_1(\tau)\mathrm{d}\tau+n_{\mathrm{I}}(T_{\mathrm{s}})=s_{\mathrm{I}}+n_{\mathrm{I}} \tag{5-60}$$

同理，在正交支路对匹配滤波器 $h_{\mathrm{Q}}(t)=\varphi_2(T_{\mathrm{s}}-t)$ 的输出采样可得

$$z_{\mathrm{Q}}(T_{\mathrm{s}})=s_{\mathrm{Q}}+n_{\mathrm{Q}} \tag{5-61}$$

观察式(5-60)和式(5-61)，并分别与式(5-45)和式(5-46)进行比较可知，图 5-18 所示的相关接收机可以用匹配滤波器来等效实现。

5.9.3 符号错误率的一致界

为了表述上的方便，本节用一个矢量（[实部, 虚部]）来表示一个符号。对于一个特定的发射符号集中的某个发射符号 $\mathbf{s}_i \in S=\{\mathbf{s}_i, i=1,\cdots,M\}$，将判决器能在 AWGN 中做出正确判决的区域记作 C_i。对于发射符号 $\mathbf{s}_i$，符号错误概率可表示为[8]

$$P_{\mathrm{s,e}}=\sum_{i=1}^{M} p(\mathbf{r}\notin \mathbf{C}_i \mid \mathbf{s}_i)\, p(\mathbf{s}_i) \tag{5-62}$$

式中，$p(\mathbf{s}_i)$ 是发送 $\mathbf{s}_i$ 的先验概率；条件概率 $p(\mathbf{r}\notin \mathbf{C}_i \mid \mathbf{s}_i)$ 表示当发送 $\mathbf{s}_i$ 时，收到的信号 $\mathbf{r}$ 没有落在判决区域 $\mathbf{C}_i$ 内的概率。

假设发射符号集中，每个符号出现的概率相等，则有 $p(\mathbf{s}_i)=1/M$，因此式(5-62)可被进一步改写成

$$P_{\mathrm{s,e}}=\frac{1}{M}\sum_{i=1}^{M} p(\mathbf{r}\notin \mathbf{C}_i \mid \mathbf{s}_i) \tag{5-63}$$

错误判决的发生可以用图 5.19 来演示。定义事件 A_{ik} 为：发送 $\mathbf{s}_i$，但收到的信号 $\mathbf{r}$ 落在另一个符号 $\mathbf{s}_k$（$k\neq i$）的判决区。在该定义下，式(5-63)可进一步表示为[8]

$$P_{\mathrm{s,e}}=p\left(\bigcup_{\substack{k=1\\k\neq i}}^{M} A_{ik}\right)\leqslant \sum_{\substack{k=1\\k\neq i}}^{M} p(A_{ik}) \tag{5-64}$$

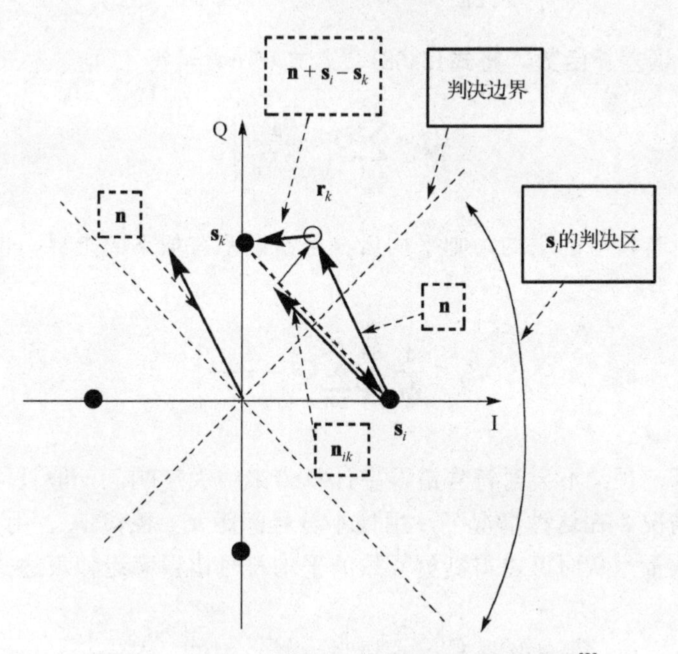

图 5.19 线性调制系统 SER 分析的信号空间图[2]

事件 A_{ik} 发生是因为 $\mathbf{r}$ 和 $\mathbf{s}_k$ 的间距比 $\mathbf{r}$ 和 $\mathbf{s}_i$ 的间距短，因此事件 A_{ik} 发生的概率可以表示为

$$P(A_{ik}) = p(\|\mathbf{r}-\mathbf{s}_k\| < \|\mathbf{r}-\mathbf{s}_i\| \mid \mathbf{s}_i) \tag{5-65}$$

将 $\mathbf{r}=\mathbf{s}_i+\mathbf{n}$ 代入式(5-65)可得

$$P(A_{ik}) = p(\|\mathbf{s}_i-\mathbf{s}_k+\mathbf{n}\| < \|\mathbf{n}\| \mid \mathbf{s}_i) \tag{5-66}$$

式中，$\|\mathbf{v}\|$ 表示矢量 $\mathbf{v}$ 的长度。

由图 5.19 中可见，矢量 $\mathbf{s}_i-\mathbf{s}_k+\mathbf{n}$ 的长度显然比噪声矢量 $\mathbf{n}$ 的长度要短，因此矢量 $\mathbf{s}_i-\mathbf{s}_k+\mathbf{n}$ 在矢量 $\mathbf{s}_k-\mathbf{s}_j$ 上的投影 $\mathbf{n}_{ik}$ 的长度比 $d_{ik}/2=\|\mathbf{s}_k-\mathbf{s}_i\|/2$ 要大，从而导致接收信号 $\mathbf{r}$ 移位到了 $\mathbf{s}_k$ 的判决区。由上述分析可知，式(5-70)可以用下式来计算：

$$P(A_{ik}) = p\left(\|\mathbf{n}_{ik}\| > \frac{d_{ik}}{2} \mid \mathbf{s}_i\right) = \int_{d_{ik}/2}^{\infty} \frac{1}{\sqrt{\pi N_0}} \exp\left(-\frac{x^2}{N_0}\right) \mathrm{d}x \tag{5-67}$$

由此可见发生事件 A_{ik} 的概率是均值为 0、单边功率谱密度为 N_0 的高斯变量 $\|\mathbf{n}_{ik}\|$ 在区间 $[d_{ik}/2,\infty]$ 上的积分，用熟知的 Q 函数可表示为

$$P(A_{ik}) = \mathrm{Q}\left(\frac{d_{ik}}{\sqrt{2N_0}}\right) \tag{5-68}$$

其中

$$\mathrm{Q}(u) = \frac{1}{\sqrt{2\pi}} \int_u^{\infty} \exp(-z^2/2)\mathrm{d}z = \frac{1}{2}\mathrm{erfc}\left(\frac{u}{\sqrt{2}}\right) \tag{5-69}$$

式中，$\mathrm{erfc}(\cdot)$ 称为误差补函数。将式(5-68)代入式(5-64)可得

$$P_{\mathrm{s,e}} \leqslant \sum_{\substack{k=1\\k\neq i}}^{M} \mathrm{Q}\left(\frac{d_{ik}}{\sqrt{2N_0}}\right)$$

考虑到符号集内所有符号的平均，则平均后符号错误率有如下的上界，也称符号错误率的一致界[8]，可表示为

$$P_{\mathrm{s,e}} \leqslant \frac{1}{M} \sum_{i=1}^{M} \sum_{\substack{k=1\\k\neq i}}^{M} \mathrm{Q}\left(\frac{d_{ik}}{\sqrt{2N_0}}\right) \tag{5-70}$$

为了简化计算，且又不会对符号错误率计算带来很大影响，一般只需考虑接收信号落到相邻判决区的情况。在这种情况下，用最小符号间距 $d_{\min}$ 替代 d_{ik}、用 M_{dmin} 表示每个信号点相邻符号的数量，从而可以得到更紧致的平均符号错误率近似表达式为

$$P_{\mathrm{s,e}} \approx M_{\mathrm{dmin}} \mathrm{Q}\left(\frac{d_{\min}}{\sqrt{2N_0}}\right) = \frac{1}{2} M_{\mathrm{dmin}}\, \mathrm{erfc}\left(\frac{d_{\min}}{2\sqrt{N_0}}\right) \tag{5-71}$$

5.9.4 不同调制技术的 SER 与 BER

正如本章开始所介绍的，研究数字调制技术主要是研究不同调制技术的调制和解调的实现方案、频谱效率及接收机的误码率。本章的前面几节主要讨论了不同数字调制技术信号的表示、调制的实现和频谱效率，还讨论了线性调制技术的相关接收机解调方案及符号错误率的一致界，本节将针对线性调制技术相关接收机，讨论不同线性调制技术在 AWGN 环境中的误符号率(SER)和误码率(BER)。本节中的 AWGN 是均值为 0、双边功率谱密度为 $N_0/2$ 的理想高斯白噪声。

1. 2ASK 系统的 SER 和 BER

对于 2ASK 系统，假设信号空间两个符号之间的距离为 d，则位于坐标原点的符号能量为 0，另一个符号的能量为 $E_s = E_b = d^2$。由于在比特“0”时系统并未发射信号，所以平均的符号和比特能量也为 $E_s = E_b = d^2$。对于 2ASK 调制，SER 和 BER 相等。由于每个符号只有一个相邻的符号，因此按照式(5-71)可得 2ASK 的 SER/BER 为

$$P_e = \mathrm{Q}\left(\sqrt{\frac{E_b}{2N_0}}\right) \tag{5-72}$$

2. BPSK 系统的 SER 和 BER

对于 BPSK 系统，一个比特映射为一个符号，SER 和 BER 也相等。假设两个符号之间的距离为 d，则两个符号的能量均为 $E_s = E_b = (d/2)^2$。对于 BPSK 系统，有 $M_{\mathrm{dmin}} = 1$。由式(5-71)可得，BPSK 系统的 SER/BER 为

$$P_e = \mathrm{Q}\left(\sqrt{\frac{2E_b}{N_0}}\right) \tag{5-73}$$

3. QPSK 系统的 SER 和 BER

对于 QPSK 系统，两个相邻复数符号之间的距离为 $d_{\min} = \sqrt{2E_s}$，$M_{\mathrm{dmin}} = 2$，故符号错误率为

$$P_s = 2\mathrm{Q}\left(\sqrt{\frac{E_s}{N_0}}\right) \tag{5-74}$$

由于 QPSK 系统的同相支路和正交支路可以看成两个独立的 BPSK 信号传输支路，因此 QPSK 的 BER 公式与 BPSK 的相同。

4. MPSK($M > 4$)系统的 SER 和 BER

对于 MPSK($M>4$)，有 $d_{\min} = 2\sqrt{E_s}\sin\left(\frac{\pi}{M}\right)$ 和 $M_{\mathrm{dmin}} = 2$，故 SER 为

$$P_{s,e} = 2\mathrm{Q}\left(\sqrt{\frac{2E_s}{N_0}}\sin\left(\frac{\pi}{M}\right)\right) \tag{5-75}$$

由于一个符号含 $k=\log_2 M$ 个比特，因此有 $E_s = kE_b = E_b \log_2 M$，进一步由式(5-75)可得MPSK($M>4$)系统的BER可近似表示为

$$P_{b,e} = \frac{2}{\log_2 M} Q\left(\sqrt{\frac{2E_b \log_2 M}{N_0}} \sin\left(\frac{\pi}{M}\right)\right) \tag{5-76}$$

5. MQAM($M>4$)系统的 SER 和 BER

尽管式(5-71)所示的SER的一致界表示也适合QAM系统，但为了分析上的方便，一般讨论QAM的SER和BER时，都是根据基带脉冲振幅调制(PAM)信号的SER来推导的。

考虑一个 L 级的PAM信号的信号空间，图5.20所示为 $L=4$ 的PAM信号空间，两个相邻信号点之间的距离为 $2d$，信号的幅度可以表示为

$$A_m = (2m-1-L)d\ ,\quad m = 1, 2, \cdots, L \tag{5-77}$$

平均符号能量为

$$E_{av} = \frac{1}{L}\sum_{m=1}^{L}[(2m-1-L)d]^2 = \frac{1}{3}(L^2-1)d^2 \tag{5-78}$$

当发射第 m 个符号时，接收的信号可以表示为

$$r_m = A_m + n \tag{5-79}$$

其中，n 为均值为0、单边功率谱密度为 N_0 的AWGN分量。若接收符号发生误判，意味着接收的信号点落在了第 m 个符号的判决区间外(图5.20展示了第3个符号的判决区间)，即发生符号误判的概率为

$$P_m = P\left[\left|r_m - A_m\right| > \frac{d}{2}\right] \tag{5-80}$$

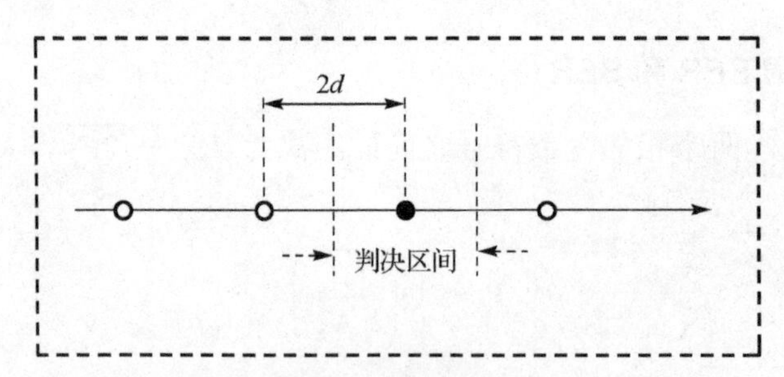

图5.20 $L=4$ 的PAM符号的信号空间图

考虑到信号空间中两端信号点都只有单边的判决门限，两个符号可以等效为一个双门限判决的符号，因此平均的误符号率为

$$P_M = \frac{L-1}{L} P\left[\left|r_m - A_m\right| > \frac{d}{2}\right] \tag{5-81}$$

考虑到 $r_m - A_m = n$ 为均值为0、单边功率谱密度为 N_0 的AWGN，且双边概率为单边概率的2倍，不难得到

$$
\begin{aligned}
P_{\mathrm{L}} &= 2\frac{L-1}{L}\frac{1}{\sqrt{\pi N_0}}\int_{d/2}^{\infty}\exp(-x^2/N_0)\mathrm{d}x \\
&= \frac{L-1}{L}\frac{2}{\sqrt{\pi}}\int_{d/\sqrt{4N_0}}^{\infty}\exp(-z^2)\,\mathrm{d}z \\
&= 2\frac{L-1}{L}\mathrm{Q}\left(\frac{d}{\sqrt{2N_0}}\right)
\end{aligned}
\tag{5-82}
$$

在式(5-82)中利用式(5-78)可得

$$
P_{\mathrm{L}} = 2\frac{L-1}{L}\mathrm{Q}\left(\sqrt{\frac{3E_{\mathrm{av}}}{2(L^2-1)N_0}}\right) \tag{5-83}
$$

当考虑 MQAM 的符号错误率时，我们可以将其符号错误率表示成

$$
P_{\mathrm{s,e}} = 1 - P_{\mathrm{s,c}} = 1 - (P_{\mathrm{c,PAM}})^2 \tag{5-84}
$$

式中，$P_{\mathrm{s,c}}$ 表示 QAM 符号判决正确的概率；$P_{\mathrm{c,PAM}}$ 表示一维方向上 PAM 符号的正确判决概率。上式可解释为，QAM 符号正确等效为在两个正交方向都不发生误判，而每个方向正确概率等效为一维的 PAM 符号正确概率，因此有

$$
P_{\mathrm{s,e}} = 1 - (1 - P_{\mathrm{e,PAM}})^2 \approx 2P_{\mathrm{e,PAM}} \tag{5-85}
$$

由于 MQAM 的调制阶数 M 与 PAM 调制的级数 L 之间的关系为 $M = L^2$，且每个维度(I 维或 Q 维)的 L 级的 PAM 的平均功率是 MQAM 所有符号的平均功率的一半，因此有

$$
P_{\mathrm{s,e}} \approx 2P_{\mathrm{L}} = 4\left(1-\frac{1}{\sqrt{M}}\right)\mathrm{Q}\left(\sqrt{\frac{3E_{\mathrm{av}}}{(M-1)N_0}}\right) \approx 4\mathrm{Q}\left(\sqrt{\frac{3E_{\mathrm{av}}}{(M-1)N_0}}\right) \tag{5-86}
$$

考虑到 $E_{\mathrm{av}} = kE_{\mathrm{av,b}} = E_{\mathrm{av,b}}\log_2 M$，MQAM 的 BER 为

$$
P_{\mathrm{b}} = \frac{1}{\log_2 M}P_{\mathrm{s,e}} \approx \frac{4}{\log_2 M}\mathrm{Q}\left(\sqrt{\frac{3E_{\mathrm{av,b}}\log_2 M}{(M-1)N_0}}\right) \tag{5-87}
$$

5.10 2ASK 和 2FSK 信号的非相干解调

5.10.1 2ASK 信号的非相干解调

由于 2ASK 系统只在比特“1”产生和传输信号，在比特“0”接收机接收的信号中只有噪声，因此接收机可以在通过带通滤波(BPF)后采用包络检波的方法来实现信号检测及比特判决，图 5.21 所示为 2ASK 非相干解调的框图。

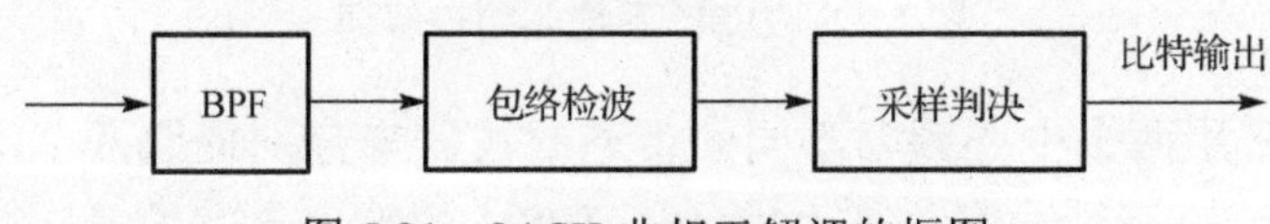

图 5.21 2ASK 非相干解调的框图

当发射机有信号发射时，包络检波器输出的是信号分量加窄带高斯噪声总的包络，正弦波加窄带高斯噪声的包络采样值满足莱斯分布[6,7]，其概率密度函数用 $P_1(v)$ 表示。当发射机没有信号发射时，包络检波器的输出只有窄带噪声的包络，对应的采样值服从瑞利分布，其概率密度函数用 $P_0(v)$ 表示。显然，由于莱斯分布对应有信号分量的情景，因此其概率密度函数的峰值会高于瑞利分布的峰值。取判决门限为发射信号时信号幅度的一半，即 $v_0 = A/2 = (\sqrt{2E_b/T_b})/2$，且假设“1”码和“0”码等概出现，则误码率可以写成

$$P_{b,e} = \frac{1}{2}[P_1(v|0) + P_0(v|1)] \tag{5-88}$$

式中，$P_1(v|0)$ 为发射“0”码时判决为“1”码的概率，$P_0(v|1)$ 为发射“1”码时判决为“0”码的概率，因此有

$$P_{b,e} = \frac{1}{2}\left[\int_{A/2}^{\infty} P_1(v)\mathrm{d}v + \int_{0}^{A/2} P_0(v)\mathrm{d}v\right] \tag{5-89}$$

上式的积分结果可以得到[7]

$$P_{b,e} = \frac{1}{4}\operatorname{erfc}\left(\sqrt{\frac{A^2}{8\sigma^2}}\right) + \frac{1}{2}\exp\left(-\frac{A^2}{8\sigma^2}\right) \tag{5-90}$$

式中，σ^2 为噪声的方差，可以表示为 $\sigma^2 = N_0 B$。采用矩形波成形脉冲时，频带信号的带宽为 $B = 2R_b = 2/T_b$，因此，大信噪比时有

$$P_{b,e} = \frac{1}{4}\operatorname{erfc}\left(\sqrt{\frac{E_b}{8N_0}}\right) + \frac{1}{2}\exp\left(-\frac{E_b}{8N_0}\right) \approx \frac{1}{2}\exp\left(-\frac{E_b}{8N_0}\right) \tag{5-91}$$

5.10.2 2FSK 信号的非相干解调

2FSK 信号可以看成两个 ASK 信号的合成，因此 2FSK 信号也可以采用非相干解调，正如前面已讨论过的，2FSK 信号一般取 $|f_1 - f_2| = R_b$，以满足两个波的正交性且达到包络检波所能达到的最大频谱效率 $\eta = R_b / B = 1/3\,\text{bps/Hz}$。2FSK 非相干解调的系统框图如图 5.22 所示。

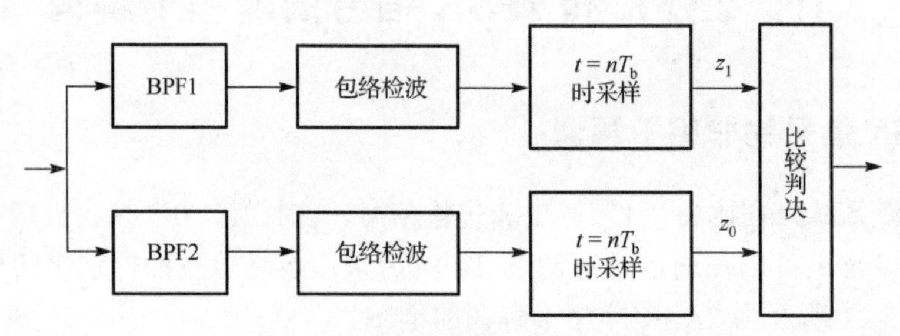

图 5.22 2FSK 系统非相干解调

2FSK 系统要采用两个中心频率不同的带通滤波器来分别提取两个不同频率的波。经过包络检波后，若当前符号发射的是“1”码，BPF1 的输出含有信号，则上支路的包络检

波器输出的波在码元周期结束时采样的信号，其概率密度函数满足莱斯分布，用$P_1(v)$表示；而 BPF2 输出的为噪声，下支路包络检波器输出的采样值的概率密度函数服从瑞利分布，用$P_0(v)$表示。

假设发射“1”码，但$z_1 < z_0$，即判决为0码。$z_1 < z_0$的概率可以表示为

$$P(z_1 < z_0) = \int_0^{\infty} P_1(z_1) P(z_1 < z_0 \mid P_1(z_1)) \mathrm{d}z_1 \tag{5-92}$$

上式解释为：先针对每个上支路出现的当前值z_1，考虑发射“1”码时该值出现的概率$P_1(z_1)$，在该概率出现的前提下，考虑发生错误的概率$P_1(z_1)P(z_1 < z_0 \mid P_1(z_1))$。由于所有的 z_1 值都可能出现，只是出现概率不同，因此总的错误概率就是对所有$0 \leqslant z_1 < \infty$内的$P_1(z_1)P(z_1 < z_0 \mid P_1(z_1))$进行积分，从而得到了式(5-92)。现在来考虑$P(z_1 < z_0 \mid P_1(z_1))$的计算，不难看出

$$P(z_1 < z_0 \mid P_1(z_1)) = \int_{z_0 = z_1}^{\infty} P_0(z_0) \mathrm{d}z_0 \tag{5-93}$$

利用莱斯分布和瑞利分布的概率密度函数，并将式(5-93)代入式(5-92)可得

$$P(z_1 < z_0) = \frac{1}{2} \exp\left(-\frac{A^2}{4\sigma^2}\right) \tag{5-94}$$

式中，$A = (\sqrt{2E_\mathrm{b} / T_\mathrm{b}})$表示发射信号的幅度；$\sigma^2$为噪声的方差，可以表示为$\sigma^2 = N_0 B$。若取$B = 2R_\mathrm{b} = 2 / T_\mathrm{b}$，式(5-94)可改写为

$$P(0|1) = P(z_1 < z_0) = \frac{1}{2} \exp\left(-\frac{E_\mathrm{b}}{4N_0}\right) \tag{5-95}$$

上面考虑的是发射“1”码时判决为“0”码的误码率。同样可以求得发射“0”码时判决为“1”码的误码率为

$$P(1|0) = \frac{1}{2} \exp\left(-\frac{E_\mathrm{b}}{4N_0}\right) \tag{5-96}$$

在“1”码和“0”码等概率出现的假设下，总的 BER 为

$$P_{\mathrm{b,e}} = \frac{1}{2} \exp\left(-\frac{E_\mathrm{b}}{4N_0}\right) \tag{5-97}$$

比较式(5-97)和式(5-91)可知道，在同样的 BER 下，2FSK 非相干解调所需的信噪比要比 2ASK 非相干解调所需的信噪比小 3dB。

5.11 2FSK 和 MSK 信号的相干解调

正交的 2FSK 和 MSK 信号的主要区别是：前者可以视为直接调频，而后者是间接调频；前者不能保证相位连续，而后者是严格的相位连续。此外，正交的 2FSK 信号的最小频差为$1/T_\mathrm{b}$，而 MSK 的频差为$1/(2T_\mathrm{b})$。正交的 2FSK 信号和 MSK 信号均可以采用相关接收来实现解调。

5.11.1 正交 2FSK 信号的解调

当 2FSK 信号设计成正交信号时，两个频率的差为比特传输速率的整数倍。在该条件下，接收机不仅可以采用非相干解调，而且可以采用类似于线性调制信号的相干解调方案。将 2FSK 信号表示为

$$x(t)=\begin{cases}\sqrt{\dfrac{2E_\mathrm{b}}{T_\mathrm{b}}}\cos(\omega_1 t)=\sqrt{E_\mathrm{b}}\varphi_1, & \text{输入“1”}\\ \sqrt{\dfrac{2E_\mathrm{b}}{T_\mathrm{b}}}\cos(\omega_2 t)=\sqrt{E_\mathrm{b}}\varphi_2, & \text{输入“0”}\end{cases}\quad 0\leqslant t\leqslant T_b \tag{5-98}$$

当$|f_1-f_2|=1/T_\mathrm{b}$时，有

$$\int_0^T \varphi_1(t)\varphi_2(t)\mathrm{d}t=0 \tag{5-99}$$

图 5.23 给出了 2FSK 相干解调的原理框图。解调发生错误意味着发射“1”码时解调器判决输出为“0”码；发射“0”码时，解调器判决输出为“1”码。假设发射“1”码和发射“0”码的概率相等，则解调器的 BER 可以表示为$P_\mathrm{b,e}=[(P(1|0)+P(0|1)]/2=P(1|0)$，其中$P(1|0)$代表发射为“0”，解调判决为“1”的条件概率。

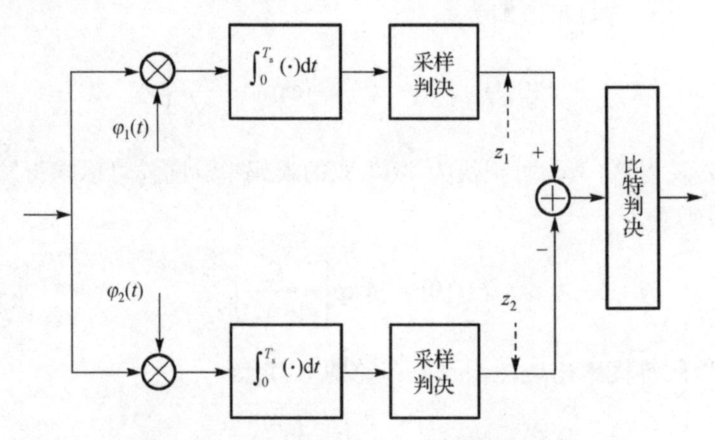

图 5.23 正交 FSK 信号相干解调原理框图

假设发射“1”码，则图 5.23 上支路和下支路的采样输出分别为

$$z_1=\sqrt{E_\mathrm{b}}+n_1 \tag{5-100}$$

$$z_2=n_2 \tag{5-101}$$

式中，n_1和n_2均为均值为 0、方差为$N_0/2$的 AWGN 变量。进一步令$z=z_1-z_2$，则有

$$z=\sqrt{E_\mathrm{b}}+n_1-n_2 \tag{5-102}$$

当$z<0$，即$n_2-n_1>\sqrt{E_\mathrm{b}}$时，判决输出发生错误。由于$(n_2-n_1)$是均值为 0、方差为$N_0$的 AWGN 变量，因此有

$$P(0|1) = P(n_2 - n_1 > \sqrt{E_b}) = \frac{1}{\sqrt{2\pi N_0}} \int_{\sqrt{E_b}}^{\infty} \exp\left(-\frac{y^2}{2N_0}\right) dy$$

$$= \frac{2}{2\sqrt{\pi}} \int_{\sqrt{E_b/(2N_0)}}^{\infty} \exp(-\bar{y}^2) d\bar{y} = \frac{1}{2} \text{erfc}\left(\sqrt{\frac{E_b}{2N_0}}\right) = \text{Q}\left(\sqrt{\frac{E_b}{N_0}}\right) \tag{5-103}$$

因此，对 2FSK 正交信号，相干解调后的误码率为

$$P_{b,e} = \frac{1}{2} \text{erfc}\left(\sqrt{\frac{E_b}{2N_0}}\right) = \text{Q}\left(\sqrt{\frac{E_b}{N_0}}\right) \tag{5-104}$$

比较式(5-104)、式(5-72)和式(5-73)可知，对于相干解调，BPSK、2FSK 和 2ASK 的 BER 性能中，BPSK 最好，2ASK 最差；在 BER 相同的条件下，所需的信噪比依次增加 3dB。

5.11.2 MSK 信号的解调

为了设计 MSK 信号的相关接收机，我们将 MSK 信号表示为

$$x(t) = \cos\varphi_k \sqrt{\frac{2E_b}{T_b}} \cos(\omega_c t) \cos\left(\frac{\pi t}{2T_b}\right) - a_k \cos\varphi_k \sqrt{\frac{2E_b}{T_b}} \sin\left(\frac{\pi t}{2T_b}\right) \sin(\omega_c t)$$

$$= b_1 \sqrt{\frac{2E_b}{T_b}} \cos(\omega_c t) \cos\left(\frac{\pi t}{2T_b}\right) + b_2 \sqrt{\frac{2E_b}{T_b}} \sin\left(\frac{\pi t}{2T_b}\right) \sin(\omega_c t)$$

$$= b_1 \varphi_1(t) + b_2 \varphi_2(t), \quad 0 \leqslant t \leqslant T_b \tag{5-105}$$

不难证明，$\varphi_1(t)$ 和 $\varphi_2(t)$ 是一对正交基函数。根据采用线性调制信号解调的相干解调原理可知，MSK 信号的相干解调可以通过图 5.24 所示的系统来实现。

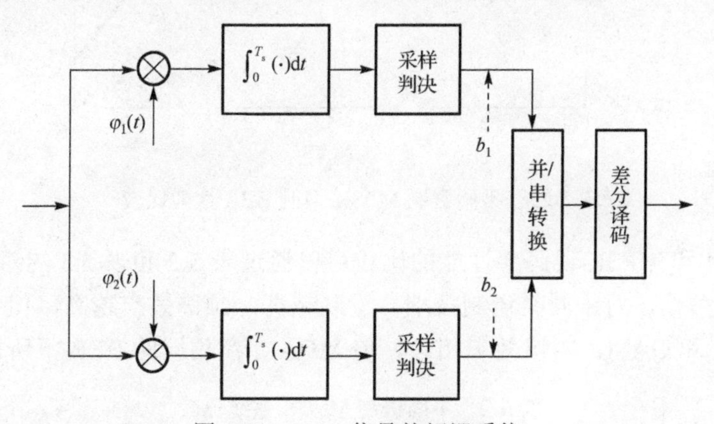

图 5.24　MSK 信号的解调系统

由图 5.24 所示的解调器结构图可见，在差分译码前，信号传输的 BER 等于 BPSK 相关解调器的 BER，但差分译码器的使用，会导致解调器的 BER 增加，这是因为假设差分译码前的 BER 为 P_e，差分译码时，只要前后 2 个比特中的任意一个错误都会判决错，因此差分译码后输出信号的 BER 为

$$P_{b,e} = 2P_e(1 - P_e) \approx 2P_e \tag{5-106}$$

5.12 误码率性能比较

在 5.9 节和 5.10 节中，讨论了各种调制技术的解调方案和对应的 BER 性能。对 ASK 和 FSK 信号，存在非相干解调和相干解调两类技术。同种调制技术，非相干解调性能总的来讲不及相干解调。非相干解调的一个明显缺点是包络检波在低信噪比时可能失效，从而严重影响系统的性能。

对于相干解调，不难发现 2PSK、2FSK 和 2ASK 在同等误码率时，所需信噪比依次增加 3dB，因此从 BER 性能角度来讲，2PSK 最佳，2ASK 最差。

为了比较调制进制的高低对 SER 的影响，图 5.25 给出了不同进制 MPSK 调制 SER 性能的比较。可以看出，进制越高，SER 性能越差。这是由于进制越高，相邻符号间的距离越近，符号错误概率就越大。

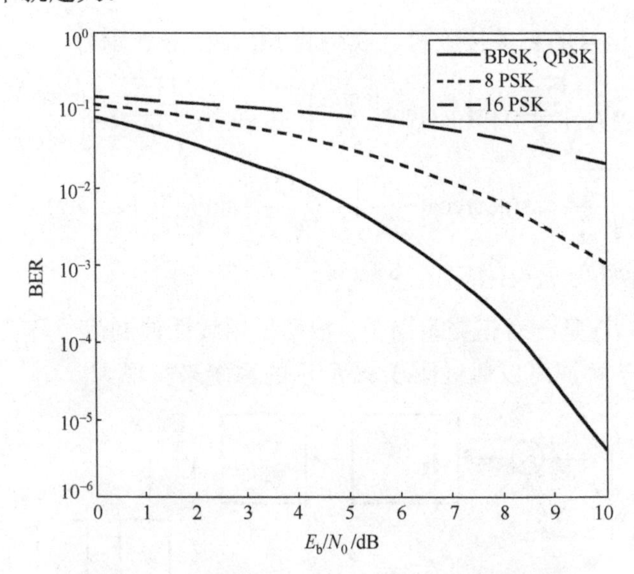

图 5.25 不同进制 MPSK 调制 BER 性能比较

对于 MQAM 和 MPSK 误码率性能的比较可以通过表 5.2 和表 5.3 的对比来说明[3]。由表 5.2 和表 5.3 可见，对于同类调制技术，进制越高，频谱效率越高，但误码率越低；对于同进制的 PSK 和 QAM，频谱效率相等，但 MQAM 在相同的 BER 下所需信噪比更低。

表 5.2 不同进制 MPSK 系统比较

M	2	4	8	16	32	64
$\eta_B = R_b / B$	0.5	1	1.5	2	2.5	3
E_b / N_0(dB), BER $=10^{-6}$	10.5	10.5	14	18.5	23.4	28.5

表 5.3 不同进制 MQAM 系统比较

M	4	16	64	256	1024	4096
$\eta_B = R_b / B$	1	2	3	4	5	6
E_b / N_0(dB), BER $=10^{-6}$	10.5	15	18.5	24	28	33.5

总结上述讨论可知，在通信系统中为了取得高的频谱效率，应该选取进制高的调制，但会导致 BER 性能降低，因此应该兼顾频谱效率和误码率两个指标。一般是在保证误码率满足的前提下，尽可能提高频谱效率。此外，由于 MQAM 和同进制的 MPSK 相比，频谱效率相等但能获取更低的 BER，因此应该尽可能采用 QAM 调制，这也是 4G 移动通信中采用 MQAM 技术的原因。

5.13　本章小结

本章主要介绍了多种典型和实用的数字调制技术的调制和解调原理及实现方法；讨论了不同调制技术的频率效率；针对不同调制技术接收机的解调方案，分析了 AWGN 信道下对应解调系统的符号错误率和误码率。本章在对线性调制技术解调方案的介绍上，主要采用统一的相关接收机解调模型。本章还介绍了与相关接收机等效的匹配滤波器模型。学习本章的重点在于针对不同的数字调制技术，掌握调制和解调的实现方法；学会分析其频带信号功率谱密度与基带信号功率谱密度之间的关系；掌握其频谱效率的计算方法和误码率的分析方法；学会评价和比较不同调制技术的优劣。

习 题 5

5.1 对于 2ASK、2FSK 和 2PSK 调制，假设每个比特周期内均含整数(可自己假设)倍的载波周期，画出对应 101101 的 2ASK、2FSK 和 2PSK 信号波形示意图。

5.2 假设采样矩形脉冲作为成形脉冲，

(1) 试写出 2ASK 和 2PSK 信号的功率谱密度，并画出其示意图；

(2) 写出其带宽与比特速率的关系，写出这两种调制的频谱效率；

(3) 比较两种调制信号的功率谱密度，说明其主要区别。

5.3 假设采用理想的“sinc”脉冲作为成形滤波器，脉冲波形如下：

$$h(t)=\mathrm{sinc}(t/T_\mathrm{s})=\frac{\sin(\pi R_\mathrm{s}t)}{\pi R_\mathrm{s}t}$$

重做 5.2 题中各问题，并与 5.2 题的结果进行对比。

5.4 分别计算 E_b/N_0 为 10dB 时非相干 ASK 解调和相干 ASK 解调的 BER。

5.5 在通信系统中，为了避免 BPSK 系统依赖实际相位的信息传输和符号判决可能出现的“倒 π ”现象(由于干扰或其他原因导致载波相位出现 180 度移相)，可以采用差分 BPSK(DPSK)调制技术，其原理是利用前后码元的相位差的不同来传输“1”和“0”码。

(1) 设计 DPSK 发射机和接收机框图；

(2) 若接收机采用 PSK 解调加差分译码来进行符号检测，分析其在 AWGN 信道中的 BER 性能。

5.6 设计针对幅度为 1、带宽为 T 的矩形波成形脉冲的匹配滤波器，写出匹配滤波器的单位冲激响应和频率响应。

5.7 一种 2FSK 信号的两个频率分别为 $f_1=980\,\mathrm{Hz}$，$f_2=2180\,\mathrm{Hz}$，符号率为 300Baud，接收机带通滤波器的 SNR 为 3dB，带通滤波器输入 SNR 为 6dB。求：

(1) 2FSK 信号的带宽；

(2) 非相干解调时的 BER；

(3) 相干解调时的 BER。

5.8 假设 16QAM 与 16PSK 两种系统具有相同的平均符号能量。试研究两个系统星座图中相邻符号间距离的比值，并结合该比值，讨论两种调制技术的 BER 性能对比。

5.9 考虑 AWGN 信道中的 QPSK 通信系统，接收机采用相关接收机解调，接收机前端的 E_b/N_0 为 10dB，求：

(1) QPSK 解调输出的误符号率和误比特率；

(2) 采用 MATLAB 编程仿真，统计 E_b/N_0 为 10dB 时的符号错误率与比特错误率，并与(1)的结果进行比较。

5.10 对于 MPSK 调制系统，符号速率为 R_s，分别计算采用矩形脉冲作为成形滤波器和采用理想“sinc”脉冲作为成形滤波器(理想奈奎斯特低通滤波器)时的频谱效率，并比较和讨论所得的结果。

5.11　设一个 MSK 信号，符号速率为 1000Baud，分别用 $f_1 = 1250\text{Hz}$ 代表“1”码，用 f_0 代表“0”码。求 f_0，并画出“101”的波形。

5.12　对一个最高截止频率为 4kHz 的模拟信号进行理想的奈奎斯特采样后，再进行 8 电平均匀量化和每个电平 3 比特的 PCM 编码。若发射机采用 QPSK 调制，符号脉冲采用滚降因子为 0.2 的滚降余弦。

(1) 求该系统的比特率和符号率；

(2) 求滚降余弦低通滤波器带宽、系统的频带带宽。

第 6 章　直接序列扩频调制和 OFDM 调制

第 5 章介绍的数字调制技术主要是为了把承载信息的数字信号经过调制后变成适合信道传输的波。选择数字调制技术主要是考虑其频谱效率和其在 AWGN 信道中解调后的误码率。在通信系统中如果考虑其他的指标，如抗干扰能力、保密性、适合多用户通信等，就需要在发射机中进一步增加其他的调制技术。扩频调制就是一种具有保密性高、抗干扰能力强，且能用于多用户通信的调制技术。例如，在 2G IS-95 和 3G 移动通信系统中，均采用了基于直接序列扩频(DSSS)的码分多址(CDMA)技术。OFDM 称为正交频分复用，是一种正交子载波调制技术。它的优点是频谱效率高、抗频率选择性衰落能力强，也适合实现多用户通信。本章讨论这两种调制技术。

6.1　直接序列扩频技术

直接序列扩频(简称直序扩频)技术是通过一个双极性二进制扩频序列，在发射机与每个符号相乘，将每个基带发射符号变成长度与扩频序列长度相等的多个符号，为了区别扩频后的符号与扩频前的符号，通常将扩频后的符号称为码片或切普，其含义可以理解为将原来每个符号切成了许多个码片，这样从信号处理的角度来看，扩频前符号速率级的处理就变成了扩频后码片速率级的处理。假设一个符号被调制成了 N 个码片，意味着扩频调制后信号的数据速率是扩频前的 N 倍，从而实现了信号的扩频。在接收机中，如果不考虑接收信号中的干扰和噪声，将收到的每个符号扩频后的序列与本地产生的扩频码进行“码片对码片”相乘然后再相加，就可以恢复(假设扩频码在每个符号周期内具有归一化的能量)发射机扩频前的符号。

为了说明 DSSS 调制和解调的原理，考虑一个双极性二进制序列信号的扩频调制，如图 6.1 所示。若 $s \in \{1,-1\}$ 代表某个发射的符号，经过矩形成形滤波后，输出的基带数字波可以表示为 $sg(t)$，$0 \leqslant t \leqslant T_{\mathrm{s}}$。若用 $c(t)$ 表示扩频波(扩频序列的数字波，双极性的方波)，且假设在一个符号周期内扩频波的能量是归一化的，则扩频后的信号可以表示为

$$x(t)=sg(t)c(t)=sc(t), \qquad 0 \leqslant t \leqslant T_{\mathrm{s}} \tag{6-1}$$

若不考虑传输信道中的干扰和噪声，接收的信号就是发射机扩频后的信号，经过图 6.2 所示的解扩操作，解扩器积分器的输出为

$$y=s\int_0^{T_{\mathrm{s}}} c^2(t)\,\mathrm{d}t=s, \qquad 0 \leqslant t \leqslant T_{\mathrm{s}} \tag{6-2}$$

下面从数字信号处理的角度给出一个更直观的例子：若发射的比特为“−1”，扩频码为“1，1，−1，−1”，扩频码的长度为 $N=4$，将扩频序列除以 $\sqrt{N}$ 得到能量归一化的扩频码为“1/2，1/2，−1/2，−1/2”，因此扩频后的序列为“−1/2，−1/2，1/2，1/2”。在接收机，将扩

频后的序列与本地产生的扩频码进行位对位乘积运算后，可得输出为“–1/4，–1/4，–1/4，–1/4”。进一步对乘积运算的输出求和可以得到解扩后的输出为“–1”。

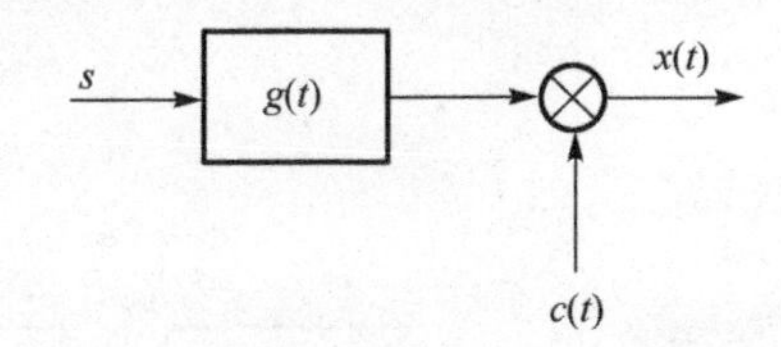

图 6.1　二进制序列信号的 DSSS 调制示意图

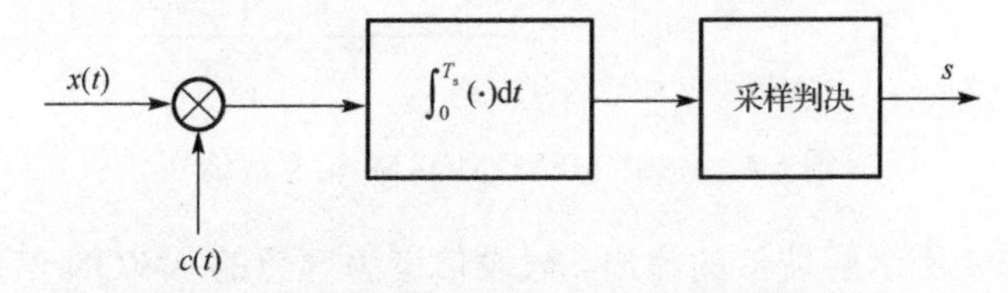

图 6.2　二进制序列信号的 DSSS 解调示意图

在数字通信系统中，对基带信号进行扩频调制后，还要进一步调制载波信号才能经过信道传输。在接收机要先去掉载波(即下变频)后，进而在基带实现解扩和符号判决操作。

最简单的 DSSS 调制系统是 BPSK 信号扩频系统，但由于在数字通信系统中，数字调制不一定只限于 BPSK 系统，当考虑在 MPSK 和 MQAM 系统中应用 DSSS 调制技术时，可以采用图 6.3 和图 6.4 所示的调制和解调结构。图中 $g(t)$ 表示矩形脉冲成形函数。在发射机中，I 支路和 Q 支路的基带信号分别由两个扩频波 $c_1(t)$ 和 $c_2(t)$ 来扩频。不失一般性，假设 $c^2(t)=1$，发射信号可以写为

$$x(t)=a_i c(t)\varphi_1(t)+b_i c(t)\varphi_2(t)\,,\qquad 0\leqslant t\leqslant T_\mathrm{s} \tag{6-3}$$

式中，a_i 和 b_i 分别是第 i 个复数符号的实部和虚部，$\varphi_1(t)$ 和 $\varphi_2(t)$ 的定义为

$$\varphi_1(t)=\sqrt{\frac{2E_\mathrm{s}}{T_\mathrm{s}}}\cos(\omega_\mathrm{c}t)\,,\qquad 0\leqslant t\leqslant T_\mathrm{s} \tag{6-4}$$

$$\varphi_2(t)=\sqrt{\frac{2E_\mathrm{s}}{T_\mathrm{s}}}\sin(\omega_\mathrm{c}t)\,,\qquad 0\leqslant t\leqslant T_\mathrm{s} \tag{6-5}$$

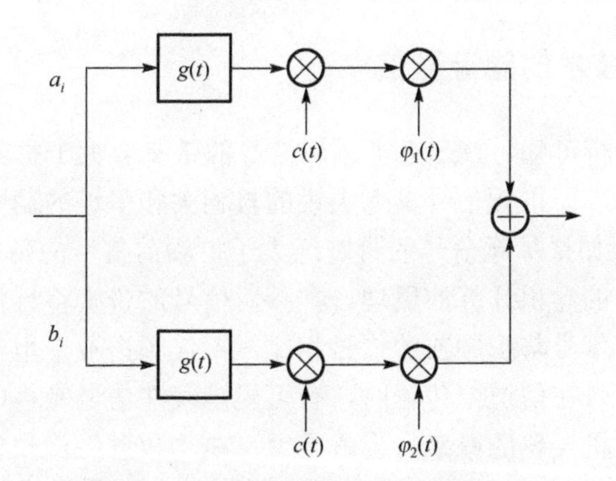

图 6.3　DSSS MPSK/MQAM 信号产生

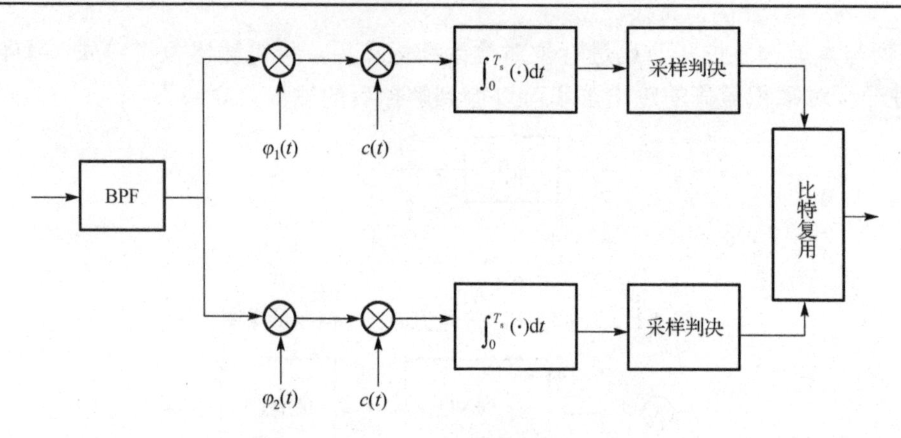

图 6.4　DSSS MPSK/MQAM 信号解调

现在来分析图 6.4 所示解调器的输出。假设信道为理想的 AWGN 信道。经过带通(BP)滤波后，接收机中的信号进一步被分离成两个并行的支路，分别用来实现同相支路信号和正交支路信号的解调。I 支路积分器的输出可表示为

$$\begin{aligned}y_{\mathrm{I}} &= a_i\int_0^{T_s}c^2(t)\varphi_1^2(t)\mathrm{d}t + b_i\int_0^{T_s}c^2(t)\varphi_1(t)\varphi_2(t)\mathrm{d}t + \int_0^{T_s}\varphi_1(t)n(t)\mathrm{d}t\\ &= a_i + n_{\mathrm{I}}\end{aligned} \tag{6-6}$$

同理，接收机 Q 支路积分器的输出为

$$y_{\mathrm{Q}} = b_i + n_{\mathrm{Q}} \tag{6-7}$$

6.2　直接序列扩频技术的优点

考察式(6-6)和式(6-7)，并与第 5 章讨论过的线性数字调制技术解调器中对应的输出结果相比较，不难看出，扩频调制对 AWGN 信道中系统符号错误率和误码率并没有影响。既然不能提高 BER 性能还要扩展带宽降低频谱效率，那为何要采用扩频技术呢？为了回答该问题，本节将讨论 DSSS 系统的几个主要优点。

6.2.1　基于 DSSS 技术的隐蔽通信

基于本章前面的分析可知，DSSS 扩频后信号的带宽会大于扩频前的带宽。如果扩频码具有噪声序列的特征，即扩频信号具有尖锐的自相关和平坦的功率谱密度，则扩频后的信号也会被“噪声化”。如果扩频信号的带宽远大于扩频前信号的带宽，根据时域信号的乘积计算等效于频域信号的卷积计算的原理，扩频后信号的带宽将近似为扩频信号的带宽。这就意味着，扩频后的信号与扩频前的信号相比，不仅频谱被平坦化，而且功率谱密度会大大降低。这就使得信号在信道中传输时，有可能隐藏在信道噪声中进行传输，从而大大降低了被“敌意”接收机发现的概率。也就是说，在“敌意”接收机带宽范围内，我方信号的平均功率或能量因达不到其接收机信号发现的阈值，从而避免被发现。

为了达到上述隐蔽通信的目的，扩频码常采用伪随机噪声(PN)序列。“伪随机”是因为真正的随机噪声是无法产生，也无法应用的。由于接收机本地也要利用与发射机相同的扩频码来实现解扩，因此扩频码必须是可以重复产生的。PN 序列将在 6.3 节讨论。

6.2.2 DSSS 技术抗窄带干扰性能分析

假设扩频前信号的带宽为 B，扩频后信号的带宽为 W。扩频后信号带宽与扩频前信号带宽的比值 W/B 通常被称为扩频因子。若用 Q 表示扩频因子，则有

$$Q=\frac{W}{B}=\frac{1/T_{\rm c}}{1/T_{\rm s}}=\frac{T_{\rm s}}{T_{\rm c}} \tag{6-8}$$

式中，$T_{\rm c}$ 和 $T_{\rm s}$ 分别是码片周期和符号周期。如果扩频应用于二进制序列，则 $T_{\rm s}=T_{\rm b}$。

假设有一个窄带干扰源，它的频带位于信号的带宽内。为了分析方便，假设信号和干扰都具有平坦的功率谱密度，且带宽分别为 B 和 $B_{\rm I}$，信号和干扰的功率分别为 P 和 $P_{\rm I}$。若用 W 代表扩频后信号的带宽，则扩频后信号的双边功率谱密度为 $P/(2W)$。功率谱密度为 $P_{\rm I}/(2B_{\rm I})$ 的干扰在加入信号的传输中后，由于落在宽带传输信号带宽内，会被接收机接收到。因此接收机接收的总的信号是信号、干扰和 AWGN 之和，接收的基带信号可以表示为

$$y(t)=sc(t)+I(t)+n(t)\,,\qquad 0\leqslant t\leqslant T_{\rm s} \tag{6-9}$$

式中，s 是发送的符号，$c(t)$ 是扩频信号，$I(t)$ 是功率为 $P_{\rm I}$ 的干扰信号，$n(t)$ 是均值为 0、方差为 σ^2 的加性高斯白噪声。

对 $y(t)$ 进行解扩操作则有

$$\begin{aligned} y(t)c(t)&=c^2(t)s+c(t)I(t)+c(t)n(t)\\ &=c^2(t)s+\tilde{I}(t)+\tilde{n}(t) \end{aligned} \tag{6-10}$$

式中，$\tilde{I}(t)$ 是双边功率谱密度为 $P_{\rm I}/(2W)$ 的扩频后的干扰信号(其单边功率谱密度为 $P_{\rm I}/W$)，$\tilde{n}(t)$ 是均值为 0、功率谱密度与 $n(t)$ 相同的加性高斯白噪声分量。

解扩后，用一个带宽为 B 的理想低通滤波器对解扩后的信号进行滤波，滤波器输出信号的功率 P 得到了恢复，但干扰功率为

$$P_{\rm I,out}=\frac{P_{\rm I}}{W}B \tag{6-11}$$

因此，解扩后的信干比为 $\dfrac{PW}{P_{\rm I}B}$。由于解扩前信干比为 $\dfrac{P}{P_{\rm I}}$，因此解扩操作获得了一个信干比增益，习惯上将其称为扩频增益，其值为

$$G=\frac{W}{B} \tag{6-12}$$

因此，一个 DSSS 系统抑制窄带干扰的能力可以用一个数值上等于扩频因子的扩频增益来描述。DSSS 技术抑制干扰的能力如图 6.5 所示[2]。

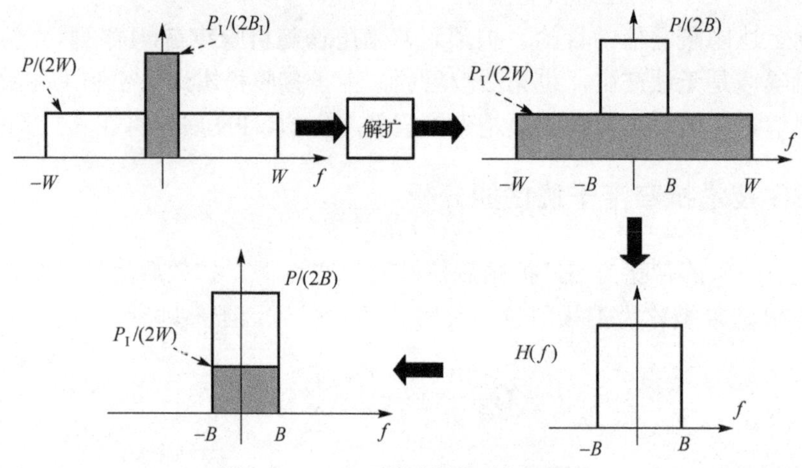

图 6.5　DSSS 系统抑制干扰示意图

6.2.3　DSSS 技术抗多径干扰分析

如果扩频码具有尖锐的自相关性、平坦的功率谱密度，则 DSSS 系统在接收机解扩时可以有效地抑制多径干扰。考虑一个在传播中有 L 条路径的多径传输系统。基带接收信号可以表示为

$$y(t)=\sum_{l=0}^{L-1}A_l sc(t-\tau_l)+n(t)\,,\qquad 0\leqslant t\leqslant T_{\mathrm{s}} \tag{6-13}$$

式中，A_l 和 τ_l（$\tau_0=0$）分别表示第 l 条传播路径的信道增益和路径相对时延，s 是发送的符号，$c(t)$ 是扩频信号。

解扩后的信号可表示为

$$\begin{aligned}\int_0^{T_{\mathrm{s}}} y(t)c(t)\mathrm{d}t &= A_0 s+s\sum_{l=1}^{L-1}A_l\int_0^{T_{\mathrm{s}}} c(t)\,c(t-\tau_l)\,\mathrm{d}t+\int_0^{T_{\mathrm{s}}} c(t)n(t)\mathrm{d}t\\ &=A_0 s+I+\tilde{n}\end{aligned} \tag{6-14}$$

式中，I 和 $\tilde{n}$ 分别代表多径干扰和 AWGN 分量。若扩频码采用 PN 序列，则有

$$\int_0^{T_{\mathrm{s}}} c(t)c(t-\tau_l)\mathrm{d}t\approx 0\,,\qquad \tau_l\neq 0 \tag{6-15}$$

这说明采用自相关性尖锐的 PN 序列作为扩频码，则接收机解扩时可以有效地抑制接收信号中多径传播带来的符号间干扰。

6.2.4　DSSS 技术用于 CDMA 通信

在现代通信中，很多系统需要允许多用户共享信道。比如在移动通信系统中，可能多个移动台会同时与一个基站通信，如果与相同基站同时通信的用户信号的频率也相同，那么接收机如何在收到的总信号中，分别提取不同发射机的信号呢？基于前面对 DSSS 技术的讨论，我们可以考虑采用给不同的用户分配不同的扩频码来对信号进行扩频，然后接收机用不同的扩频码来解扩出不同发射机的信号。这自然需要不同的用户所用的扩频码满足相互正交的条件。

图 6.6 示出了一个基于 DSSS 技术的 CDMA 系统。在该系统中，两个发射机(发射机 1 和发射机 2)分别采用了自己的扩频码，对应的扩频信号分别用 $c_1(t)$ 和 $c_2(t)$ 表示。假设这两个发射台采用同频信号同时发射信号，如果发射后的信号共享了传输信道(如在很近的空间范围内进行无线通信)，接收机 1 只需要接收发射机 1 的信号，接收机 2 只需要接收发射机 2 的信号。下面针对接收机 1 来讨论信号的检测。

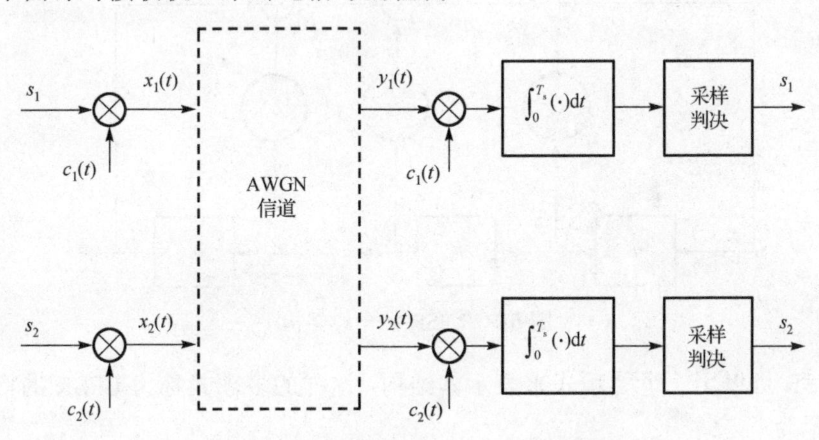

图 6.6　基于 DSSS 技术的 CDMA 系统示意图

由于每个接收机都会收到两个发射机发射的信号，接收机 1 收到的信号可以写成

$$y(t)=s_1c_1(t)+s_2c_2(t)+n_1(t)\,,\qquad 0\leqslant t\leqslant T_s \tag{6-16}$$

式中，s_1 和 s_2 分别表示发射机 1 和发射机 2 当前发射的符号，$n_1(t)$ 为接收机 1 接收信号中的 AWGN 分量。接收机 1 中积分器输出的信号可以表示成

$$\int_0^{T_s}c_1(t)y(t)\mathrm{d}t=s_1\int_0^{T_s}c_1^2(t)\mathrm{d}t+s_2\int_0^{T_s}c_1(t)c_2(t)\mathrm{d}t+\int_0^{T_s}c_1(t)n_1(t)\mathrm{d}t \tag{6-17}$$

若每个发射机扩频波在一个符号周期内具有归一化的能量，且两个扩频波相互正交，则有

$$\int_0^{T_s}c_1(t)y(t)\mathrm{d}t=s_1+\int_0^{T_s}c_1(t)n_1(t)\mathrm{d}t=s_1+\tilde{n}_1 \tag{6-18}$$

上式表明，积分器的输出已经利用扩频码之间的正交性消除了另一个发射机发出的干扰信号。对积分器输出的信号只要进一步进行采样判决就可以估计发射机 1 发射的符号 s_1。同样，接收机 2 也可以采用上述过程来检测发射机 2 发射的符号 s_2。

6.3　扩　频　码

由 6.2 节的讨论可知，采用类似噪声的 PN 序列作为扩频码可以增强通信的隐蔽性，也可以利用其良好的自相关特征实现码元同步和多径信号干扰抑制；利用正交序列作为扩频码可以实现多用户信道共享，实现 CDMA 通信。

6.3.1　伪随机(PN)序列

PN 序列是一种具有噪声特征的序列，是通过线性反馈移位寄存器(LFSR)产生的，因此可以在通信系统的接收机中重现，这也说明 PN 序列不是真正意义上的随机序列，所以称为伪随机噪声序列。图 6.7 给出了一般的 LFSR 的结构，其中 ⊕ 表示模 2 加法运算。LFSR 中每个寄存单元的初始值可以随机选取，但不能全部为 0。此外，图中 $f_i\ (i \in \{1, \cdots, r-1\})$ 的取值为“0”或“1”，如果 $f_i = 0$，则表示对应的连接处是断开的。

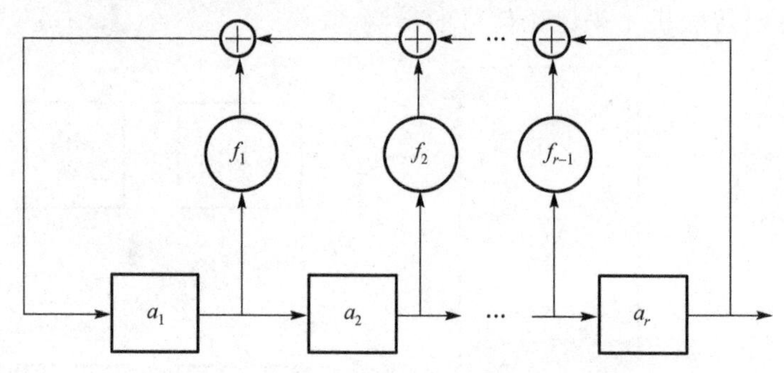

图 6.7　LFSR 的一般结构

一个 LFSR 可以用一个多项式来表示其结构，这样的多项式称为 LFSR 的特征多项式，其一般的表示为

$$f(x) = 1 + \sum_{i=1}^{r-1} f_i x^i + x^r \tag{6-19}$$

其寄存单元的值有如下的关系：

$$a_k(t+1) = \begin{cases} a_{k-1}(t), & k = 2, \cdots, r \\ a_r(t) + \sum_{i=1}^{r-1} f_i a_i(t), & k = 1 \end{cases} \quad \text{模 } 2 \tag{6-20}$$

由 LFSR 产生的序列是以 N 为周期的序列，其中 $N \leqslant 2^r - 1$。如果 $N = 2^r - 1$，那么这个序列通常称为最大长度序列，也称为 m 序列或者伪随机序列。一个 LFSR 要产生 PN 序列的充分必要条件是：其特征多项式是本原多项式。一个产生周期为 N 的 PN 序列的本原多项式是一个最高次方数为 r 的不可约多项式，是 $x^N + 1$ 的一个因子，且满足 $N = 2^r - 1$。

例 6-1　验证多项式 $f(x) = 1 + x^2 + x^3$ 为本原多项式。

解：由于多项式的最高次方为 $r = 3$，因此有 $N = 2^3 - 1 = 7$。

又因为 $1 + x^7 = f(x)(1+x)(1+x+x^3)$，因此 $f(x)$ 是不可约多项式，所以 $f(x)$ 是本原多项式。

PN 序列具有三个重要的特征：平衡特征、游程特征和自相关特征。

（1）平衡特征：PN 序列在每个周期内，“1”的个数比“0”的个数多 1，因此 PN 序列看上去似乎具有相同数目的“0”和“1”。

（2）游程特征：在 PN 序列的产生中，连续出现一次 k 个相同的比特称为一个游程。在 PN 序列的每个周期中，长度为 k 的游程总数与一个周期总比特数的比值约为 $1/2^k$。需要说明的是，PN 序列的周期越长，游程特征越明显，或者说越精确。

（3）自相关特征：PN 序列之所以称为伪随机噪声序列，很重要的一个特征是其自相关函数与白噪声的自相关函数具有高度相似性。PN 序列具有周期性的、双值的离散型自相关函数，具体可表示为

$$R(m)=\sum_{n=0}^{N-1}c(n-m)c(n)=\begin{cases}N, & m=kN\\ -1, & m=kN+1,\cdots,(k+1)N-1\end{cases}\quad k\text{为整数}\tag{6-21}$$

式中，$c(n-m)$ 表示 PN 序列的循环移位，m 表示离散延迟值，N 是 PN 序列的长度。

例 6-2　一个 LFSR 的特征多项式为 $f(x)=1+x+x^3$，求采用初始值 101 产生的输出序列，考察其周期性和自相关特征，画出其自相关函数的图形。

解：按照式(6-20)或者按照列表的方法不难求出该 LFSR 产生的序列是周期为 7 的序列。一个周期内的序列为“1010011”。事实上不难验证该 LFSR 的特征多项式是本原多项式，所以其产生的序列为 m 序列。

将输出的一个周期的序列变换为双极性序列“1 −1 1 −1 −1 1 1”，其对应的离散循环自相关值可以通过列表方式求得（见表 6.1），为简单起见，表中只给出了对应 m 从 1 到 7 的循环移位序列和其对应的自相关值。不难看出其自相关函数满足

$$R(m)=\sum_{n=0}^{6}c(n-m)c(n)=\begin{cases}7, & m=7k\\ -1, & m=7k+1,\cdots,7(k+1)-1\end{cases}\quad k\text{为整数}$$

图 6.8 所示为该 LFSR 产生序列的离散周期自相关函数。

表 6.1　例 6-2 中循环自相关值求解列表

m	$c(n-m)$							$R(m)$
	$N=0$	1	2	3	4	5	6	
0	1	−1	1	−1	−1	1	1	7
1	1	1	−1	1	−1	−1	1	−1
2	1	1	1	−1	1	−1	−1	−1
3	−1	1	1	1	−1	1	−1	−1
4	−1	−1	1	1	1	−1	1	−1
5	1	−1	−1	1	1	1	−1	−1
6	−1	1	−1	−1	1	1	1	−1
7	1	−1	1	−1	−1	1	1	7

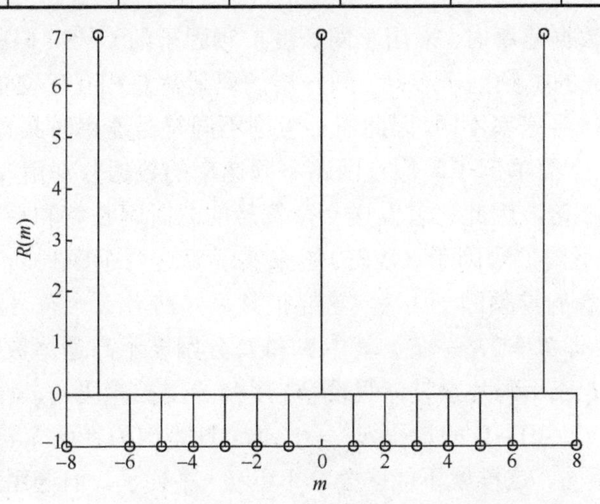

图 6.8　例题 6-2 中的离散自相关函数

6.3.2 正交码

经典的正交码是 Walsh 序列，是由哈达玛矩阵产生的。哈达玛矩阵是以“1”和“−1”为元素构成的正交方阵，该矩阵中的任意两行或两列都是相互正交的。一个 Walsh 序列可以看作哈达玛矩阵的一行。哈达玛矩阵的一个重要特性是矩阵的维数总可以表示为 $2^k \times 2^k$，$k = 0,1,2,\cdots$，而且 $2^k \times 2^k$ 的哈达玛矩阵用于生成 $2^{k+1} \times 2^{k+1}$ 维的矩阵，即前者是后者的“母矩阵”，因此可以由下面的递推关系生成所需维数的哈达玛矩阵。为了说明方便，称 $2^k \times 2^k$ 维的哈达玛矩阵为 k 阶哈达玛矩阵，并定义 0 阶哈达玛矩阵为

$$\boldsymbol{H}_0 = [+1] \tag{6-22}$$

从 k 阶哈达玛矩阵生成 $(k+1)$ 阶哈达玛矩阵的关系为

$$\boldsymbol{H}_{k+1} = \begin{bmatrix} \boldsymbol{H}_k & \boldsymbol{H}_k \\ \boldsymbol{H}_k & -\boldsymbol{H}_k \end{bmatrix} \tag{6-23}$$

在通信系统中，数据包的长度往往会依业务不同而变化，因此往往要求采用可变扩频因子的扩频码来使得扩频后的数据从码片上看具有相同的长度，从而方便通信系统的设计。3G 移动通信系统中采用的正交可变扩频因子(OVSF)码就是一种可用来在不同的数据速率时总能维持最大码片速率的扩频码。该码可以看作 Walsh 码的衍生码，因为其子码是依据母码产生的，且从母码产生子码的方法类似于从哈达玛母矩阵产生子矩阵。图 6.9 给出了 OVSF 码的产生方法，由图中可见 OVSF 码的排列不仅基于层结构，也基于树结构。假设第 m 层的第 n 个码用 $C_{m,n}$ 表示，选 $C_{m,n}$ 当作母码时，由于在 m 层中的每个母码在 $(m+1)$ 层产生 2 个子码，因此 $(m+1)$ 层 2 个子码的下标分别是 $k_1 = 2(n-1)+1$ 和 $k_2 = 2n$。子码和其母码之间的关系为

$$\begin{aligned} C_{m+1,k_1} &= [C_{m,n}, C_{m,n}] \\ C_{m+1,k_2} &= [C_{m,n}, \overline{C_{m,n}}] \end{aligned} \tag{6-24}$$

现在来分析不同数据速率时，采用不同长度扩频因子的 OVSF 码的选用规则。由图 6.9 可见，不同层的码对应的扩频因子不同，同一层的码显然是相互正交的。对应不同层的码，由于其使用时对应的符号速率不同，因此需要考虑不同符号速率时具体使用扩频码的规则。考虑图 6.10 所示的一个简单例子，假设两路不同速率的数据分别用 $\{a_i\}$ 和 $\{b_i\}$ 表示，其中前者的速率是后者的 2 倍，因此前者发送 2 个符号的总时间长度和后者发送 1 个符号的时间长度相等。若选用不同扩频因子(OVSF)码来实现对这两个序列的直序扩频，当前者的扩频因子为 2 时，后者的扩频因子为 4，这样扩频后，前者 2 个符号与后者 1 个符号具有相等的码片数(为 4)，即 $T_2 = 2T_1 = 4T_c$，其中 T_1 和 T_2 分别表示高速率数据的符号周期和低速率数据的符号周期；T_c 表示码片周期，假设 $\{b_i\}$ 序列选用扩频码 $c_{4,3} = (1,-1,1,-1)$，那么 $\{a_i\}$ 序列就不能选用 $c_{4,3} = (1,-1,1,-1)$ 的母码 $c_{2,2} = (1,-1)$。这是因为在两个符号周期看，$\{a_i\}$ 序列的扩频码正好与 $c_{4,3}$ 相同。这样就不能区分 $\{a_i\}$ 和 $\{b_i\}$ 序列了。但选用没有直接血缘关系的 $c_{2,1} = (1,1)$ 则可以。

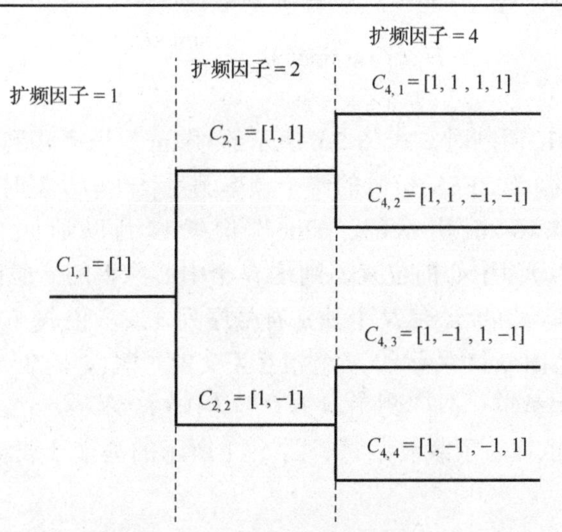

图 6.9　OVSF 码的层结构和树结构

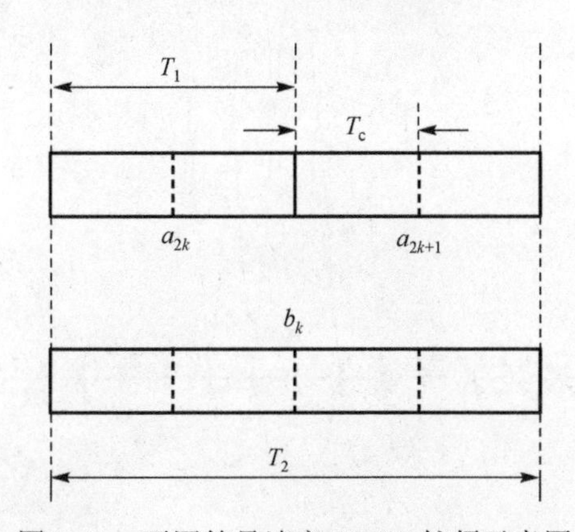

图 6.10　不同符号速率 OVSF 扩频示意图

同样不难发现，一旦一个码被选用，从它开始产生的各层(各代)的后代码也不能用，因为可能破坏正交性。基于上述讨论，OVSF 码选用的原则如下：

(1) 所有的码标记为“空码”、“禁用码”和“占用码”，新的扩频码只能在空码中选取；

(2) 一旦选用了一个码，从该码按“母子关系”逆向找出每一层的母码，这些各层的母码都标记为禁用码。例如，$c_{4,3}$ 一旦被选用，它的母码 $c_{2,2}$、它的母码的母码 $c_{1,1}$ 均为禁用码；

(3) 一旦一个码被选用，由它产生的有直接血缘关系的各层子码均为禁用码。例如，若 $c_{2,2}$ 被选用变为占用码，则 $c_{4,3}$ 和 $c_{4,4}$，以及 $c_{4,3}$ 和 $c_{4,4}$ 的后代码都为禁用码。

6.4　OFDM 调制

回顾第 5 章介绍的矩形脉冲成形函数

$$g(t)=\frac{1}{T_0}\prod\left(\frac{t-T_0/2}{T_0}\right) \tag{6-25}$$

其频谱的幅度谱为

$$H_{\mathrm{R}}(f)=\operatorname{sinc}(fT_0)=\frac{\sin(\pi fT_0)}{\pi fT_0} \tag{6-26}$$

在第 5 章讨论 2FSK 调制时，式(6-26)所示的“sinc”谱搬移到了分别以 2FSK 信号的两个载波为中心的频段，当 2FSK 信号的两个频率满足$|\Delta f|=k/T_{\mathrm{b}}$时，两个频率的信号是正交的。如果考虑把式(6-26)所示的“sinc”谱搬移到以通频带 N 个频率 $f_k=f_1+(k-1)/T_0$（$k=1,2,\cdots,N$）为中心的位置，则这 N 个中心频率的子载波是相互正交的。

OFDM 调制中，基带信号含有 N 个独立符号序列，或者说 N 个独立的数据流。每个独立的符号序列由频谱是图 6.11 所示的 N 个相互正交的子载波中的一个来承载。需要说明的是，为了分析方便，在基带，对应频率为 $f_k=k/T_0$（$k=-N/2,-N/2+1,\cdots,N/2-1$）的每个波在 OFDM 系统中也称为子载波。对于图 6.11 所示的基带子载波谱，图 6.12 给出了其合成的谱包络。

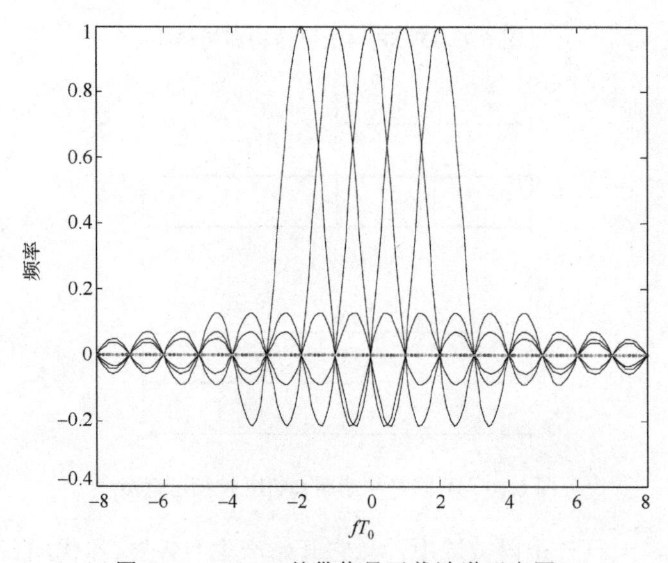

图 6.11 OFDM 基带信号子载波谱示意图

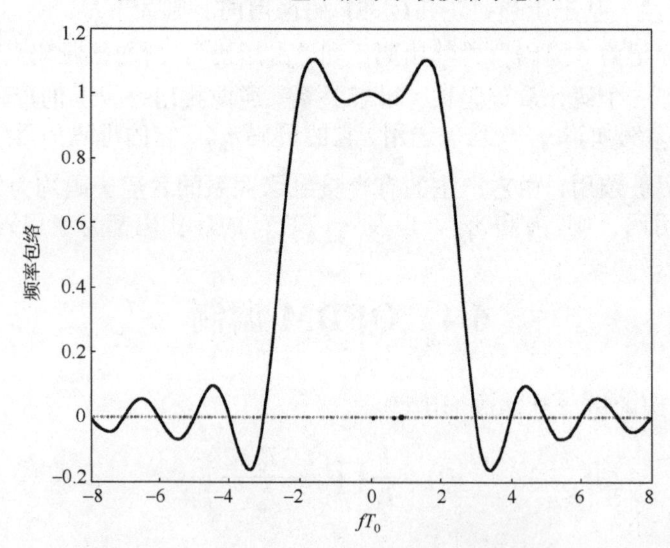

图 6.12 基带正交子载波组谱包络示意图

6.4.1　OFDM 原理

在一个 OFDM 符号周期 $0 \leqslant t \leqslant T_0$ 内，OFDM 信号的基带信号可以表示为

$$s(t)=\frac{1}{T_0}\sum_{k=0}^{N-1} d_k \prod\left(\frac{t-T_0/2}{T_0}\right)\exp(\mathrm{j}2\pi k R_{\mathrm{s}} t), \qquad 0 \leqslant t \leqslant T_0 \tag{6-27}$$

式中，$R_{\mathrm{s}}=1/T_0$ 为 OFDM 符号的传输速率，d_k 为第 k 个子载波上携带的复数符号(MPSK/MQAM 符号)。

为了分析式(6-27)所示信号的频谱，令 $d_k=1$，则式(6-27)可以改写为

$$s(t)=\frac{1}{T_0}\sum_{k=0}^{N-1} \prod\left(\frac{t-T_0/2}{T_0}\right)\exp(\mathrm{j}2\pi k R_{\mathrm{s}} t), \qquad 0 \leqslant t \leqslant T_0 \tag{6-28}$$

利用式(6-25)和式(6-26)不难得到式(6-28)所示的基带信号的子载波谱为

$$S_{\mathrm{B}}(f)=\sum_{k=0}^{N-1}\operatorname{sinc}[(f-kR_{\mathrm{s}})T_0] \tag{6-29}$$

对应式(6-29)的子载波谱如图 6.13 所示。比较图 6.11 和图 6.13 不难发现，图 6.13 是图 6.11 所示频谱的频移，且图 6.13 所示的频谱关于 $f=0$ 不是两边对称的，这似乎与第 5 章介绍的基带信号频谱的特征和带宽定义均存在冲突。为了解释该现象，考虑式(6-28)的离散表示

$$s(nT_{\mathrm{s}})=\frac{T_{\mathrm{s}}}{T_0}\left[\sum_{k=0}^{N-1} d_k \exp(\mathrm{j}\frac{2\pi k}{T_0}(nT_{\mathrm{s}}))\right], \qquad 0 \leqslant nT_{\mathrm{s}} \leqslant T_0 \tag{6-30}$$

式中，T_{s} 为采样周期。令 $T_{\mathrm{s}}=T_0/N$，则式(6-30)可以进一步改写为

$$s(n)=\frac{1}{N}\left[\sum_{k=0}^{N-1} d_k \exp\left(\mathrm{j}\frac{2\pi k}{N}n\right)\right], \qquad 0 \leqslant n \leqslant N-1 \tag{6-31}$$

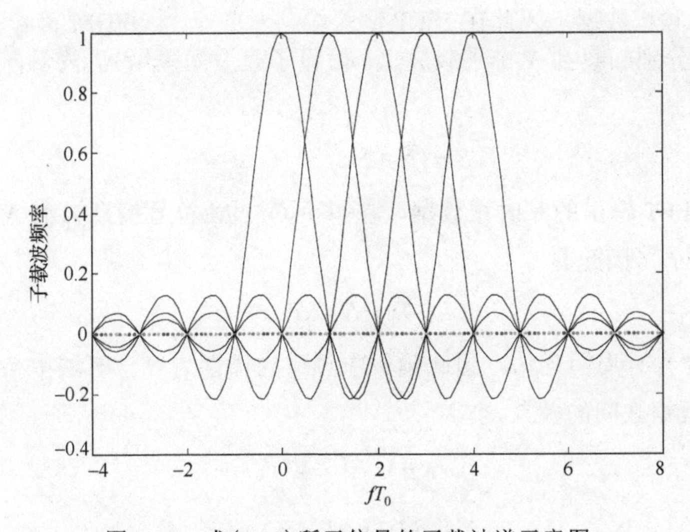

图 6.13　式(6-29)所示信号的子载波谱示意图

不难看出，式(6-31)正好表示对一个符号组$\{d_k, k=0,\cdots,N-1\}$求其离散傅里叶反变换(IDFT)。从离散傅里叶变换的理论可知，离散傅里叶变换和反变换在时域和频域信号都存在周期延拓。因此，采用 DFT(或 IDFT)时，信号在$[-N/2, N/2-1]$频域范围内的离散谱与在$[0, N-1]$内的离散谱是等效的。也就是说，图 6.13 所示谱从第 1 个子载波到第 N 个子载波所占的总带宽实质上等于信号搬移到通频带后其频带信号的总带宽。

6.4.2 OFDM 调制与解调

从 6.4.1 节的分析可知，OFDM 系统的基带信号可以用一个 IDFT 来产生，也就是说，可以用快速傅里叶变换(FFT)来简单实现，因此 OFDM 调制可以用图 6.14 中虚线框内的系统来实现。在图 6.14 中，基带调制映射模块输出的 MPSK 或 MQAM 符号流经过串/并(S/P)转换后，在每个 OFDM 符号期间，N 个并行的 MPSK/MQAM 复数符号并行加入 IDFT 模块进行 IFFT 计算。IFFT 输出的 N 个复数为一个 OFDM 符号的 N 个采样值。IFFT 的输出经过并/串(P/S)转换后，构成 OFDM 符号流。OFDM 符号流中每个 OFDM 符号含 N 个时域的样本，每个样本为一个复数，这些样本的实部和虚部将分别用于后续的同相支路和正交支路的载波调制。

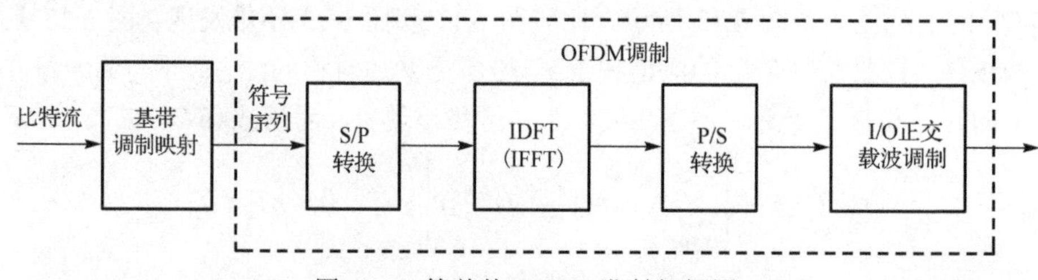

图 6.14 简单的 OFDM 发射机框图

OFDM 系统中，OFDM 符号周期、符号速率与采样周期和子载波间隔的关系可以通过分析 IDFT 输入和输出数据的关系来获得。假设 OFDM 调制中 IFFT 运算的点数为 N，由于 IFFT 的输入为频域数据，因此在 IFFT 输入端，对应一个 OFDM 符号有 N 个 MPSK 或 MQAM 复数符号分别加载到 N 个子载波上。假设子载波间隔用 Δf 表示，则 OFDM 信号的总带宽为

$$B=(N+1)\Delta f \approx N\cdot\Delta f \tag{6-32}$$

OFDM 调制中，IFFT 输出的是时域数据，在每个 OFDM 符号周期 T_0 有 N 个样本值，相邻样本值的间距为 ΔT，因此有

$$T_0 = N\cdot\Delta T \tag{6-33}$$

由于 IDFT 运算隐含有周期延拓，因此频域中频谱的周期为 B，时域中信号的周期为 T_0。利用时域和频域数据之间的关系，有

$$T_0 = 1/\Delta f = 1/R_0 \tag{6-34}$$

$$B = 1/\Delta T = \gamma_0 \tag{6-35}$$

式中，R_0 代表 OFDM 符号的传输速率，单位为波特；γ_0 代表 OFDM 符号的采样率，单位

为样本/每秒，IFFT 输出的 OFDM 符号的 N 个样本值是 N 个基带频率的正弦波分别被所承载的符号调制后合成波的采样值。

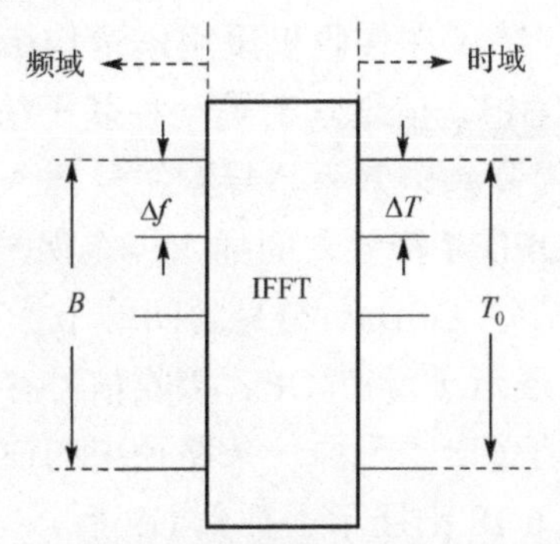

图 6.15　IFFT 模块输入、输出数据参数

OFDM 已调的频带信号被接收机接收后，接收机实现 OFDM 解调的过程是 OFDM 调制过程的逆过程（见图 6.16）。OFDM 解调主要包括频带信号 I/Q 两支路的相关解调（去载波）和基带 OFDM 信号解调（FFT 操作）。假设信道理想也无噪声，则对应每个 OFDM 符号周期，接收机 DFT 模块输出的 N 个复数就等于发射机 IDFT 输入的 N 个复数。这些复数是频域的数据，代表了 MPSK/MQAM 符号。DFT 输出的数据经过 P/S 转换后形成符号流，再经过基带调制反映射，最后得到恢复的发射比特流。

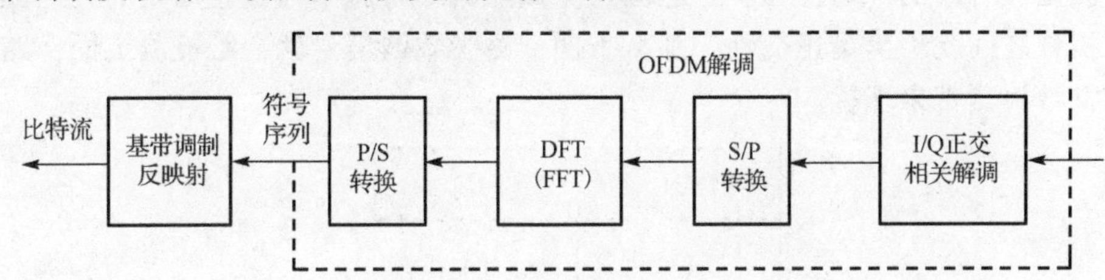

图 6.16　对应图 6.14 所示发射机的 OFDM 接收机框图

假设在接收机经过相关解调后载波已被理想化地去掉，从而恢复了发射的 OFDM 信号 $s(n)$，现在来考虑 DFT 运算的输出。由于 $s(n)=\mathrm{IDFT}(\{d_k, k=0,\cdots,N-1\})$，因此有

$$d_m=\mathrm{DFT}(s(n))=\sum_{n=0}^{N-1}s(n)\exp\left(-\mathrm{j}\frac{2\pi m}{N}n\right),\qquad m=0,\cdots,N-1 \tag{6-36}$$

将式(6-31)代入式(6-36)可得

$$\begin{aligned}
d_m&=\sum_{n=0}^{N-1}\frac{1}{N}\left[\sum_{k=0}^{N-1}d_k\exp\left(\mathrm{j}\frac{2\pi k}{N}n\right)\right]\exp\left(-\mathrm{j}\frac{2\pi m}{N}n\right)\\
&=\sum_{n=0}^{N-1}\frac{1}{N}\left[\sum_{k=0}^{N-1}d_k\exp(\mathrm{j}\frac{2\pi(k-m)}{N}n)\right]\\
&=\frac{1}{N}\sum_{k'=m}^{N-1-m}d_k\sum_{n=0}^{N-1}\exp\left(\mathrm{j}\frac{2\pi k'}{N}n\right)\\
&=\begin{cases}d_k, & k'=0\quad (m=k)\\ 0, & k'\neq 0\quad (m\neq k)\end{cases}\qquad m=0,\cdots,N-1
\end{aligned} \tag{6-37}$$

因此，利用不同子载波的正交性，OFDM 解调消除了子载波之间的干扰。

6.4.3 OFDM 系统中的循环前缀

为了避免符号之间的干扰，除了在接收机采用信道均衡等信号处理技术外，传统的技术是在符号之间插入保护间隔(GP)。信道均衡是一种基于信道估计的信号处理技术，信道估计需要插入导频符号。为了提高频谱效率，导频符号插入的频率不能过高，这会影响信道估计值的有效性。在每两个 OFDM 符号之间插入一个保护间隔，当保护间隔大于信道的最大相对时延时，就可以有效消除 OFDM 符号之间的干扰(ISI)，当然插入保护间隔也会降低系统的频谱效率。图 6.17 展示了没有 GP、接收信号存在多径传播时，多径信号之间会导致 ISI 的情景。可以明显地看出，下面一条路径中的前一个符号会对上面一条路径中后一个符号的检测带来 ISI。图 6.18 则展示了插入 GP 后，只要 GP 大于多径的最大相对时延，则可以避免 ISI 的情景。从图 6.18 中可见，通过插入 GP，两路 OFDM 符号流之间不存在前后符号的重叠区。

在 OFDM 系统中，是否可以采用“空时隙”来作为保护间隔呢？答案是否定的。这是因为采用“空时隙”作为 GP 时，会破坏子载波之间的正交性。例如在图 6.18 中，若上下两路信号分别代表不同子载波的信号，取 GP 为空时隙，则在检测上面一路子载波的每个符号时，需在上面一路每个符号期间做积分运算，而在该积分区间内，下面一路子载波信号前面一段是没有波的，这样在积分区间内下面一路信号就不存在整周期的波，因此上下两个波在积分区间就不满足正交性，那么下面一路子载波信号就会给检测上面一路子载波信号中的符号检测带来干扰。

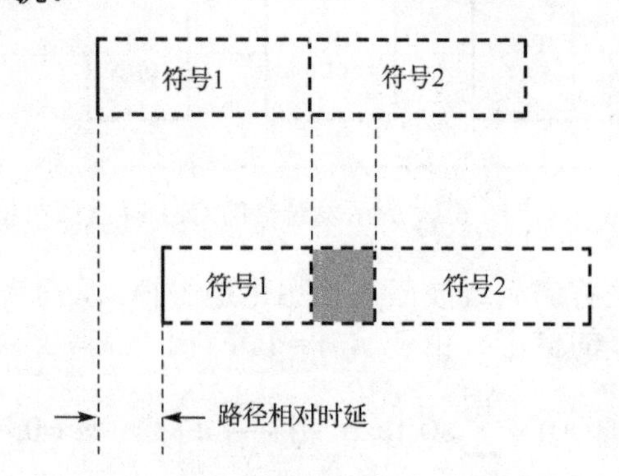

图 6.17　无保护间隔 OFDM 符号之间的干扰

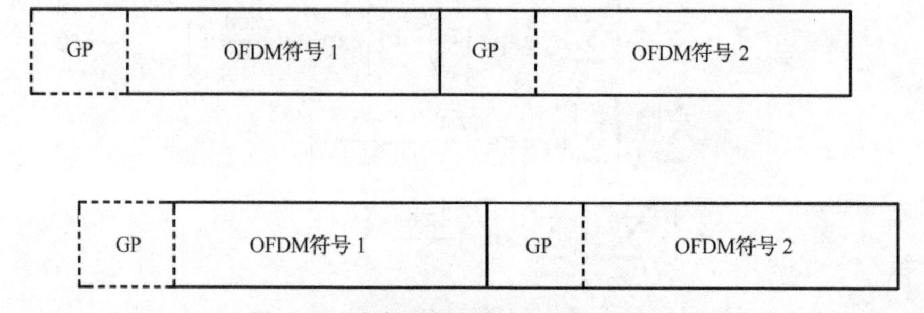

图 6.18　有保护间隔的 OFDM 符号流

为了在插入 GP 后，子载波之间仍然保持正交性，利用 IDFT/DFT 输入/输出隐含的周期性，我们可以在发射机 IFFT 输出符号经过 P/S 转换后，将每个符号后面的 N_{cp} 个样本复制，并插入到该符号的最前面作为前缀。这样，整个 OFDM 符号流中就通过插入循环前缀(CP)来作为保护间隔，以消除 ISI(见图 6.19)。需要说明的是，这里所指的 ISI 是针对 OFDM 符号之间的，不是像简单的数字通信系统中 MPSK/MQAM 符号之间的 ISI。在 OFDM 系统中，MPSK/MQAM 符号出现在频域，也就是在发射机 IDFT 之前和接收机 DFT 之后。一个 OFDM 符号期间，相邻的 MPSK/MQAM 符号是由频率不同的子载波分别承载的，它们之间的干扰是靠子载波之间的正交性来消除的。事实上，在 OFDM 的时域信号中，这些 MPSK/MQAM 符号也不存在前后传输关系，因为时域传输的波是所有携带 MPSK/MQAM 符号的子载波的合成，一个 OFDM 符号所含的所有 MPSK/MQAM 符号信息，是分布在整个 OFDM 符号的所有样本值上的。

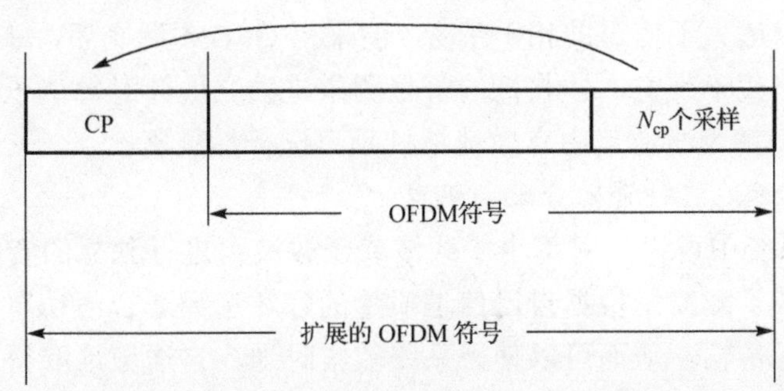

图 6.19　OFDM 符号流中插入 CP 作为保护间隔

插入 CP 的操作会导致 OFDM 调制器和解调器在基带部分就需要做进一步的补充。此外，在 OFDM 信号的解调中，为了检测每个子载波携带的符号，需要对信道进行估计，以便利用估计的信道来进行信道均衡，从而消除信道的影响。因此，在 OFDM 调制的基带信号处理中，在 IFFT 操作前，需要有计划地插入导频符号。图 6.20 和图 6.21 给出了完整的实现 OFDM 调制和解调的基带信号处理框图。

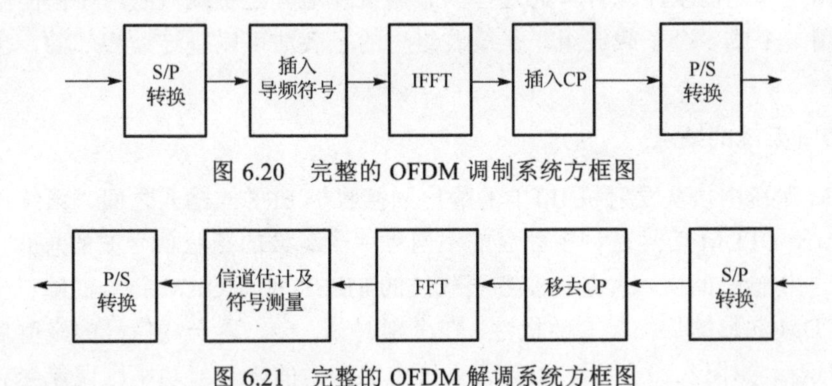

图 6.20　完整的 OFDM 调制系统方框图

图 6.21　完整的 OFDM 解调系统方框图

6.4.4　OFDM 系统的优点和缺点

OFDM 技术之所以被广泛用于无线局域网和 4G 移动通信系统中，是因为其具有适合宽带无线通信的优点，但任何一种技术在存在其优点的同时往往也存在短处。本节主要讨论 OFDM 系统的优点和缺点。

1. OFDM 系统的优点

优点 1：频谱效率高

从 OFDM 子载波频谱图可见，OFDM 系统中，相邻子载波频道的带宽相互重叠一半，而在传统的频分模式中，为了避免相邻信道的相互干扰，相邻的频率信道不仅不能有重叠，而且中间还要有保护间隔。因此，OFDM 系统体现了高的频谱效率。

优点 2：抗频率选择性衰落

OFDM 系统将一个较宽的频带划分成多个子带，频域内宽带的串行符号数据经过串/并转换后，多个符号由不同的子载波携带，每个子载波的带宽远小于串/并转换前符号数据的带宽，从而可以使得每个子载波上信号的带宽降低到小于信道的相干带宽，在接收机对每个子载波数据进行检测时，就可以避免频率选择性衰落。也就是说，在宽带无线系统中，初始数据的带宽可以远大于信道的相干带宽，但采用 OFDM 调制后，每个子载波的带宽可以降低到小于信道的相干带宽，接收机的符号测量是独立地针对每个子载波进行的，因此 OFDM 系统可以在宽带无线通信中有效地抵抗频率选择性衰落。

优点 3：适合灵活地进行资源分配与调度

由于 OFDM 系统中可以针对每个子载波或子载波组进行独立的资源分配与调度，因此，不同的子载波或子载波组根据自己信道质量的好坏选择适合的功率、调制技术，甚至不同用户的数据进行传输，从而可以使得系统能实时地、自适应地取得最大容量。也是由于该优点，使得 OFDM 技术尤其适合将不同的子载波组自适应地分配给不同速率的数据流使用，这些数据流可以来自不同用户。

优点 4：适用于多址通信

由于 OFDM 技术在发射端具有天然的子载波输入的划分和接收机独立的子载波级的解调，加上 OFDM 系统所具有的第 3 个优点，使得 OFDM 技术非常适合用于多址通信。例如，系统可以通过侦听信道质量，获得每个用户信道质量好的子载波组标记，进而根据不同用户数据速率的需求，综合考虑这些因素后合理地分配子载波组给不同的用户。每个用户可以采用一个或多个子载波组。子载波组里的子载波可以是连续相邻的，也可以是分布式的。

2. OFDM 系统的缺点

在 OFDM 系统中，从发射机 IFFT 的输出到接收机 FFT 的输入之间，系统传输的是时域的信号。由于 OFDM 信号是许多独立的不同频率子载波的正弦信号波的总和，而在每一个 OFDM 符号传输时间内，大量调制各子载波的 MPSK 或 MQAM 符号的随机出现，会导致合成的 OFDM 波形的振幅具有随机性。在个别时刻，会出现合成信号的峰值功率远大于均值功率的现象，如图 6.22 所示。OFDM 系统中这种大的峰均值功率比现象会导致系统对发射机放大器的线性动态范围要求很大，此外还会极大地降低系统能量的使用效率。在移动通信系统中，移动台一端价格昂贵的线性放大器的使用和电池能量的浪费都是移动终端所不希望的，因此在 4G 移动通信系统的上行链路中，多址技术并没有直接采用 OFDM 技术。OFDM 系统的另一个缺点是对载波频率偏移和定时偏差敏感。这是因为频偏会破坏子载波之间的正交性，导致出现子载波之间的干扰；定时偏差会在 OFDM 接收机中产生 ISI。

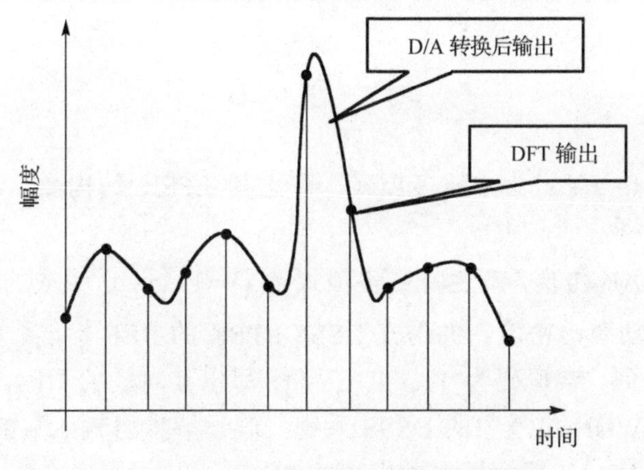

图 6.22　OFDM 系统中高的峰均值功率比

6.5　本 章 小 结

本章主要介绍了 DSSS 和 OFDM 两种调制技术。DSSS 技术和 OFDM 技术在现代通信系统中得到了广泛应用。如在 2G 和 3G 移动通信中，基于 DSSS 技术的 CDMA 系统在 IS-95、WCDMA、cdma2000 和 TD-SCDMA 系统中得到了应用；4G 移动通信系统采用了基于 OFDM 技术的多址通信技术。

传统的 DSSS 调制采用一个 PN 序列作为扩频调制信号来对传输的信号进行扩频调制，扩频调制后的信号的带宽约等于扩频前信号带宽 B 和扩频调制信号带宽 W 之和。由于 $W \gg B$ 时，扩频后信号的带宽近似等于扩频调制信号的带宽。W 和 B 因此也被称为扩频因子，其值等于扩频码的长度，即扩频码所含的码片数。采用 PN 序列作为扩频码的 DSSS 系统的主要优点包括：(1) 可实现隐蔽通信。这是由于扩频后，信号的功率谱密度降低，从而降低了被有敌意的接收机发现的可能性。(2) 能有效抵抗窄带干扰。在 DSSS 系统中，对在传输信道中出现的窄带干扰信号，在接收机解扩时会被扩频，因此，解扩后干扰信号的功率谱密度降低，使得 DSSS 接收机能获得一个在数字上等于扩频因子的信干比增益，该增益也称为扩频增益。(3) 采用 PN 序列作为扩频码的 DSSS 系统能有效地抵抗多径干扰，这是由于 PN 序列具有良好的自相关特性。(4) DSSS 技术适用于 CDMA 通信。在多址通信中，当不同的用户采用不同的相互正交的扩频码时，利用扩频码之间良好的互相关性，接收机可以有效地消除多址干扰。与非扩频系统相比，扩频通信的缺点是需要耗费更大的带宽。

OFDM 调制技术是一种基于 IDFT 的正交子载波调制技术。其主要优点包括：(1) OFDM 系统可以有效地抑制频率选择性衰落。(2) 与传统的频分系统相比，OFDM 系统具有更高的频谱效率。(3) OFDM 系统适合采用自适应的资源分配与调度策略。OFDM 的主要缺点是对频偏和时偏敏感，且 OFDM 调制后的信号具有高的峰值-均值功率比，需要功率放大器具有大的线性动态范围。

习 题 6

6.1 证明 $f(x)=1+x+x^3$ 为本原多项式，画出其 LFSR 结构图，产生其一个周期的输出序列。

6.2 采用 MATLAB 仿真，产生特征多项式 $f(x)=1+x+x^4$ 生成的伪随机序列，画出其用于 BPSK 扩频时的功率谱密度，并仿真 DSSS-BPSK 的 BER 性能。

6.3 对于 OVSF 码，若母码为 $[1,-1,1,-1]$，写出其对应的子码，并标出子码的下标。

6.4 考虑一个 AWGN 信道中的 DSSS 系统，假设解扩器输入端的 SNR 为 10dB，SIR 为 3dB，扩频因子为 16，计算解扩器输出端的 SINR。

6.5 对于一个 OFDM 系统，假设符号周期为 T，IDFT 的点数为 N，计算 OFDM 符号的采样间隔和采样率，信号带宽和子载波间隔。

6.6 考虑一个 OFDM 系统，采用 MATLAB 仿真产生 1024 个 QPSK 符号，符号能量归一化。

(1) 对这组符号进行 IFFT 操作，计算其输出信号的均方根值；

(2) 在 (1) 的基础上进行 FFT 操作，计算 FFT 输出数据的均方根；

(3) 比较 FFT 操作前后数据的均方根值，分析在 FFT 前加入 AWGN 噪声后，噪声的方差在 FFT 前后的变化；

(4) 假设 FFT 前的 SNR 为 3dB，计算 FFT 后的输出 SNR。

(5) 基于上述计算结果，考虑 OFDM 仿真中 SNR 的定义与接收信号的参数配置。

6.7 考虑一个 OFDM 系统，一帧数据的长度为 10ms。每帧数据含 20 个子帧，每个子帧含 7 个 OFDM 符号。假设每个 OFDM 符号含 2048 个子载波，在每个 OFDM 符号期间每个子载波承载一个 64 QAM 符号。计算该系统的最大比特速率。

第7章 信道编码

在数字通信系统中，不可避免地存在加性噪声，还可能存在这样或那样的干扰。此外，如果是无线通信系统，尤其是宽带无线移动系统，信道还可能出现多径传播，而且具有时变特征。这些非理想的信道传输特性都导致接收机在恢复发射的比特时产生误码。因此，在数字通信系统中，尤其在基于无线传输的数字通信系统中，要考虑采用合适的信道编码技术以便接收机可以实现纠错译码和差错控制。事实上，香农在对 AWGN 信道的信道容量研究中也总结出了有噪信道的编码定理，称为香农第二定理。香农第二定理可以理解为：对于一个带宽为 B、信噪比为 SNR 的带宽有限、功率有限的时间连续的高斯白噪声信道，如果比特传输速率满足 $R_b < C$，其中 C 代表 AWGN 信道的香农容限，则一定存在一种编码方案，使得系统的错误传输率低于系统所要求的一个任意小的目标值。纠错编码的基本原理是通过某种编码算法，在发射机对一定长度的比特组进行编码，输出的比特组中比特数会大于输入的比特数，等效于编码后引入了冗余比特。在接收机中，通过对应的译码算法可以在纠错能力范围内实现纠错译码。也就是说，纠错编码技术是通过牺牲频谱效率来换取传输质量的，且不同的纠错编码技术，其纠错能力都是有限的，由编码算法确定。

7.1 线性分组码

传统的线性分组码是一类最简单的纠错编码技术，其编码后的码字具有分组特征，即整个码字可以分成消息比特组和校验比特组两个组。此外，对于线性分组码，其消息组就是编码器的输入，校验组中每个比特都可以由消息组中的所有比特的线性组合来获得。在编码器中，通过线性编码算法获得校验比特组，并附加在输入消息比特组的后面作为编码器的输出，因此这种码称为线性分组码。线性分组码的频谱效率取决于编码率。编码率定义为 k/n，其中 k 为码字中信息比特的总数，$n(=k+m)$ 为一个编码后的码字所含的总比特数。一个长度为 n 比特并拥有 k 位信息位的码字通常被称为 (n, k) 线性分组码。

7.1.1 线性分组码的原理

一个线性分组码可记为

$$\mathbf{c} = [b_0 \quad \cdots \quad b_{n-k-1} \quad m_0 \quad \cdots \quad m_{k-1}] \tag{7-1}$$

其中

$$b_i = \sum_{j=0}^{k-1} m_j p_{j,i} \quad 模2, \qquad p_{j,i} \in \{0,1\}, \qquad i = 0,\cdots,n-k-1 \tag{7-2}$$

这说明每位校验位都可表示成所有 k 位信息位的线性组合。

若用矩阵形式表示信息组和校验组，即 $\mathbf{m} = [m_0 \quad m_1 \quad \cdots \quad m_{k-1}]$ 表示信息块，$\mathbf{b} =$

$[b_0 \quad b_1 \quad \cdots \quad b_{n-k-1}]$为校验块，则 **b** 和 **m** 之间的关系为

$$\mathbf{b} = \mathbf{mP} \tag{7-3}$$

其中

$$\mathbf{P} = \begin{bmatrix} p_{0,0} & p_{0,1} & \cdots & p_{0,n-k-1} \\ p_{1,0} & p_{1,1} & \cdots & p_{1,n-k-1} \\ \vdots & \vdots & \vdots & \vdots \\ p_{k-1,0} & p_{k-1.1} & \cdots & p_{k-1,n-k-1} \end{bmatrix} \tag{7-4}$$

因此总的编码后的码字可以写成

$$\mathbf{c} = [\mathbf{b} \quad \mathbf{m}] = \mathbf{m}[\mathbf{P} \quad \mathbf{I}_k] = \mathbf{mG} \tag{7-5}$$

式中，$\mathbf{I}_k$ 是一个 $k \times k$ 的单位矩阵；**G** 是一个 $k \times n$ 矩阵，通常称为生成矩阵，表示为

$$\mathbf{G} = [\mathbf{P} \quad \mathbf{I}_k] \tag{7-6}$$

这表明可以用 **G** 将信息矢量转化为码字。

对应一个传输码字 **c**，接收到的码字可表示为

$$\mathbf{r} = \mathbf{c} + \mathbf{e} \qquad \text{模 } 2 \tag{7-7}$$

式中，**e** 是一个与 **c** 有着相同长度的矢量，它表示传输中的误码图样。显然如果 **e** 为全 0 的矢量，则代表接收的码字与发射码字相同，没有发生错误。如果 **e** 中存在“1”，则 **r** 中对应的比特位有错，需要纠正。由于式(7-7)是模 2 运算，因此有

$$\mathbf{r} + \mathbf{e} = \mathbf{c} \qquad \text{模 } 2 \tag{7-8}$$

上式说明，如果采用某个生成矩阵来进行编码，接收机如果能对发生不同错误的接收码字选用对应的错误图样来纠错，那么就可以实现纠错译码。下面结合一个例子来说明纠错译码的原理。

表 7.1 给出了一个对一个码字长度为 7 的编码方案，针对每个不同的错误图样，分配了一个与之对应的由 3 比特组成的比特组，称为“校正子”。该表可以认为是由不同校正子形成错误图样的编码方案。假设传输中 7 个比特的码字最多只有 1 位发生错误，则从表中可见，如果 $s_0 = 1$，则接收的码字 **r** 中可能发生错误的位置在第 1、4、5 或第 7 位，为了表示该关系，我们用如下的方程来表示：

$$s_0 = r_0 + r_3 + r_4 + r_6 \tag{7-9}$$

表 7.1 错误图样编码表示例

校正子 $s = [s_0\ s_1\ s_2]$	误 码 图 样	校正子 $s = [s_0\ s_1\ s_2]$	误 码 图 样
100	1000000	101	0000100
010	0100000	011	0000010
001	0010000	111	0000001
110	0001000	000	0000000

同理可得

$$s_1 = r_1 + r_3 + r_5 + r_6 \tag{7-10}$$

$$s_2 = r_2 + r_4 + r_5 + r_6 \tag{7-11}$$

式(7-9)、式(7-10)和式(7-11)均为模2相加运算。在本章后续部分，所有的求和运算在无特殊说明时均为模2运算，为方便就不再一一标出。上述方程组可以用矩阵形式表示为

$$\mathbf{s} = [s_0\ s_1\ s_2] = \mathbf{r}\mathbf{H}^{\mathrm{T}} \tag{7-12}$$

式中，$\mathbf{r}$ 为接收的码字，矩阵 $\mathbf{H}$ 称为校验矩阵，具有如下的形式：

$$\mathbf{H} = \begin{bmatrix} 1 & 0 & 0 & 1 & 1 & 0 & 1 \\ 0 & 1 & 0 & 1 & 0 & 1 & 1 \\ 0 & 0 & 1 & 0 & 1 & 1 & 1 \end{bmatrix} = [\mathbf{I}_3 \quad \mathbf{P}^{\mathrm{T}}] \tag{7-13}$$

如果校正子为“全 0”矢量，即 $\mathbf{s} = [s_0\ s_1\ s_2] = \mathbf{r}\mathbf{H}^{\mathrm{T}} = [0\,0\,0]$，则从表 7.1 中可见，接收的码字没有错误发生，对应的错误图样 $\mathbf{e}$ 为“全 0”的矢量，这时式(7-9)、式(7-10)和式(7-11)可以改写为

$$c_0 + c_3 + c_4 + c_6 = 0 \tag{7-14}$$

$$c_1 + c_3 + c_5 + c_6 = 0 \tag{7-15}$$

$$c_2 + c_4 + c_5 + c_6 = 0 \tag{7-16}$$

即

$$c_0 = c_3 + c_4 + c_6 \tag{7-17}$$

$$c_1 = c_3 + c_5 + c_6 \tag{7-18}$$

$$c_2 = c_4 + c_5 + c_6 \tag{7-19}$$

令 $\mathbf{b} = [c_0\ c_1\ c_2]$，$\mathbf{m} = [c_3\ c_4\ c_5\ c_6]$，则上述三个方程可以用矩阵形式表示为

$$\mathbf{b} = \mathbf{m}\mathbf{P} \tag{7-20}$$

式中，矩阵 $\mathbf{P}$ 与式(7-13)中的 $\mathbf{P}$ 为同一矩阵，具有如下的形式：

$$\mathbf{P} = \begin{bmatrix} 1 & 1 & 0 \\ 1 & 0 & 1 \\ 0 & 1 & 1 \\ 1 & 1 & 1 \end{bmatrix} \tag{7-21}$$

由式(7-20)可知，对于一个已知的信息组 $\mathbf{m}$，可以通过式(7-5)来进行编码，而对应的 $n \times k$ 维的生成矩阵具有式(7-6)所示的形式。

对一般的具有 k 位信息位、码字总长度为 n 个比特的线性分组码，$(n-k) \times n$ 的校验矩阵的表示为

$$\mathbf{H} = [\mathbf{I}_{n-k} \quad \mathbf{P}^{\mathrm{T}}] \tag{7-22}$$

式中，$(\cdot)^{\mathrm{T}}$表示转置操作。不难发现

$$\mathbf{G}\mathbf{H}^{\mathrm{T}} = [\mathbf{P} \quad \mathbf{I}_k \,][\mathbf{I}_{n-k} \quad \mathbf{P}^{\mathrm{T}}]^{\mathrm{T}} = \mathbf{P} + \mathbf{P} = \mathbf{0}_{k\times(n-k)} \tag{7-23}$$

式中，$\mathbf{0}_{k\times(n-k)}$表示一个$k\times(n-k)$的零矩阵，因此有

$$\mathbf{c}\mathbf{H}^{\mathrm{T}} = \mathbf{m}\mathbf{G}\mathbf{H}^{\mathrm{T}} = \mathbf{0}_{1\times(n-k)} \tag{7-24}$$

进一步利用式(7-12)有

$$\mathbf{s} = \mathbf{r}\mathbf{H}^{\mathrm{T}} \tag{7-25}$$

将式(5-14)代入式(5-18)得

$$\mathbf{s} = \mathbf{r}\mathbf{H}^{\mathrm{T}} = \mathbf{c}\mathbf{H}^{\mathrm{T}} + \mathbf{e}\mathbf{H}^{\mathrm{T}} = \mathbf{e}\mathbf{H}^{\mathrm{T}} \tag{7-26}$$

从上面的讨论中可见，表 7.1 所示的错误图样与生成矩阵以及校验矩阵具有一一对应的关系，知道其中一项，就可以获得其他两项，然后就可以在发射机中进行编码以及在接收机中进行译码。例如，如果获得了生成矩阵，则可以计算相应的校验矩阵，进而利用式(7-26)计算错误图样和校正子。

在线性分组码中，最典型的码称为汉明分组码，简称汉明码，这类码有如下特征：分组的长度：$n = 2^m - 1$；信息位位数：$k = n - m$；校验位位数：$m = n - k$。利用基于表 7.1 所获得的编码方案，或者说利用式(7-21)所对应的生成矩阵来产生的线性分组码，习惯上被称为(7,4)汉明码。

对于线性分组码，除码率以外，其他的重要参数还有码重(也称汉明码重)、码距(也称汉明距离)和最小汉明距离，分别定义如下：

(1)码重：码字中非零比特的总数；

(2)码距：两个码矢量中对应位上元素不同的位数的总和；

(3)最小汉明距离：码组中最小的码距。

根据最小汉明距离定义的线性分组码检错能力为

$$e \leqslant d_{\min} - 1 \tag{7-27}$$

纠错能力为

$$t \leqslant \lfloor (d_{\min} - 1)/2 \rfloor \tag{7-28}$$

式中，符号$\lfloor v \rfloor$表示取不大于v的整数。若要同时能检测e位误码并纠正t位误码，则最小汉明距离应满足

$$d_{\min} \geqslant t + e + 1 \tag{7-29}$$

由于每种编码算法的纠错和检错能力都是有限的，如果在一个码字中出现的错误比特数超过了编码算法的纠错能力，则接收机纠错译码后有可能出现更多的错误比特。在实际中，在短的码字内出现多个比特错误往往是因为突发性错误引起的。为了使得每个码字错误比特的数目降低到编码算法所限定的纠错能力内，可以采用交织技术。所谓交织，就是在发射机信道编码器的输出，在一定序列长度范围内，按照某种规则交换比特位置，或者说对比特序列重新进行排序。当交织后的序列在出现突发性错误导致连续数个比特出现错

误时，接收机在纠错译码前要采用反交织操作来恢复交织前的序列顺序。反交织操作会分散成片的连续错误，这样有利于将进入译码器的每个码字中的错误数降低到编码算法的纠错能力范围内，以实现正确的纠错译码。

7.1.2　循环码

循环码是一类特殊的、也是重要的线性分组码，其不仅具有线性分组码的所有特征，还具有一个其自身独特的特征，即：一个有效的循环码的码字，其循环移位后的码字仍然是一个有效的码字。为了方便对循环码进行分析和研究，一般采用多项式的形式来表示循环码。对一个码字长度为 n 的循环码字，其对应的码字多项式为

$$c(x)=c_0+c_1x+\cdots+c_{n-1}x^{n-1} \tag{7-30}$$

式中，多项式的系数分别为循环码码字的各个比特。

由于循环码属于线性分组码，因此一个循环码的码字中包含有一个长度为 k 的信息比特组和一个长度为 $n-k$ 的校验比特组，它们对应的多项式分别为

$$m(x)=m_0+\sum_{i=1}^{k-2}m_ix^i+m_{k-1}x^{k-1} \tag{7-31}$$

和

$$b(x)=b_0+\sum_{i=1}^{n-k-2}b_ix^i+b_{n-k-1}x^{n-k-1} \tag{7-32}$$

综合式(7-30)、式(7-31)和式(7-32)可得

$$c(x)=b(x)+x^{n-k}m(x)=a(x)g(x) \tag{7-33}$$

式中，$a(x)$是一个$(k-1)$阶的多项式，$g(x)$是$(n-k)$阶的生成多项式。循环码的生成多项式可以用来产生循环码的生成矩阵。

由于循环码的码字的循环移位也是一个有效的码字，因此不同码字的多项式之间满足关系

$$\tilde{c}(x)=x^ic(x)\quad 模(1+x^n) \tag{7-34}$$

上式意味着，一个码字其对应的多项式为 $c(x)$，则循环右移 i 位后，所得码字的多项式为多项式 $x^ic(x)$ 除以 $(1+x^n)$ 后的余式。由于生成多项式是$(n-k)$阶的多项式，而所有有效的循环码字中最低阶的多项式也为$(n-k)$阶，因此只要找到最低比特位为“1”(为 x^0 的系数)，比特为“1”的最高位若为 x^{n-k} 的系数(更高位的比特全为“0”)，则该循环码字的多项式即为循环码的生成多项式。不难证明，这个常数为“1”的$(n-k)$阶码字多项式是唯一的。例如(7, 4)汉明码中，$n-k=7-4=3$，则码字为“1101000”的码字所对应的多项式 $1+x+x^3$ 即为生成多项式。应该说明的是，本书在讨论信道编码时，码字的排列顺序是从低位到高位，也就是说，码字中最前面发射的比特在码字的最右边。其他的教材中可能采用了相反的排列次序。由于循环码也属于线性分组码，因此其生成多项式也必须是本原多项式。

如果获得了生成多项式，生成矩阵可以用下来获得：

$$\mathbf{G}(x)=\begin{bmatrix} g(x) \\ xg(x) \\ \vdots \\ x^{k-1}g(x) \end{bmatrix} \tag{7-35}$$

取 $\mathbf{G}(x)$ 中各多项式的系数，即为生成矩阵。如(7, 4)汉明码，$g(x)=1+x+x^3$，则采用式(7-35)获得的生成矩阵为

$$\mathbf{G}=\begin{bmatrix} 1 & 1 & 0 & 1 & 0 & 0 & 0 \\ 0 & 1 & 1 & 0 & 1 & 0 & 0 \\ 0 & 0 & 1 & 1 & 0 & 1 & 0 \\ 0 & 0 & 0 & 1 & 1 & 0 & 1 \end{bmatrix} \tag{7-36}$$

显然，式(7-36)的表示不具备式(7-6)所示的标准型表示。一般把式(7-6)所示的表示称为系统码生成矩阵，其产生的码字前 k 位为信息位，后 $n-k$ 位为监督位。但基于式(7-35)获得的循环码生成矩阵为非系统码生成矩阵。为了产生系统码，需要对非系统码生成矩阵采用"行置换"来转换为系统码生成矩阵。采用行置换处理的原因是根据码字的封闭性，任何两个有效码字，其和也是一个有效的码字。

例 7-1　将式(7-36)所示的非系统码生成矩阵变换为系统码生成矩阵。

解：第 1 行和第 3 行模 2 相加代替第 3 行，可得

$$\mathbf{G}=\begin{bmatrix} 1 & 1 & 0 & 1 & 0 & 0 & 0 \\ 0 & 1 & 1 & 0 & 1 & 0 & 0 \\ 1 & 1 & 1 & 0 & 0 & 1 & 0 \\ 0 & 0 & 0 & 1 & 1 & 0 & 1 \end{bmatrix}$$

第 4 行和第 2 行模 2 相加代替第 4 行，得到

$$\mathbf{G}=\begin{bmatrix} 1 & 1 & 0 & 1 & 0 & 0 & 0 \\ 0 & 1 & 1 & 0 & 1 & 0 & 0 \\ 1 & 1 & 1 & 0 & 0 & 1 & 0 \\ 0 & 1 & 1 & 1 & 0 & 0 & 1 \end{bmatrix}$$

第 4 行和第 1 行相加代替第 4 行，得到

$$\mathbf{G}=\begin{bmatrix} 1 & 1 & 0 & 1 & 0 & 0 & 0 \\ 0 & 1 & 1 & 0 & 1 & 0 & 0 \\ 1 & 1 & 1 & 0 & 0 & 1 & 0 \\ 1 & 0 & 1 & 0 & 0 & 0 & 1 \end{bmatrix}$$

尽管循环码也可以采用式(7-5)所示的基于生成矩阵的线性分组码的编码方法来产生，但由于循环码循环移位的特征，更简单的产生方法是采用线性反馈的移位寄存器。由式(7-33)可知

$$\frac{x^{n-k}m(x)}{g(x)}=a(x)+\frac{b(x)}{g(x)} \tag{7-37}$$

即

$$b(x)=x^{n-k}m(x) \quad 模\ g(x) \tag{7-38}$$

上式表明，校验多项式可以采用基于 LFSR 的除法电路来产生，也就是说，如果前面的 k 个信息位直接输出，后面的校验比特采用基于 LFSR 的除法电路来产生，则可以实现完整的编码。图 7.1 给出了基于 LFSR 的循环码产生电路。移位寄存器所有寄存单元的初始值为“0”。在前面的 k 个信息比特期间，“开关 1”闭合、“开关 2”向下接通，使得信息比特依次直接输出；在后面的 $n-k$ 个比特期间，“开关 1”断开、“开关 2”向上，使得校验比特依次输出。图 7.1 对应的循环码生成多项的表示为

$$g(x)=1+g_1x+\cdots+g_{n-k-1}x^{n-k-1}+x^{n-k} \tag{7-39}$$

式(7-39)中系数为“0”的多项式系数表示在图 7.1 中相应的连接点为断开状态。

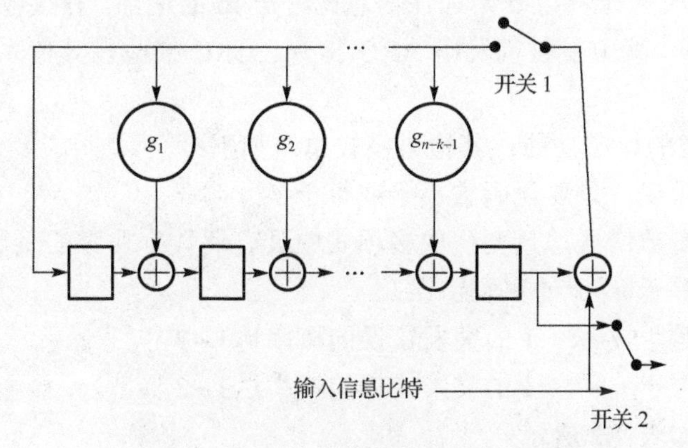

图 7.1 基于 LFSR 的循环码产生电路

为了实现循环码的译码，将接收多项式表示为

$$r(x)=c(x)+e(x)=a(x)g(x)+e(x) \tag{7-40}$$

由于 $e(x)$ 可以表示为

$$e(x)=d(x)g(x)+s(x) \tag{7-41}$$

式中，$d(x)$ 是一个 $(k-1)$ 阶的多项式；$s(x)$ 是校正子多项式，阶数小于 $n-k$，因此 $s(x)$ 对应的 $n-k-1$ 个比特即为校正子。注意：$s(x)$ 的阶数不足 $n-k-1$ 时，多项式高次项的系数补“0”。

由式(7-40)和式(7-41)可得

$$r(x)=u(x)g(x)+s(x) \tag{7-42}$$

上式表明，校正子可以用除法电路来实现，如图 7.2 所示。移位寄存器内部所有寄存单元初始值为 0。当接收的比特依次进入时，输出开关处于断开状态。当接收的码字全部进入后，除法运算的余式对应的 $n-k$ 个比特保存在寄存器的 $n-k$ 个寄存单元中，闭合输出开关，在后面的时钟周期依次输出这些比特即获得了校正子。有了校正子，就可以通过查表获得对应的错误图样，进而进行纠错。

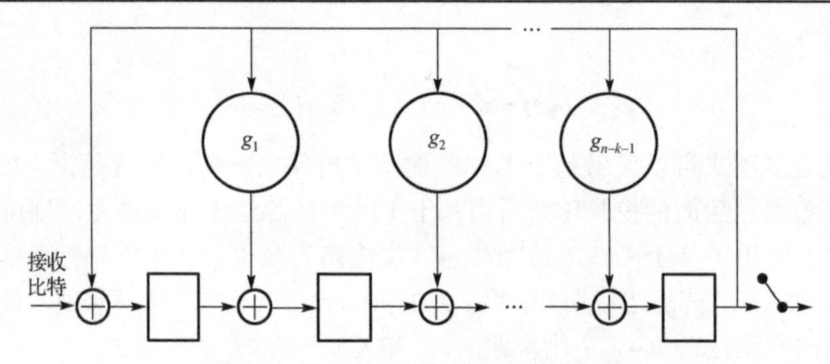

图 7.2　基于 LFSR 的循环码译码电路

循环码的一个重要应用是在无线通信系统中用于循环冗余校验(CRC)。CRC 校验在无线和移动通信系统中主要用于数据块自动重发请求(ARQ)。在发射机将一个数据块进行循环码编码后，产生的校验比特组 **b** 附加在信息比特组 **m** 的尾部，在接收机如果发现接收的编码后的数据块有错，就向发射机发出 ARQ 指令。CRC 校验在其他系统中的应用就不在此一一介绍了。

CRC 码具有丰富的检错功能，其检错模式总结如下：

(1) 所有形式的错误，只要误码数小于或等于 $d_{\min}-1$；

(2) 任意数目的奇数错误，只要生成多项式中具有偶数个非零的系数；

(3) 长度小于或等于 $n-k$ 的突发错误；

(4) 发现长度或等于 $n-k+1$ 的突发错误的概率达 $1-2^{-(n-k-1)}$；

(5) 发现长度或大于 $n-k+1$ 的突发错误的概率达 $1-2^{-(n-k)}$。

常用的 CRC 码如表 7.2 所示。

表 7.2　常用的 CRC 码

码	生成多项式 $g(x)$	$n-k$
CRC-12	$1+x+x^2+x^3+x^{11}+x^{12}$	12
CRC-16 (美国)	$1+x^2+x^{15}+x^{16}$	16
CRC-ITU	$1+x^5+x^{12}+x^{16}$	16

7.1.3　BCH 码

BCH 码是以三个发明者名字命名的一个循环码的子类，它可以纠正多个随机错误。最常见的二进制 BCH 码为本原 BCH 码，可以用 2 个任意的整数 m 和 t 来描述，即

(1) 码字长度：$n=2^m-1$；

(2) 信息比特数：$k\geqslant n-mt$；

(3) 最小汉明距离：$d_{\min}\geqslant 2t+1$。

本原 BCH 码的上述特征，说明了如果要求纠正小于或等于 t 个随机错误，我们可以根据不同的 m 值来寻找满足要求的 BCH 码。表 7.3 列出了部分长度较短的 BCH 码。其中，$g(x)$ 多项式的系数用八进制数字表示，每 3 比特用一个八进制数表示。例如，“13”对应二进制比特“1011”，则 $g(x)$ 可表示为

$$g(x)=1+x^2+x^3 \tag{7-43}$$

表 7.3　部分长度较短的 BCH 码

n	k	t	$g(x)$
7	4	1	13
15	11	1	23
15	7	2	721
15	5	3	2467
31	26	1	45
31	21	2	3551
31	16	3	107657
31	11	5	5423325
31	6	7	313365047

7.2　低密度校验码(LDPC)

低密度校验码(LDPC)为另一种重要的线性分组码，它是基于稀疏校验矩阵所构造的，不属于传统的线性分组码，最初于 1962 年由 Robert. G. Gallager 提出[9,10]。Gallager 提出的 LDPC 码有两个主要特征：稀疏性和随机性。稀疏性意味着校验矩阵 $\mathbf{H}$ 中“1”的个数很“稀少”；随机性说明 $\mathbf{H}$ 矩阵中“1”出现的位置具有随机性。

Gallager 的 LDPC 码由参数 (n, w_c, w_r) 表示，其中，n 表示码长，其值等于 $\mathbf{H}$ 矩阵的列数；w_c 为 $\mathbf{H}$ 矩阵每列中“1”的个数；w_r 为 $\mathbf{H}$ 矩阵每行中“1”的个数。Gallager 的 LDPC 码的码率为 $R(w_c, w_r) = 1 - w_c / w_r$。Gallager 最早提出的 LDPC 码，其 $\mathbf{H}$ 矩阵从上往下由 3 个子矩阵构成，如下式所示：

$$\mathbf{H} = \begin{bmatrix} \mathbf{H}_1 \\ \mathbf{H}_2 \\ \mathbf{H}_3 \end{bmatrix} \tag{7-44}$$

3 个子矩阵具有相同的维数。最上面的子矩阵 $\mathbf{H}_1$ 具有带状结构，如式(7-45)所示，是大小为 5×20 的矩阵，每行有连续的 4 个“1”，每列只有一个“1”，矩阵中非“1”的其他位置上的值为“0”。下面两个子矩阵 $\mathbf{H}_2$ 和 $\mathbf{H}_3$ 是上面第一个子矩阵 $\mathbf{H}_1$ 按“列随机置换”后的版本，但保证在 $\mathbf{H}$ 矩阵的每一列中，每个子矩阵都有一个为“1”的元素，且在 $\mathbf{H}$ 矩阵中，任何两行最多只有一列存在重合的“1”。 Gallager 码的编码参数为 $(n, w_c, w_r) = (20, 3, 4)$。式(7-44)和式(7-45)只给出了 Gallager 矩阵构造方法的一种表示，可以扩展到一般的 (n, w_c, w_r) 码。对于 $w_c \geqslant 3$，(w_c, w_r) 码的最小码距随码长 n 线性地增长。

$$\mathbf{H} = \begin{bmatrix} 1111 & & & & \\ & 1111 & & & \\ & & 1111 & & \\ & & & 1111 & \\ & & & & 1111 \end{bmatrix} \tag{7-45}$$

LDPC 码的校验矩阵可以用 Tanner 图表示。Tanner 图由节点和连接节点的边组成。在

Tanner 图中有两种类型的节点：变量节点和校验节点。变量节点对应码字的比特位；校验节点对应校验方程。也就是说，校验矩阵有多少列，就有多少个变量节点，有多少行就有多少个校验节点。对于(n, k)线性分组码，总共有 n 个变量节点和 $m = n-k$ 个校验节点。二分图中只有不同类型的节点才可能有连接，因此 Tanner 图也称为二分图。在 Tanner 中，如果第 i 个变量节点与第 j 个校验节点存在连接，则意味着校验矩阵中的(i, j)位置的元素为“1”。此外，连接到同一个节点的边的总数称为该节点的度，对于任何一个校验节点，其节点的度为偶数。

LDPC 码可以分为规则码和不规则码。所谓规则码是指其 **H** 矩阵中，每行中“1”的个数(称为行权)相等，且每列中“1”的个数也相等，否则称为非规则码。规则码(也称 Gallager 码)具有如下的特点：

(1) **H** 矩阵中，“1”的总个数(即 Tanner 图中的总边数)远小于 $n(n-k)$，其中 n 为码字长度，k 为信息块长度；

(2) **H** 矩阵中，“1”出现的位置具有随机性，但任何两列最多只有一个行存在重合的“1”，任何两行最多只有一列存在重合的“1”；

(3) **H** 矩阵中，所有行的行权 w_r 相等，所有列的列权 w_c 也相等，且 $w_r > w_c$；

(4) LDPC 码的码率为 $R(w_c, w_r) = 1 - w_c / w_r = k / n$；

(5) 其 Tanner 图中最好避免短环的出现，尤其不能出现边长数为 4 的环(如图 7.3 中的虚线 4 环)，否则会严重影响 LDPC 码的误码率性能；

(6) 编码长度足够大。

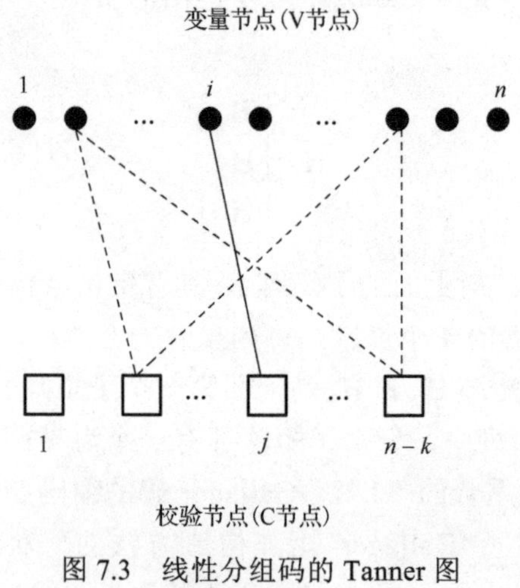

变量节点(V节点)

1　　i　　n

1　　j　　$n-k$

校验节点(C节点)

图 7.3　线性分组码的 Tanner 图

非规则 LDPC 码，其校验矩阵的行权和/或列权不完全相等。对非规则码中的每类节点，每个节点的度不完全相等，因此非规则码的重要参数是度分布。不同的度分布，决定了不同的码率和不同的误码率性能，因此，对于非规则的 LDPC 码，采用计算机仿真与优化，通过迭代译码算法，可以找到性能接近香农容限的好码。关于非规则 LDPC 码，本书中就不再详细介绍。

对于 LDPC 编码，理论上可以采用前面介绍过的基于生成矩阵的线性分组码编码方法来生成码字，但由于 LDPC 码一般是先产生随机的 **H** 矩阵，其结构为非规则结构，且编码长度一般很长(为达到好的误码率性能)，在矩阵编码中的矩阵求逆运算就需要耗费很大的内存和计算量，因此寻求计算上简单、计算量小的编码算法对 LDPC 码的实际应用非常重要。典型的编码算法是上(或下)三角矩阵法。其基本的原理是将 **H** 矩阵尽可能变换为三角矩阵，至少是上(或下)三角矩阵，进而在计算码字的校验比特时可以采用方法替代矩阵求逆运算，以减小计算量。LDPC 码的译码常用置信度传播译码算法，也称和-积算法，是基于最大后验概率准则的软比特迭代译码方法。具体的编码和译码算法本书不再详细介绍。

7.3 卷 积 码

卷积码的编码器是一个内部含 $M-1$ 个延迟单元的系统，任何时候的 n 个输出不仅与当前时刻的 k 个输入有关，而且与过去 $M-1$ 时刻的输入值有关。也就是说，卷积编码器的输出可以看成输入与系统单位响应的卷积和，只是这里的求和是“模 2 运算”。因此，卷积码一般用一组参数 (n,k,M) 来表征。卷积码的码率定义为 k/n，M 称为约束长度。

图 7.4 展示了一种 $(2,1,3)$ 卷积码编码器结构图，其编码率为 1/2，约束长度为 3。由于该编码器为单输入 2 输出系统，因此对应每个输入比特 m_k，编码器会输出 2 个比特 $c_k^{(1)}$ 和 $c_k^{(2)}$，相应的两个编码生成多项式为

$$g_1(x)=1+x+x^2 \tag{7-46}$$

$$g_2(x)=1+x^2 \tag{7-47}$$

卷积码的编码中可以利用“相关运算”来进行“卷积运算”。具体的做法是：利用两个生成多项式的系数，与输入的比特序列逐位右移的结果(假设右边发射在前)进行乘积后相加(模 2 求和)运算，就可以获得每个当前输入比特对应的两个输出比特。输出比特串/并转化后就可以形成输出的编码序列。

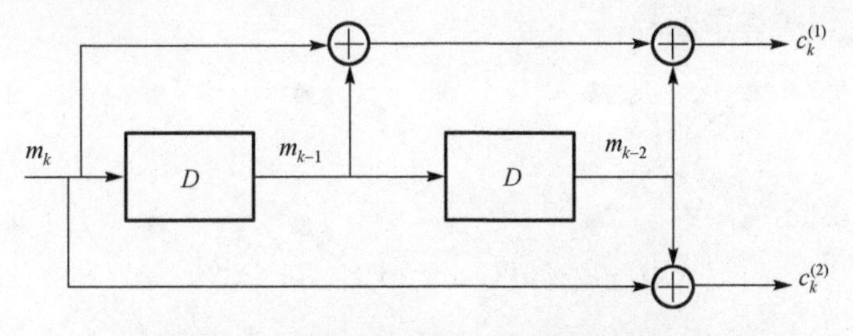

图 7.4 一种 $(2,1,3)$ 卷积码编码器结构图

卷积码研究中，常采用状态图和网格图来进行编码过程和译码过程的分析以及指导编码和译码过程的实现。状态图中的“状态”是指与当前输出有关的所有过去时刻的输入比特的组合方式。例如，图 7.4 中，$m_{k-1}m_{k-2}$ 对输入比特 m_k 来讲，就称为当前状态。当下一个输入比特到来时，“当前状态”就会转变，因为在下一时刻，当前的 m_k 将移位到现在的 m_{k-1} 的位置；当前的 m_{k-1} 会移到现在 m_{k-2} 的位置。对于图 7.4 所示的系统，总的状态数有 4

个，即 $m_{k-1}m_{k-2}=00$、$m_{k-1}m_{k-2}=01$、$m_{k-1}m_{k-2}=10$ 及 $m_{k-1}m_{k-2}=11$。为方便起见，以下简称为状态 0、状态 1、状态 2 和状态 3。由于卷积码编码输出和下一个状态只与当前状态和输入有关，而当前状态出现的方式(图 7.4 中为 4 种)和输入比特出现的值(“1”或“0”)都是受限的，为了在译码中利用编码器输出及编码器状态变化与当前状态及输入的关系，卷积编码器分析中常引入状态图，如图 7.5 所示，图中“带箭头实线”代表输入为“1”时的状态变化指示，“箭头指向”为下一个状态。“带箭头虚线”对应输入为“0”。对每一个当前状态，输入为“1”或“0”时对应的输出，标在相应状态变化指示线的附近。例如，当前状态为“01”，当输入为“0”时，下一个状态为“00”，对应的输出为“11”。

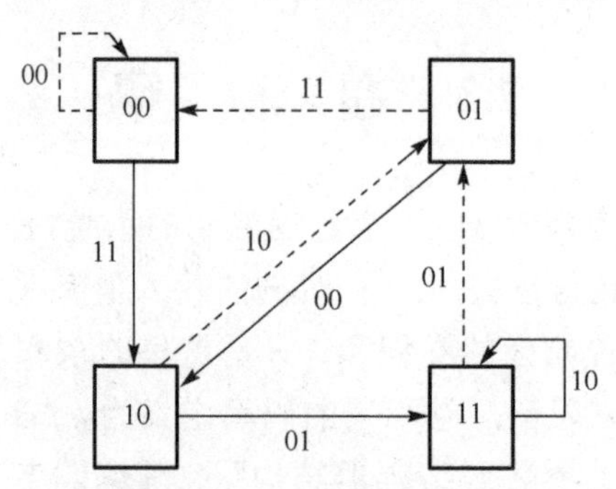

图 7.5　图 7.4 所示编码器的状态图

网格图可以认为是按输入比特周期展开的状态图，能直观地反映输入比特逐位变化时，输出和状态的演变过程。例如，对应图 7.4 所示的卷积编码器，若输入比特为“101”，则对应的编码网格图如图 7.6 所示。由于卷积编码器的内部时延特征，在有效的编码输入序列后补两个“0”(其个数等于延迟单元的个数)，以便输入最后一个比特“完全走出编码器”，也就是说，尽管实际的输入只有 3 个比特，但在最后两个输入为“0”的输出中，还包含了输入序列“101”中后 2 个比特的影响。在实际的编程中，在输入前也需要补上 2 个“0”，以方便编程运算，前面补的这两个“0”实质上是初始状态“00”的两个比特。注意到输入序列从编码器左边输入，而生成多项式最高次数对应编码器输出端，因此，编码序列由右到左的先后发射次序适合于编程。

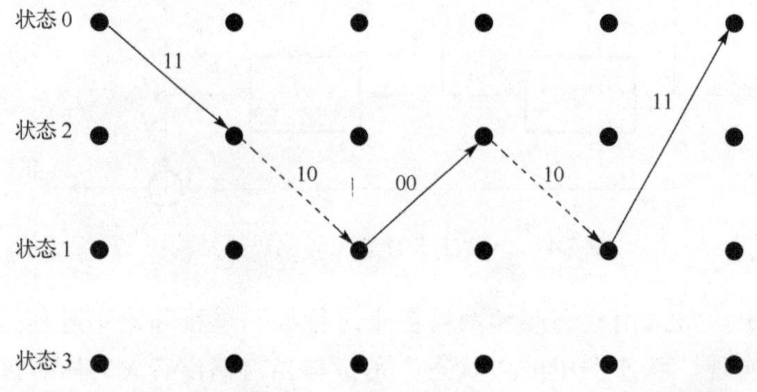

图 7.6　编码网格图，输入为“101”+“00”，输出为“1110001011”

在网格图中，初始状态始终规定为“00”，即状态 0，这样便于接收机译码。网格图中，状态是用节点来指示的，每行的状态节点对应同一种状态。每两列的状态节点之间称为一个层，对应一个输入比特周期。状态图中可以用带箭头的实线和带箭头的虚线来区分输入为“1”还是“0”。图7.6中带箭头的实线代表输入为“1”。对应每层的输入，输出标在状态转换指示线的附近。网格图可以利用状态图来生成，只要确定了固定的输入，就可以将状态图的输入、输出及状态转换关系应用到对应的网格图中。

为了实现卷积码的译码，必须要清楚译码器的输入、输出数据与发射机编码器输入和输出数据的关系。数字通信系统发射机和接收机物理层的基带传输简化框图如图7.7所示。从图中可以看出，若无传输错误，则接收机信道译码器的输入就是发射机信道编码器的输出。如果接收机符号判决有误，则基带反映射输出的比特中会出现误码，这时信道译码器的任务是实现纠错译码。

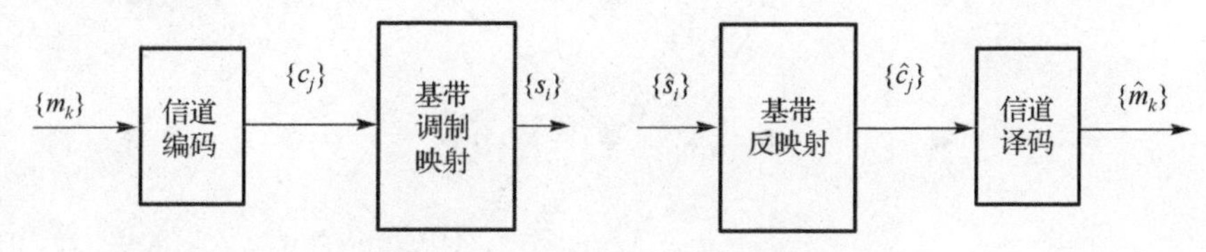

图7.7 基带传输系统简化框图

现在我们来考虑信道译码。接收机、译码器知道发射机的卷积编码方案、编码器初始状态，还知道编码输出序列$\{c_j\}$的估计，即$\{\hat{c}_j\}$。一种自然的译码思想就是：在译码器内从初始状态(状态 0)开始，来重复演示编码过程，即猜想编码器在每个输入比特周期所输入的比特是“1”还是“0”。也就是看哪种输入(“1”或“0”)所得的编码输出与译码器输入的$\{\hat{c}_j\}$最接近。因此需要在接收机内采用类似于图 7.6 所示的网格图，对发射机可能的编码情况进行猜测式的重演。接收机由于知道发射机发射序列的长度，比如对发射“101”+“00”的方案，接收机知道发射比特数为5，只是不知道前面发射的3个比特是什么，因此接收机在图7.8中先布置一个共有5层的网格，“5”也称为译码深度。也就是说，译码器中网格节点的布放与网格层数与编码器的网格图中的完全一样。现在接收机只是不知道编码器中编码所走过的实际路径，接收机只能在网格图中的每一层把输入比特是“1”和“0”的情况都假设出来做进一步推断。在译码网格图的第1层，假设进入编码器的第一个比特是“1”，状态从初始状态“状态0”演进到“状态2”，(带箭头实线)，输出为“11”；若输入为“0”，状态从“状态0”移到“状态0”(状态没变)，用第1层中带箭头虚线表示，输出为“00”(由状态图获得)。可以看出第1层可能的终止节点有2个。采用与第1层类似的方法，把第1层的每个终止节点都当作可能的起始节点，在第2层进行编码假设，则第2层可能的终止节点变成了4个。接收机开始发现，如果这样的过程一直进行下去，就成了一棵编码树，如图7.9所示。在图7.9中，为方便起见，状态节点0、1、2和3分别用a、b、c和d表示。在每一层，每个输入节点都会发出两个树枝，上支路对应输入为“0”，用虚线表示；下支路对应输入为“1”，用实线表示。对于输入为“0”和输入为“1”，都有一组对应的输出比特，标在对应的树枝上下。可以看出，译码层数越深，树枝数越多，在第L层，对应的树枝数为2^L。从根发展到每个树枝为一个路径，到第L层，对应的路径数为2^L。如果L为译码深度，则需要把2^L个路径中每层支路上的输出串联起来代表编码器的输出。那么在译码器中，要将每种可能的输出序列拿来和译码器输入的序列求汉明距离，找到最小汉明距离对应的路径，其对应的编码输入比特序列(路径中的实线用“1”表示，虚线用“0”表示)即为译码器的输出。这种基于编码树的译码方法称为最大似然序列译码。理论上最大似然序列译码是最优的译码算法，但明显地需要很大的内存和计算量，因此不适合实际应用。

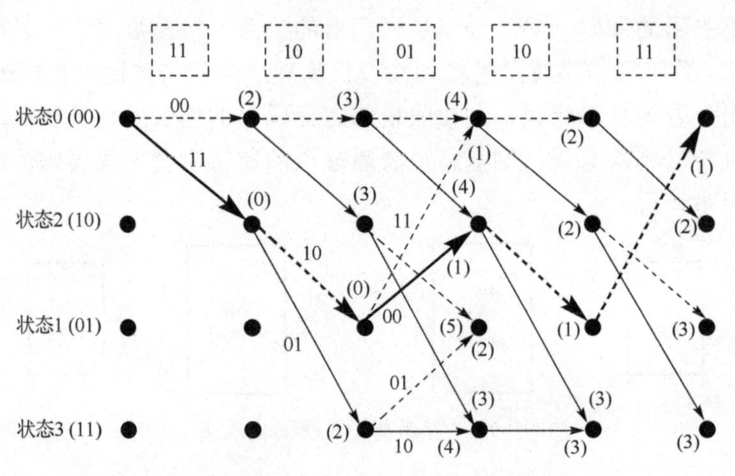

图 7.8 译码(Viterbi 译码)过程示意图

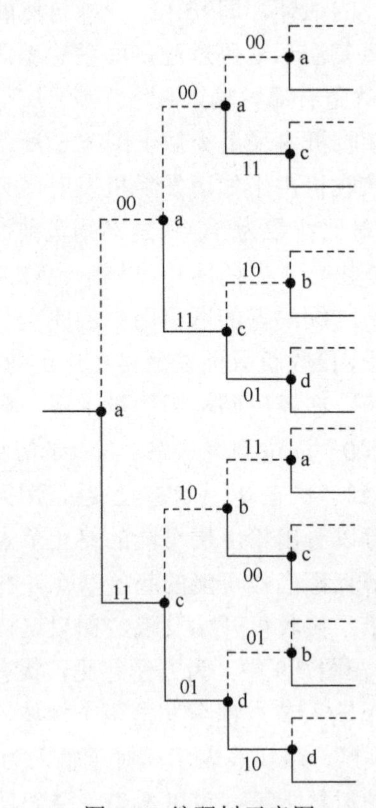

图 7.9 编码树示意图

Viterbi 算法是一种次优的译码算法，其基本的原理是在树枝逐层生长的过程中，裁剪一些“质量差”的树枝，以减少译码所需的内存和计算量。下面仍以图 7.4 所示的编码系统和图 7.6 所示的编码方案为例来介绍 Viterbi 译码算法。再回到图 7.8 所示的译码过程。前面讲到，在每一层中，以前一层的每个终止节点为起始节点，再分别针对可能的输入“1”或“0”，在译码网格图(见图 7.8)中，用带箭头的实线和带箭头的虚线分别画出对应的状态演变支路，并对每个支路标出对应的输出。从图 7.8 中不难看出，当这个过程进行到第 3 层时，该层的 4 个输出状态节点，每个都有两个路径到达。那么自然出现的问题是：能否判断两个到达该节点的路径中哪个可能性更大？显然译码器的输入和编码器在各支路上的输出还没有被利用。为了方便，把译码器对应网格每个层的输入标在网格图上方虚线框内，其中第 3 层的第 2 个比特我们有意让它发生误码，以表示信道传输的影响。对每层所有的支路标出其对应的输出。需要说明的是：不同层中，起始节点、终止节点和输入都相同的支路所对应的输出相同。为了图示清晰，这样的支路对应的输出我们在图 7.8 中只标出 1 个。这样可以将每层中、每个支路对应的输出与译码器输入进行比较，求它们之间的汉明距离，并称之为该支路的“支路度量”。支路度量越小，说明编码路径通过该支路的可能性越大。对于某个节点而言，路径是指从起始节点出发、到达该节点的、一条由节点和支路构成的前向编码通路。显然译码关心的是对应不同路径的编码输出序列与译码器输入序列之间的汉明距离，该距离称为“路径度量”。一条路径的路径度量等于其包含的所有支路的支路度量的总和。某个路径对应的路径度量越小，这条路径越有可能是发射机所走过的编码路径。由图 7.8 可知，在网格图的第 3 层编码后，译码器中的编码过程对每个节点都有两条路径到达该节点，也就是说，从最初的“状态 0”节点出发，经过 3 层编码后已形成了 8 条路径，这从图 7.9 所示的编码树中也可以清楚地看出。通过计算每条路径度量，并在第 3 层的 8 条路径终端箭头处标出各路径的度量值。例如，考察从“起始节点 0”→“节点 0”→“节点 0”→“节点 0”的路径，有 1 个起始节点、1 个终止节点，中间包含两个中间节点、3 条支路。3 条支路的支路度量按先后次序依次分别为 2、1、1，因此，上述路径的路径度量为 4，在路径最后支路的箭头附近标记“(4)”。采用同样的方法计算所有 8 条路径的路径度量，可见对每个节点，只保留一条路径度量小的作为存活路径。第 3 层后面的每一层都采用这样的方法。在最后一层编码结束时，由于已完成了所有层的编码和路径度量的计算与比较，因此路径度量最小的一条路径就是与译码器输入比特序列汉明距离最短的路径，其对应的各层的输入(实线为“1”，虚线为“0”)级联起来就是译码器的输出(是译码器根据自己的输入对发射机编码器输入数据的估计)。图 7.8 中译码器最后存活的路径用粗线标出，对应的输入比特为“10100”，去掉后面补的两个“0”，译码器的输出为“101”。可以看出，译码器并没有因为自己输入中的一个比特错误而影响最后的正确译码，也就是说，译码器实现了纠错译码。

从上述译码方法可以看看出，译码器输入的比特为接收机解调时基带反映射输出的硬比特。硬比特判决存在明显的 2 值划分缺点，不能区分误码比特的“犯错程度”。例如，如果由于噪声的影响，一个 BPSK 信号的“0”码，进入“1”码判决区间后会导致误判。如图 7.10 所示，如果被噪声污染的“0”码落在“A”处，或者落在“B”处，在硬判决中都会被误判为发射的是“1”码，错误程度是无法区分的。但对于译码器，应该体现犯错轻的更容易纠正错误。这就自然导致了解调器应采用软判决(或称软比特)输出。所谓软比特，是指解调并未输出“1”和“0”给译码器，而是对每个比特，只给出该比特为“1”和为“0”

的概率。如何用一个值来体现这种为“1”和为“0”的可能性？答案是采用“对数似然比”，即一个比特取“1”的概率和取“0”的概率的比值，再对其取对数，表示为

$$b_{\text{soft}} = \ln\frac{P(b=1)}{P(b=0)} \tag{7-48}$$

如果卷积码译码器输入为软比特，则卷积码内部编码器的输出中的“0”要用“-1”替代，支路度量和路径度量的计算不能再采用汉明距离，而是采用欧几里德距离来代替。基于软比特的 Viterbi 译码要比基于硬比特的译码能获得更低的系统误码率。

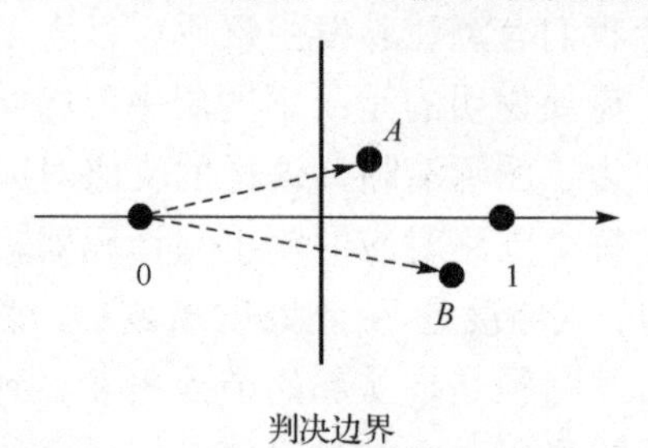

图 7.10　产生误码的 BPSK 星座图

7.4　Turbo 码

Turbo 码最初由 Berrou 于 1993 年提出，是目前实用码中性能最接近于香农容限的前向纠错编码。除少量的非规则 LDPC 码外，一般的前向纠错码均很难在性能上与 Turbo 码匹敌。目前 Turbo 码已被用在 LTE 和 4G 移动通信系统中。

7.4.1　Turbo 码的编码

最基本的 Turbo 码编码器由两个并联的递归系统卷积码(RSCC)产生器组成，两个 RSCC 子编码器的输入信号之间采用了一个交织器，使得两个编码器的输入比特序列之间具有较低的相关性。图 7.11 所示为采用两个 RSCC 子编码器构成的 Turbo 编码器结构图，其中 $c^{1,s}$ 和 $c^{1,p}$ 分别代表第一个 RSCC 输出的信息比特和校验比特，$c^{2,s}$ 和 $c^{2,p}$ 为第二个 RSCC 输出的信息比特和校验比特。为了提高频谱效率，降低编码冗余，$c^{2,s}$ 并不传输，因此编码率为 1/3。图 7.12 所示为一个具体的 Turbo 编码器实现结构，其中，模块“π”代表交织，两个 RSCC 具有相同的结构，每个 RSCC 的生成多项式可以表示为

$$\left\{1,\ \frac{g_1(x)}{g_0(x)}\right\} = \left\{1,\ \frac{1+x+x^3}{1+x^2+x^3}\right\} \tag{7-49}$$

从图 7.12 可以看出，每个卷积编码器具有递归结构，且含有输入比特的直接输出，因此也属于系统码编码器。每个 RSCC 中校验比特的产生是通过卷积编码后产生的，当前的校验比特不仅与当前的输入比特有关、还与前 3 个输入比特有关。编码器的输出中的“信息位+校验位”结构与前面介绍的线性分组码结构类似，但 Turbo 码本质上不是线性分组码，不满足线性分组码的定义。在 Turbo 编码中，两个 RSCC 之间的交织器非常重要。交织的

作用是降低两个编码器的输入(或输出)数据之间的相关性，从而降低信道对传输数据的影响。但在接收机译码过程中，对应 $RSCC_2$ 的子译码器的数据经过反交织后，与 $RSCC_1$ 相应的数据又具有高相关性，这样使得接收机可以采用两个独立又相关的子译码器。一个子译码器基于 $RSCC_1$ 的输出数据进行独立译码，另一个译码器基于 $RSCC_2$ 的输出数据进行独立译码，但两个子译码器分别采用交织和反交织操作后，进行相关信息交流，从而形成迭代式的译码。对于图 7.12 所示的 1/3 编码率的编码器，对应每个输入比特 m_k 所产生的 $c_k^{1,s}$、$c_k^{1,p}$ 和 $c_k^{2,p}$，经过并/串转换后构成编码输出比特流。

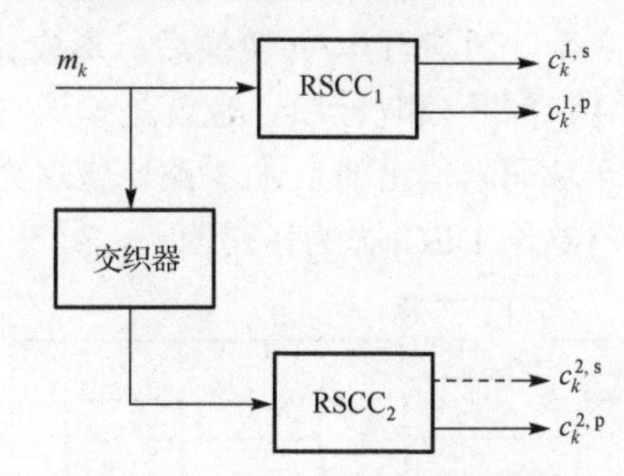

图 7.11 Turbo 编码器结构框图

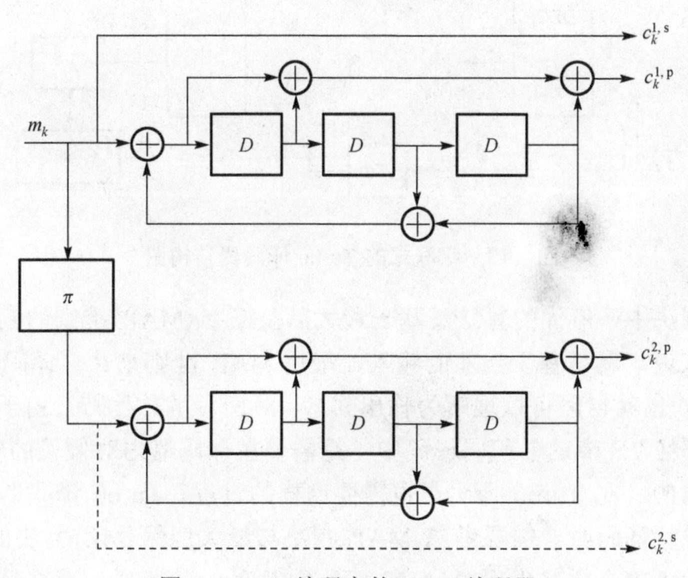

图 7.12 1/3 编码率的 Turbo 编码器

7.4.2 Turbo 码的译码

根据 7.4.1 节采用两个并行 RSCC 子编码器进行编码的思想，译码器需要两个既独立又相关的子译码器 DEC_1 和 DEC_2 来进行既独立又存在信息交互的译码。显然两个子译码器可以采用并联结构来实现信息交互，也可以使用级联方式来实现信息交互。图 7.13 给出了一种级联式的译码器结构。为了分析方便，忽略从编码器输出到译码器输入的传输过程，先假设译码器的输入对应编码器的输出。为了实现两个子译码器 DEC_1 和 DEC_2 的独立译码，子编码器 $RSCC_1$ 和 $RSCC_2$ 的编码输出应该分别加载到 DEC_1 和 DEC_2 的输入端。但由

于 DEC_2 输出的信息比特没有传输，所有只能利用 DEC_1 输出的信息比特经过与发射机编码器完全相同的交织操作后，与 $RSCC_2$ 输出的校验比特一起当作 DEC_2 的输入。为了进行交互，DEC_1 输出的交互信息需要经过交织后才能输入给 DEC_2，DEC_2 输出的交互信息必须经过反交织操作后才能输入给 DEC_1。现在我们来考虑译码器真实的输入数据。正如在 7.3 节中讨论卷积译码器时所指出的，接收机中信道译码器输入的比特序列来自于基带反映射操作的输出(见图 7.7)。由于 Turbo 译码器译码过程中采用的“软输入-软输出”，因此接收机解调后传输给信道译码器的比特序列为软比特序列。对应于发射编码器的输出，输入给 Turbo 译码器的软比特序列每 3 个一组进行串/并转换后，形成 3 路软比特数据序列 $\{y_k^{1,s}\}$、$\{y_k^{1,p}\}$ 和 $\{y_k^{2,p}\}$，分别对应 $\{c_k^{1,s}\}$、$\{c_k^{1,p}\}$ 和 $\{c_k^{2,s}\}$，也就是说这 3 路软比特序列如果采用硬判决后若没有传输错误，就等于编码器输出的上述 3 路比特序列。进一步将 $\{y_k^{1,s}\}$ 经过交织后获得 $\{y_k^{2,s}\}$，这样 $\{y_k^{1,s}\}$ 和 $\{y_k^{1,p}\}$ 送给 DEC_1 作为译码输入，$\{y_k^{2,s}\}$ 和 $\{y_k^{2,p}\}$ 作为 DEC_2 的输入。

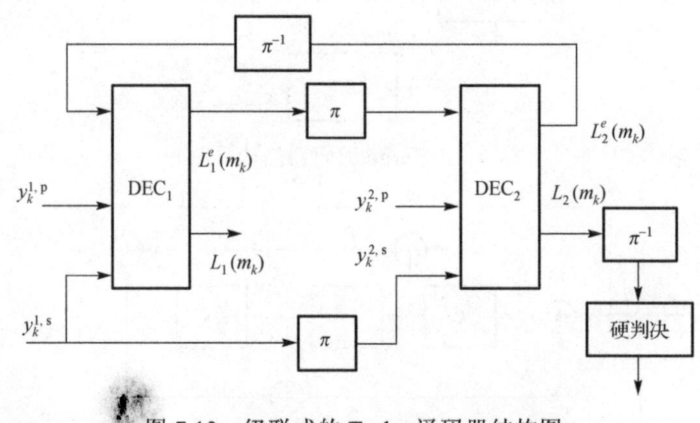

图 7.13 级联式的 Turbo 译码器结构图

在二元检测判决中，最优的算法是基于最大后验概率(MAP)准则的判决算法。对于每个子卷积译码器来说，就是基于当前的输入，采用 MAP 准则来计算译码器的输出为“1”和为“0”的概率，也就自然可以理解为输出式(7-48)所示的软比特。由于 Turbo 编码也采用了卷积编码，回忆 7.3 节的卷积码译码中，是需要在译码器内对假设的输入“1”和“0”进行本地编码推演的。在 Turbo 译码中也需要这样的过程。Turbo 译码器的每个子译码器采用 MAP 算法进行译码时，需要考虑 MAP 判决与最大似然(ML)判决的区别，即 MAP 需要知道编码器输入每个比特出现“1”和出现“0”的先验概率，而这最开始在接收机译码器是未知的。也就是说，译码器最开始译码只能假设编码器输入“1”和“0”等概，即最开始译码只能用 ML 判决。但如果 DEC_1 在利用 $\{y_k^{1,s}\}$ 和 $\{y_k^{1,p}\}$ 以及等概先验概率完成一轮译码后，输出的软比特反映了编码器输入 m_k 取“1”和取“0”的概率的比较，而输出软比特中，有一个分量来自 $\{y_k^{1,s}\}$ 对译码的贡献，另一个分量体现了 $\{y_k^{1,p}\}$ 对译码的贡献。由于接收机中，DEC_1 和 DEC_2 在译码中，$\{y_k^{1,s}\}$ 和 $\{y_k^{2,s}\}$ 实质上都是 $\{y_k^{1,s}\}$，$\{c_k^{2,s}\}$ 并没有经过信道传输，因此只有第 2 个分量经过交织后，可以当作 DEC_2 在第 1 轮译码中的先验概率。DEC_2 完成第 1 轮译码后，其输出的软比特中，对应 $\{y_k^{2,p}\}$ 的分量同样经过反交织后可以传递给 DEC_1，作为第 2 轮 DEC_1 译码的先验概率；第 2 轮中 DEC_1 输出软比特中，对应 $\{y_k^{1,p}\}$ 的分量又经过交织后作为第 2 轮 DEC_2 译码的先验概率，这个信息交互的迭代译码过程反复经过几轮后，相互交互的先验概率都基本趋于常数，也就是说，两个子译码器输出的软比特已无法继续优化提炼，这时就可以采用任何一个子译码器的输出进行硬比特判决后作为最终的译码输出。图 7.13 中模块“π”代表交织，模块“π^{-1}”代表反交织。

由于图 7.13 中两个子译码器均采用相同的译码算法，因此在下面的 MAP 译码算法中就不再区分是针对哪个子译码器。也就是说，所有下面的算法与过程对两个子译码器是相同的。

假设译码器的译码深度为 N 层，则译码器输入的软比特用行矢量表示为

$$\mathbf{y}_1^N=[\mathbf{y}_1,\mathbf{y}_2,\cdots,\mathbf{y}_N]=[(y_1^{\mathrm{s}},y_1^{\mathrm{p}}),(y_2^{\mathrm{s}},y_2^{\mathrm{p}}),\cdots,(y_N^{\mathrm{s}},y_N^{\mathrm{p}})] \tag{7-50}$$

定义基于后验概率比的 MAP 译码算法代价函数为

$$L(m_k)=\ln\left(\frac{P(m_k=1\,|\,\mathbf{y}_1^N)}{P(m_k=0\,|\,\mathbf{y}_1^N)}\right) \tag{7-51}$$

由贝叶斯准则可得

$$\begin{aligned}L(m_k)&=\ln\frac{P(m_k=1,\mathbf{y}_1^N)/P(\mathbf{y}_1^N)}{P(m_k=0,\mathbf{y}_1^N)/P(\mathbf{y}_1^N)}=\ln\frac{P(m_k=1,\mathbf{y}_1^N)}{P(m_k=0,\mathbf{y}_1^N)}\\&=\ln\frac{\sum\limits_{\substack{(s',s)\\m_k=1}}P(s_{k-1}=s',s_k=s,\mathbf{y}_1^N)}{\sum\limits_{\substack{(s',s)\\m_k=0}}P(s_{k-1}=s',s_k=s,\mathbf{y}_1^N)}\end{aligned} \tag{7-52}$$

现在解释式(7-52)。由于 Turbo 编码中用到了卷积码，因此可以借用卷积码译码网格图(见图 7.8)来说明问题，真实的译码网格图要由 Turbo 码编码器的实际结构来确定。假设考虑网格图中第 3 层的译码，即 $k=3$。在图 7.8 所示的第 3 层中，$m_k=1$ 的支路有 4 条，用带箭头的实线表示。将这 4 条路径用其起始节点和终止节点分别表示为($s'=0,s=2$)、($s'=2,s=3$)、($s'=1,s=2$)和($s'=3,s=3$)。那么译码器输入为 $\mathbf{y}_1^N$，$m_3=1$ 这个事件的联合概率可以表示为

$$\begin{aligned}P(m_3=1,\mathbf{y}_1^N)&=P((s'=0,s=2),\mathbf{y}_1^N)+P((s'=2,s=3),\mathbf{y}_1^N)\\&+P((s'=1,s=2),\mathbf{y}_1^N)+P((s'=3,s=3),\mathbf{y}_1^N)\end{aligned} \tag{7-53}$$

式(7-52)中分子的解释可以通过对图 7.8 中第 3 层对应的式(7-53)来说明。同样，式(7-52)的分母是对应第 k 层的所有虚线($m_3=0$)对应概率的总和，其物理意义是：如果收到 $\mathbf{y}_1^N$ 且 $m_3=0$，则编码路径在第 3 层一定通过虚线支路，因此对所有虚线出现的概率求和来代表 $m_3=0$ 的概率。

将 $\mathbf{y}_1^N$ 表示成 $\mathbf{y}_1^N=[\mathbf{y}_1^{k-1},\mathbf{y}_k,\mathbf{y}_{k+1}^N]$，根据贝叶斯准则，式(7-52)可进一步写成

$$L(m_k)=\ln\frac{\sum\limits_{m_k=1}P(\mathbf{y}_{k+1}^N\,|\,s',s,\mathbf{y}_1^{k-1},\mathbf{y}_k)P(s',s,\mathbf{y}_1^{k-1},\mathbf{y}_k)}{\sum\limits_{m_k=0}P(\mathbf{y}_{k+1}^N\,|\,s',s,\mathbf{y}_1^{k-1},\mathbf{y}_k)P(s',s,\mathbf{y}_1^{k-1},\mathbf{y}_k)} \tag{7-54}$$

式中，条件概率 $P(\mathbf{y}_{k+1}^N \mid s', s, \mathbf{y}_1^{k-1}, \mathbf{y}_k)$ 看似基于 4 个条件，其实 $\mathbf{y}_{k+1}^N$ 只依赖终止节点 s，因此有

$$P(\mathbf{y}_{k+1}^N \mid s', s, \mathbf{y}_1^{k-1}, \mathbf{y}_k) = P(\mathbf{y}_{k+1}^N \mid s) \tag{7-55}$$

因此，式(7-54)可进一步改写为

$$\begin{aligned} L(m_k) &= \ln \frac{\sum\limits_{m_k=1} P(\mathbf{y}_{k+1}^N \mid s) P(s', s, \mathbf{y}_1^{k-1}, \mathbf{y}_k)}{\sum\limits_{m_k=0} P(\mathbf{y}_{k+1}^N \mid s) P(s', s, \mathbf{y}_1^{k-1}, \mathbf{y}_k)} \\ &= \ln \frac{\sum\limits_{m_k=1} P(s', \mathbf{y}_1^{k-1}) P(s, \mathbf{y}_k \mid s', \mathbf{y}_1^{k-1}) P(\mathbf{y}_{k+1}^N \mid s)}{\sum\limits_{m_k=0} P(s', \mathbf{y}_1^{k-1}) P(s, \mathbf{y}_k \mid s', \mathbf{y}_1^{k-1}) P(\mathbf{y}_{k+1}^N \mid s)} \end{aligned} \tag{7-56}$$

令 $\alpha_{k-1}(s') = P(s', \mathbf{y}_1^{k-1})$； $\gamma_k(s', s) = P(s, \mathbf{y}_k \mid s', \mathbf{y}_1^{k-1})$ 以及 $\beta_k(s) = P(\mathbf{y}_{k+1}^N \mid s)$，则上式可进一步写成

$$L(m_k) = \ln \frac{\sum\limits_{m_k=1} \alpha_{k-1}(s') \gamma_k(s', s) \beta_k(s)}{\sum\limits_{m_k=0} \alpha_{k-1}(s') \gamma_k(s', s) \beta_k(s)} \tag{7-57}$$

对于 $\alpha_{k-1}(s') = P(s', \mathbf{y}_1^{k-1})$，通过分析可以得其满足如下前向递推公式：

$$\alpha_k(s) = \sum_{\text{all } s'} \gamma_k(s', s) \alpha_{k-1}(s') \tag{7-58}$$

初始值为

$$\alpha_0(s') = \begin{cases} 1, & s' = 0 \\ 0, & \text{其他} \end{cases} \tag{7-59}$$

对于 $\beta_k(s) = P(\mathbf{y}_{k+1}^N \mid s)$，存在如下的反向递推关系：

$$\beta_{k-1}(s') = \sum_{\text{all } s} \gamma_k(s', s) \beta_k(s) \tag{7-60}$$

初始值为

(1) 终止状态已知为状态 0 时

$$\beta_N(s) = \begin{cases} 1, & s = 0 \\ 0, & \text{其他} \end{cases} \tag{7-61}$$

(2) 终止状态未知时

$$\beta_N(s) = 1/M, \quad M \text{ 为状态总数} \tag{7-62}$$

为了解释上述递推关系，图 7.14 借用图 7.8 中第 3 层到第 5 层中的部分编码支路及相关状态标出了对应的 $\alpha_{k-1}(s')$ 和 $\beta_k(s)$。根据图 7.14 可得

$$\alpha_3(2)=\alpha_2(0)\gamma_3(0,2)+\alpha_2(1)\gamma_3(1,2) \tag{7-63}$$

$$\beta_4(1)=\gamma_5(1,0)\beta_5(0)+\gamma_5(1,2)\beta_5(2) \tag{7-64}$$

需要说明的是，式(7-63)和式(7-64)只是借用前面的编码网格图来演示说明 $\alpha_{k-1}(s')$ 和 $\beta_k(s)$ 的递推算法，对具体的 Turbo 编码方案，其对应的译码方案要根据其编码方案来画相应的网格图(实际的译码中是不可能画图的，网格图的关系可以用算式或者表格数据来对应地表示)。

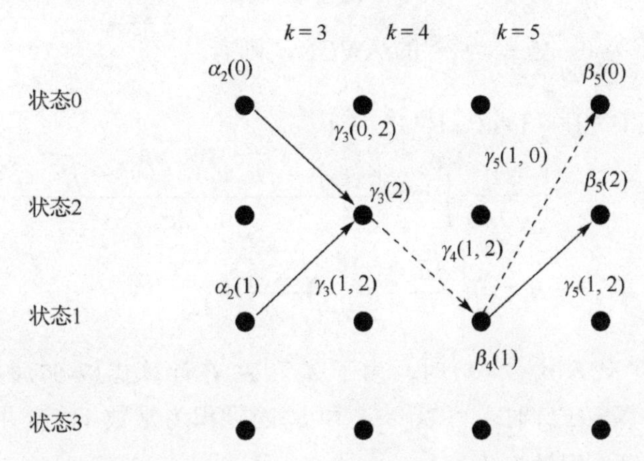

图 7.14　用图 7.8 中路径示例演示 $\alpha_{k-1}(s')$ 和 $\beta_k(s)$ 的递推关系

现在来讨论 $\gamma_k(s',s)=P(s,\mathbf{y}_k\,|\,s',\mathbf{y}_1^{k-1})$ 的计算：

$$\begin{aligned}r_k(s's)&=P(s_k=s,\mathbf{y}_k\,|s_{k-1}=s')=\frac{P(s_k=s,\mathbf{y}_k,s_{k-1}=s')}{P(s_{k-1}=s')}\\&=\frac{P(\mathbf{y}_k\,|\,s',s)P(s_{k-1}=s',s_k=s)}{P(s_{k-1}=s')}\\&=P(\mathbf{y}_k\,|\,m_k)P(s\,|\,s')=P(\mathbf{y}_k\,|\,m_k)P(m_k)\end{aligned} \tag{7-65}$$

显然 $P(\mathbf{y}_k\,|\,m_k)$ 为似然函数，$P(m_k)$ 为先验概率。在 Turbo 译码器中，每个子译码器的先验信息也应该用软比特形式表示，对应式(7-51)的表示，译码器的先验信息表示为

$$L_{\mathrm{a}}(m_k)=\frac{P(m_k=1)}{1-P(m_k=1)} \tag{7-66}$$

若 $P(m_k)=1/2$，则 $L_{\mathrm{a}}(m_k)=0$（在初始的 DEC$_1$ 译码时，应该采用 $L_{\mathrm{a}}(m_k)=0$）。由上式可得

$$\begin{aligned}P(m_k=1)&=A_k\exp(L_{\mathrm{a}}(m_k)/2)\\P(m_k=0)&=A_k\exp(-L_{\mathrm{a}}(m_k)/2)\end{aligned} \tag{7-67}$$

其中

$$A_k = \frac{\exp\{-L_{\mathrm{a}}(m_k)/2\}}{1+\exp\{-L_{\mathrm{a}}(m_k)\}} \tag{7-68}$$

若编码器的输出比特取值为“±1”，则式(7-67)可进一步改写成

$$P(m_k) = A_k \exp(c_k^{\mathrm{s}} L_{\mathrm{a}}(c_k^{\mathrm{s}})/2) \tag{7-69}$$

为了计算$P(\mathbf{y}_k \mid m_k)$，假设译码器输入的软比特与编码器输出比特之间满足

$$y_k^{\mathrm{s}} = \sqrt{E_{\mathrm{b}}}\, c_k^{\mathrm{s}} + n_s \tag{7-70}$$

$$y_k^{\mathrm{p}} = \sqrt{E_{\mathrm{b}}}\, c_k^{\mathrm{p}} + n_p \tag{7-71}$$

式中，n_s和n_p是均值为0、方差为σ^2的AWGN，则有

$$\begin{aligned} P(\mathbf{y}_k \mid m_k) &= P(y_k^{\mathrm{s}} \mid c_k^{\mathrm{s}})P(y_k^{\mathrm{p}} \mid c_k^{\mathrm{p}}) \\ &= \left(\frac{1}{\sqrt{2\pi}\sigma}\right)^2 \exp\left\{-\frac{(y_k^{\mathrm{s}}-\sqrt{E_{\mathrm{b}}}\,c_k^{\mathrm{s}})^2+(y_k^{\mathrm{p}}-\sqrt{E_{\mathrm{b}}}\,c_k^{\mathrm{p}})^2}{2\sigma^2}\right\} \\ &= B_k \exp\left\{\frac{\sqrt{E_{\mathrm{b}}}\,y_k^{\mathrm{s}}c_k^{\mathrm{s}}+\sqrt{E_{\mathrm{b}}}\,y_k^{\mathrm{p}}c_k^{\mathrm{p}}}{\sigma^2}\right\} \end{aligned} \tag{7-72}$$

将式(7-72)和式(7-69)代入式(7-65)时，由于A_k和B_k在计算式(7-57)时会从分子和分母中被约分掉，因此在计算$r_k(s's)$时，可以令A_k和B_k的乘积为常数1，这并不会影响后面计算式(7-57)时的计算结果。因此有

$$r_k(s's) = \exp\left\{\frac{1}{2}L_{\mathrm{a}}(c_k^{\mathrm{s}})c_k^{\mathrm{s}} + L_{\mathrm{c}}\frac{1}{2}\sqrt{E_{\mathrm{b}}}\,y_k^{\mathrm{s}}c_k^{\mathrm{s}} + L_{\mathrm{c}}\frac{1}{2}\sqrt{E_{\mathrm{b}}}\,y_k^{\mathrm{p}}c_k^{\mathrm{p}}\right\} \tag{7-73}$$

其中

$$L_{\mathrm{c}} = \frac{2}{\sigma^2} \tag{7-74}$$

到目前为止，对式(7-57)中分子、分母的计算可以进行总结了。应该说明的是，在编程实现上述译码算法时，可以借用列表的方式(即采样矩阵存储的方式)使程序简单化且可读性强。具体步骤如下：

(1) 利用式(7-73)计算$k=1, 2, \cdots, N$时所有的$r_k(s's)$。可列表(矩阵)存储所有的$r_k(s's)$，表上半部分存储式(7-57)中分子所含的$r_k(s's)$，下半部分存储式(7-57)中分母所含的$r_k(s's)$；

(2) $k=0, 1, \cdots, N-1$前向递推计算$\alpha_{k-1}(s')$，列表存储；

(3) $k=N, N-1, \cdots, 1$后向递推计算$\beta_k(s)=\mathrm{P}(\mathbf{y}_{k+1}^N \mid s)$，列表存储；

(4) $k=N, N-1, \cdots, 1$计算式(7-57)，获得译码器输出。计算式(7-57)时可以利用步骤(1)～(3)所形成的表格，使编程简单化。注意：第(4)步可与第(3)步同时进行，从而$\beta_k(s)$可以与$\alpha_{k-1}(s')$共用一表。

上述的MAP算法实质上是ML算法，因为两个子译码器都不知道译码中的先验信息，只能假设为“0”。为了获得更准确的译码判决，可以考虑对同样的数据进行“先后+多轮”的译码。这就要利用发射机编码中，两个卷积码输入输出数据的关系。正如前面已经分析的，可以考虑两个不同校验比特流$\{y_k^{1,\mathrm{p}}\}$和$\{y_k^{2,\mathrm{p}}\}$，由于它们对应的编码器输入在进行交织(或反交织后)后是相同的，因此在计算式(7-57)所示的软比特输出时，如果对每个编码器的输出软比特中分离一个对应校验比特导致的分量，并称之为“外部信息”，则可以在两个译码器之间将“外部信息经过交织或反交织后进行交互，作为另一个译码器的先验信息”。这样，每个子译码器都可以进行进一步的MAP译码，“站在对方的肩膀上”继续进行优化判断。这样对相同的一组输入数据，进行多轮的迭代MAP译码后，最后的硬判决输出必然优于ML准则的译码。

为了提取“外部信息”，将式(7-73)改写为

$$r_k(s's) = \exp\left\{\frac{1}{2}L_{\mathrm{a}}(c_k^s)c_k^s + L_{\mathrm{c}}\frac{1}{2}\sqrt{E_{\mathrm{b}}}\,y_k^s c_k^s\right\}\gamma_k^e(s',s) \tag{7-75}$$

其中

$$r_k^e(s's) = \exp\{L_{\mathrm{c}}\frac{1}{2}\sqrt{E_{\mathrm{b}}}\,y_k^p c_k^p\} \tag{7-76}$$

则有

$$\alpha_{k-1}(s')\gamma_k(s',s)\beta_k(s) = \exp\left\{\frac{1}{2}\overline{L}(c_k^s)c_k^s + L_{\mathrm{c}}\frac{1}{2}\rho\, y_k^s c_k^s\right\}[\alpha_{k-1}(s')r_k^e(s's)\beta_k(s)] \tag{7-77}$$

将式(7-77)代入式(7-57)得

$$L(m_k) = L_{\mathrm{a}}(m_k) + \sqrt{E_{\mathrm{b}}}L_{\mathrm{c}}y_k^s + \mathrm{Ex}(k) \tag{7-78}$$

式中，$\mathrm{Ex}(k)$称为外部信息，表示为

$$\mathrm{Ex}(k) = \ln\frac{\sum\limits_{u_k=1}\alpha_{k-1}(s')\gamma_k^e(s's)\beta_k(s)}{\sum\limits_{u_k=0}\alpha_{k-1}(s')\gamma_k^e(s's)\beta_k(s)} \tag{7-79}$$

显然这个外部信息项可以通过下式计算，即

$$\mathrm{Ex}(k) = L(m_k) - L_{\mathrm{a}}(m_k) - \sqrt{E_{\mathrm{b}}}L_{\mathrm{c}}y_k^s \tag{7-80}$$

通过上面的分析，最后可以得到如下的迭代MAP译码过程：

DEC$_1$：$L_{\mathrm{a}}(m_k)=0$；
按前面总结的(1)～(4)步计算$L(m_k)$；
按式(7-80)计算$\mathrm{Ex}(k)$，并交织后作为DEC$_2$第一轮的$L_{\mathrm{a}}(u_k)$。

DEC$_2$：从DEC$_1$获得$L_{\mathrm{a}}(u_k)$；
按前面总结的(1)～(4)步计算$L(m_k)$；
按式(7-80)计算$\mathrm{Ex}(k)$，并反交织后作为DEC$_1$第二轮的$L_{\mathrm{a}}(u_k)$。

上述过程经过数轮后(一般 6 轮就足够)，就可以进行硬比特判决输出，可以直接利用 DEC_1 的 $L(m_k)$ 进行判决，也可以采用 DEC_2 的 $L(m_k)$ 经过反交织后进行判决。若采用后者，则判决规则可以表示为

$$m_k = \begin{cases} 1, & \pi^{-1}(L(m_k)) \geqslant 0 \\ 0, & \pi^{-1}(L(m_k)) < 0 \end{cases} \tag{7-81}$$

在 $\alpha_{k-1}(s')$ 和 $\beta_k(s)$ 的前向递推和反向递推运算中，如果译码深度较大，有可能累计量过大导致计算时出现溢出现象，为了解决该问题，有必要在递推过程的每一步进行归一化处理，例如，采用如下的归一化操作：

$$\alpha_k(s') = \frac{\alpha_k(s')}{\sum\limits_{\text{all } s'} \alpha_k(s')} \tag{7-82}$$

$$\beta_k(s) = \frac{\beta_k(s)}{\sum\limits_{\text{all } s} \alpha_k(s)} \tag{7-83}$$

实际中为了节省内存和减小计算量，常采用计算上更简单的 Max-Log-MAP 算法或 Log-MAP 算法，这些算法基本的译码原理还是基于上述 MAP 算法，只是在 MAP 算法的基础上，采用取对数或近似等手段，来减小计算量，但同时会导致译码性能不同程度的降低。读者可以参考其他资料来详细理解它们的实现过程，这里不再讨论。

7.5　本 章 小 结

信道编码主要用于通信系统中进行纠错和检错。使用纠错编码技术会牺牲系统的频谱效率，但会提高系统的传输质量。本章所介绍的信道编码技术主要分三大类：线性分组码、卷积码和 Turbo 码。对于线性分组码，本章介绍了其一般的编码和译码原理，以及其纠错和检错能力。在此基础上还讨论了三类非常重要的线性分组码：循环码、BCH 码和 LDPC 码。循环码不仅具有线性特征还具有循环特征，可以用 LFSR 来进行编码和译码。循环码一个重要的应用是进行 CRC 校验，用于 CRC 校验的循环码称为 CRC 码，本章也列出了几种国际上常用的 CRC 码。BCH 码也属于循环码，是循环码的一个子类，具有特别的参数约束关系，可以纠正多个随机错误，便于使用者根据所要求的纠错能力来选用不同的生成多项式，还可以扩展到对符号级的编码(RS 码)。LDPC 码是一种基于稀疏校验矩阵的低密度线性分组码，其校验矩阵中“1”的个数很少，且分布具有随机性。LDPC 码分为规则码和非规则码。目前发现，有些非规则的 LDPC 码的性能甚至超过了 Turbo 码，非常接近香农容限。LDPC 码目前已在 WLAN 系统中得到应用。卷积码是一类采用卷积和(模 2 和)运算产生的码，这类码也具有较强的纠错能力。目前卷积码已被广泛应用，如在 2G 和 3G 移

动通信系统中的应用。卷积码译码算法中最典型是 Viterbi 译码算法，分为硬比特译码和软比特译码，软比特译码具有更强的纠错能力。本章结合具体的编码器详细介绍了 Viterbi 译码算法。Turbo 码是一种采用多个递归系统卷积码子编码器进行并联(或级联)后产生的编码，其译码算法可以采用迭代的 MAP 译码算法，是目前实用码中性能最优的码之一，已在 3G 和 4G 移动通信系统中得到了应用。本章详细介绍了 Turbo 码 MAP 译码算法的原理和实施步骤。在 Turbo 码的译码中，实用的 Max-Log-MAP 和 Log-MAP 类算法的基本原理与 MAP 算法相同，只是采用了节省内存和减小计算量的计算方法，但性能与 MAP 算法相比会有一定的下降。

习 题 7

7.1 已知线性分组码的码字为：000000、011100、000111、011011、101010、110110、110001、101101。求该码字组的最小码距，并判断其纠错、检错能力。

7.2 已知(7, 3)码生成矩阵为

$$\mathbf{G}=\begin{bmatrix}1001110\\0100111\\0011101\end{bmatrix}$$

列出其所有的码字，写出其校验矩阵。

7.3 对循环码 $g(x)=1+x+x^3$，画出其基于 LFSR 的编码和译码器框图；求生成矩阵；若输入为 0111，写出其编码器输出；假设译码器输入为 0101001，写出校正子对应的多项式，并给出译码输出。

7.4 对于(7, 4)汉明码 $g(x)=1+x+x^3$，写出其所有的码字；写出其校验矩阵；画出其 Tanner 图。

7.5 已知(15, 7)循环码的生成多项式为 $g(x)=1+x^4+x^6+x^7+x^8$，若接收的码字多项式为 $r(x)=1+x+x^5+x^{14}$，问是否需要重发其对应的码字。

7.6 考虑一个码率为 1/2 的卷积码，其生成多项式为 $g_1(x)=1+x+x^2$，$g_2(x)=1+x^2$。画出编码器框图；画出状态图；画出编码树；画出输入为“10100”的编码网格图并写出其对应的输出序列。

7.7 采用 MATLAB 编程实现在一个 AWGN 信道中，采用 7.6 题中卷积编码方案的 BPSK 系统的基带发射和接收过程，完成 E_b/N_0 从 0 dB 到 5 dB 的 BER 仿真，并与不采用卷积编码和译码的性能进行对比。注：采用 Viterbi 译码算法。

7.8 试分析对采样两个 RSCC 并联的 Turbo 编码器，接收机采用两个并联子译码器进行迭代 MAP 译码的译码过程。

7.9 在卷积码和 Turbo 码的软比特译码中，需要译码器的输入为软比特。针对图 5.15 所示的 QPSK 星座图，即比特组与符号的映射关系，写出基于复数符号的软比特表示。并采用这种表示仿真一个采用 Turbo 码编码和 QPSK 调制的基带发射和接收系统，假设信道为 AWGN 信道，仿真 E_b/N_0 从 0dB 到 5dB 的 BER 性能。

第 8 章　现代通信系统

从物理层来看，现代通信系统的主要特征是数据传输速率和频谱效率高，抗衰落和干扰能力强。近 20 年来，宽带无线通信业务发展迅速，为了克服宽带无线信道传输特征对接收信号的影响，除了采用纠错能力更强的 Turbo 和 LDPC 纠错编码技术，许多先进的通信技术和信号处理技术在 3G 和 4G 无线通信中得到了应用，从而产生了基于 DSSS 技术的 CDMA 系统、基于 OFDM 的多址通信系统和基于多天线的 MIMO 系统。在现代宽带无线通信系统中，无论是蜂窝基站还是无线局域网的接入热点，都存在与多用户之间进行多址通信的场景。从用户到基站/热点的通信链路称为上行链路；从基站/热点到每个用户的通信链路称为下行链路。无论是上行链路还是下行链路，都存在两个重要的特征：(1)多用户信号共享通信信道，使得接收的信号中出现多址干扰(MAI)；(2)无线传输信道对宽带信号的传输会导致接收信号出现频率选择性衰落，从而导致接收信号中出现 ISI。现代通信系统从物理层来看，就是要在抑制 MAI 和 ISI 的同时，实现高质量、高频谱效率的数据传输。本章主要介绍典型的 DSSS-CDMA 系统、OFDM 系统、MIMO 系统和 MIMO-OFDM 系统的结构，及其接收机中的信号处理技术。

8.1　DSSS-CDMA 系统

回顾第 6 章，在对 DSSS 技术优点的讨论中曾指出 DSSS 技术可以利用扩频码之间低的互相关性来实现多址通信。从系统设计的角度，不同用户的扩频码之间应该具有尽可能低的互相关性；接收机易于实现码元同步和信号检测；接收机要采用信号处理技术抑制 ISI 和抑制解扩后残余的 MAI。此外，系统应该选择纠错能力强的信道编码技术和选用满足系统频谱效率的数字调制技术。

为了演示 DSSS-CDMA 系统，图 8.1 给出了其下行链路发射机框图。在发射机中，来自每个用户独立的二进制比特流经过信道编码后，经过各自的基带调制映射，转换成 MPSK 或 MQAM 符号序列。每个用户的符号数据经过自己独立的信道码扩频后，变成码片序列。所有用户的码片序列相加后进一步采用由基站/热点决定的扰码(PN 码)加扰，最后经过正交载波调制后采用发射天线送入无线信道。发射机中各用户的信道码采用正交码(如 OVSF 码)，用于区分码道。发射机中的扰码采用 PN 序列，不仅用于识别不同的基站/热点，而且用于接收机实现符号同步。发射机的载波调制采用线性调制技术，以实现系统所需的高频谱效率。此外，需要说明的是，I/Q 两路的正交载波调制中，每一路码片的波形可以采用比矩形脉冲频谱效率高的滚降余弦脉冲。

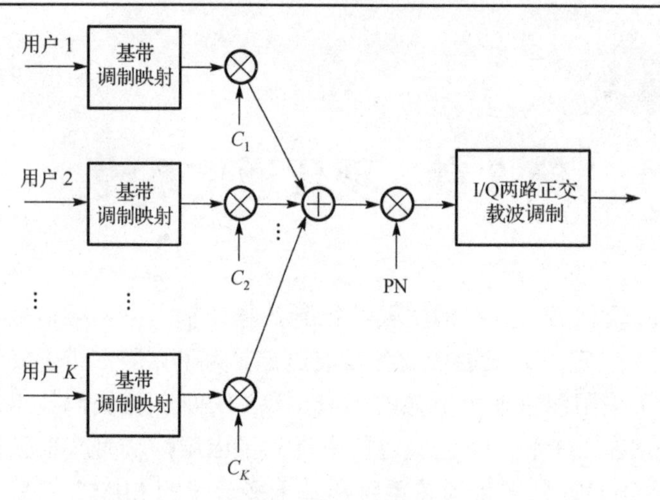

图 8.1 下行链路 DSSS-CDMA 发射机框图

8.1.1 AWGN 信道中的 DSSS-CDMA 接收机

接收机的设计与信道模型有关，理想的 AWGN 信道模型可以用于系统分析、方案选择和模块调试。在下行链路中，每个用户会收到发射机发射的所有信道信号，但每个用户只希望检测发送给自己的信号。不失一般性，这里只考虑用户 1 接收的信号(见图 8.2)。理想的 AWGN 信道中，对应一个符号周期 $0 \leqslant t \leqslant T_s$，接收信号 $y(t)$ 可以表示为

$$y(t) = \sum_{k=1}^{K} s_{k,\mathrm{I}} C_k(t) P(t) \varphi_1(t) + \sum_{k=1}^{K} s_{k,\mathrm{Q}} C_k(t) P(t) \varphi_2(t) + n(t) \tag{8-1}$$

式中，$s_k = s_{k,\mathrm{I}} + \mathrm{j} s_{k,\mathrm{Q}}$ 和 $C_k(t)$ 分别代表当前第 k 个用户发射的符号和扩频波；$P(t)$ 表示扰码波；$n(t)$ 表示接收信号中的 AWGN 分量；$\varphi_1(t)$ 和 $\varphi_2(t)$ 分别为 I 支路和 Q 支路的标准正交基函数，其定义参见第 5 章。

考察接收机 I 支路积分器的输出

$$\begin{aligned} \mathrm{z}_1 &= \int_0^{T_s} [\varphi_1^2(t) \sum_{k=1}^{K} s_{k,\mathrm{I}} C_1(t) C_k(t)] \mathrm{d}t \\ &+ \int_0^{T_s} [\varphi_1(t)\varphi_2(t) \sum_{k=1}^{K} s_{k,\mathrm{Q}} C_1(t) C_k(t)] \mathrm{d}t \\ &+ \int_0^{T} P(t) C_1(t) \varphi_1(t) n(t) \mathrm{d}t = z_{1,1} + z_{1,2} + n_1, \qquad 0 \leqslant t \leqslant T_s \end{aligned} \tag{8-2}$$

上式利用了基带波形为方波时有 $|P(t)|^2 = 1$ 的事实。为了方便解释，我们先考察 $z_1(t)$，并将一个符号周期 T_s 分为 Q 个码片周期，其中 Q 为一个符号周期内码片的总数(即为扩频码和扰码的长度)，则有

$$z_{1,1} = \sum_{k=1}^{K} s_{k,\mathrm{I}} \sum_{i=1}^{Q} \int_{(i-1)T_c}^{iT_c} C_1(t) C_k(t) \varphi_1^2(t) \, \mathrm{d}t \tag{8-3}$$

式中，T_c 表示码片周期。由于在每个码片周期内有

$$C_1(t)C_k(t) = \pm 1 \tag{8-4}$$

进一步假设在一个码片周期内有整数个载波周期，即满足

$$\int_{(i-1)T_c}^{iT_c} \varphi_1^2(t)\,\mathrm{d}t = \frac{1}{Q} \tag{8-5}$$

因此式(8-3)可改写为

$$z_{1,1} = \frac{1}{Q}\sum_{k=1}^{K} s_{k,\mathrm{I}} \sum_{i=1}^{Q} C_1(i)C_k(i) = s_{1,\mathrm{I}} \tag{8-6}$$

上式中最终结果的获得利用了不同用户扩频码之间的正交性。

对于式(8-2)中的第 2 项，同样假设在一个码片周期内有整数个载波周期，即满足

$$\int_{(i-1)T_c}^{iT_c} \varphi_1(t)\varphi_2(t)\mathrm{d}t = 0 \tag{8-7}$$

不难得到 $\mathrm{z}_{1,2} = 0$。

由式(8-6)和式(8-7)并考虑到式(8-2)中的第 3 项为 AWGN 项，因此图 8.2 中上支路积分器的输出采样后可得

$$z_1 = s_{1,\mathrm{I}} + n_{\mathrm{I}} \tag{8-8}$$

同理可得图 8.2 中下支路积分器输出为

$$z_2 = s_{1,\mathrm{Q}} + n_{\mathrm{Q}} \tag{8-9}$$

由式(8-8)和式(8-9)不难看出，利用两个支路积分器输出后的采样值独立或联合进行 ML 判决可以得到当前发射符号的估计。

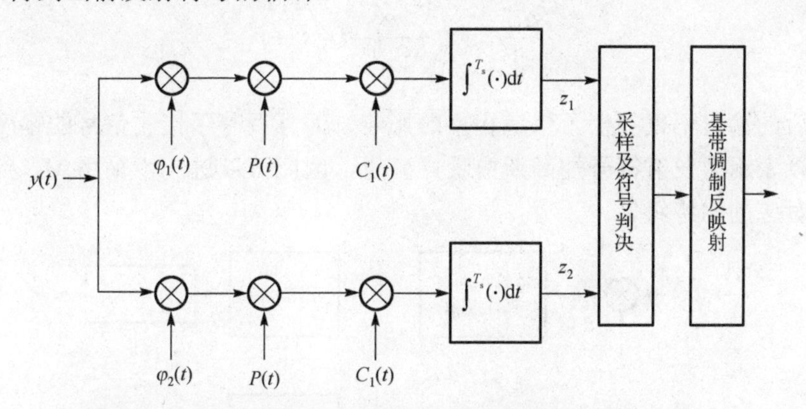

图 8.2　AWGN 信道中下行链路 DSSS-CDMA 接收机框图

8.1.2　平坦衰落信道中的 DSSS-CDMA 接收机

对于平坦的瑞利衰落信道模型，接收的信号表示与 AWGN 信道中的表示的唯一区别是要考虑信号的信道衰落系数，因此接收机需要考虑信道估计和信道均衡(见图 8.3)。信道估计需要在发射机发送的符号序列中插入导频符号。接收机利用已知的导频符号和对应这些导频符号接收的基带信号对信道进行估计，进而利用这些信道估计值来对发射其他符号

时的信道进行均衡。在平坦的衰落信道中，信道均衡的作用主要是对信道相位进行补偿。为了分析方便，我们在讨论平坦衰落信道中接收信号的表示时只考虑基带信号。基于码片速率采样，针对检测第一个用户发射的符号，接收的基带数字信号在一个符号周期以矢量的形式可表示为

$$\mathbf{y}=\frac{1}{Q}\sum_{k=1}^{K}\alpha_k s_k\tilde{\mathbf{C}}_k+\mathbf{n} \tag{8-10}$$

式中，s_k 和 α_k 分别为第 k 个用户发射的符号和信道复衰落系数(在一个符号周期内信道衰落系数可合理地假设为保持不变)；Q 为扩频因子，也等于 PN 序列的长度；$\mathbf{n}$ 为 AWGN 矢量；$\tilde{\mathbf{C}}_k$ 为第 k 个用户广义的扩频码矢量，定义为

$$\tilde{\mathbf{C}}_k=[P(1)C_k(1)\quad P(2)C_k(2)\quad\cdots\quad P(Q)C_k(Q)]^{\mathrm{T}} \tag{8-11}$$

式中，$P(i)$ 和 $C_k(i)$ 分别为 PN 码和第 k 个用户正交扩频码的第 i 个码片，且 $P(i)C(i)=\pm1$。

解扩后的输出(一个周期码片求和操作的输出)可以写成

$$\begin{aligned}z=\tilde{\mathbf{C}}_1^{\mathrm{T}}\mathbf{y}&=\frac{1}{Q}\sum_{k=1}^{K}s_k\tilde{\mathbf{C}}_1^{\mathrm{T}}\tilde{\mathbf{C}}_k+\tilde{\mathbf{C}}_1^{\mathrm{T}}\mathbf{n}\\&=\frac{1}{Q}\alpha_1 s_1\tilde{\mathbf{C}}_1^{\mathrm{T}}\tilde{\mathbf{C}}_1+\sum_{k=2}^{K}\alpha_k s_k\tilde{\mathbf{C}}_1^{\mathrm{T}}\tilde{\mathbf{C}}_k+\tilde{\mathbf{C}}_1^{\mathrm{T}}\mathbf{n}\\&=\alpha_1 s_1+0+n\end{aligned} \tag{8-12}$$

假设系统接收机获得了理想的信道估计，则均衡系数可以选择为 $\hat{\alpha}_1=\alpha_1/|\alpha_1|^2$，信道均衡后的输出从而可以写成

$$\frac{\alpha_1^*}{|\alpha_1|^2}\mathrm{z}=s_1+\frac{\alpha_1^*}{|\alpha_1|^2}n=s_1+\tilde{n} \tag{8-13}$$

显然，均衡后的输出不仅补偿了信道相位的影响，而且调整了接收信号的幅度，使得均衡器的输出可以表示为发射符号加高斯白噪声分量，因此可以进一步采用 ML 判决来估计发射的符号及对应的比特组。

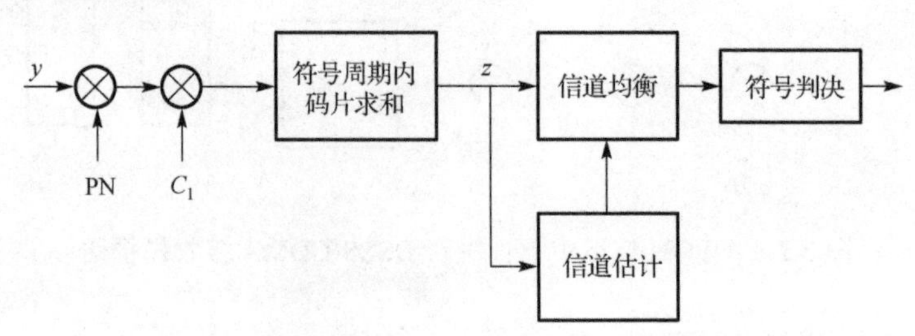

图 8.3 平坦衰落信道中 DSSS-CDMA 下行链路接收机框图

8.1.3 频率选择性衰落信道中的 DSSS-CDMA 接收机

在现代的宽带无线通信中，系统要求的传输速率越来越高，加上扩频后会进一步提高信道中传输数据的带宽，使得传输数据的带宽往往大于信道的相干带宽，从而出现频率选

择性衰落。在频率选择信道中，接收信号会表现为明显可分辨的多径信号，从而导致出现 ISI，因此接收机的设计必须考虑到能有效地抑制 ISI。为了设计频率选择性衰落信道中的接收机，考虑如下的接收机基带信号表示：

$$y(t)=\frac{1}{Q}\sum_{k=1}^{K}\sum_{l=0}^{L-1}\alpha_{k,l}s_k\tilde{\mathbf{C}}_k(t-\tau_l)+n(t) \tag{8-14}$$

考虑用户 1 的接收机时，假设接收机对每条延迟不同的路径进行同步后，分别进行相关检测，图 8.4 给出了一个对用户 1 的 3 条路径信号进行相关检测的分集接收机框图，在 CDMA 系统中习惯上称为 RAKE 接收机。

对用户 1 的第 1 条路径解扩后的输出为

$$z_1=\int_0^{T_s}\tilde{\mathbf{C}}_1(t)\mathbf{y}(t)\mathrm{d}t=\alpha_{1,0}s_1+I_{\mathrm{ISI}}+I_{\mathrm{MAI}}+n_{1,0} \tag{8-15}$$

式中，I_{ISI} 表示第 1 个用户的第 2 条和第 3 条路径对检测第 1 条路径信号造成的 ISI；I_{MAI} 表示其他用户多径信号对检测第 1 个用户第 1 条路径造成的 MAI；$n_{1,0}$ 表示相应的 AWGN 分量。I_{ISI}、I_{MAI} 和 $n_{1,0}$ 的表示分别如下：

$$I_{\mathrm{ISI}}=\frac{1}{Q}s_1\sum_{l=1}^{L-1}\alpha_{1,l}\int_0^{T_s}\tilde{\mathbf{C}}_1(t)\tilde{\mathbf{C}}_1(t-\tau_l)\mathrm{d}t \tag{8-16}$$

$$I_{\mathrm{MAI}}=\frac{1}{Q}\sum_{k=2}^{K}s_k\sum_{l=1}^{L-1}\alpha_{k,l}\int_0^{T_s}\tilde{\mathbf{C}}_1(t)\tilde{\mathbf{C}}_k(t-\tau_l)\mathrm{d}t \tag{8-17}$$

$$n_{1,0}=\int_0^{T_s}\tilde{\mathbf{C}}_1(t)n(t)\mathrm{d}t \tag{8-18}$$

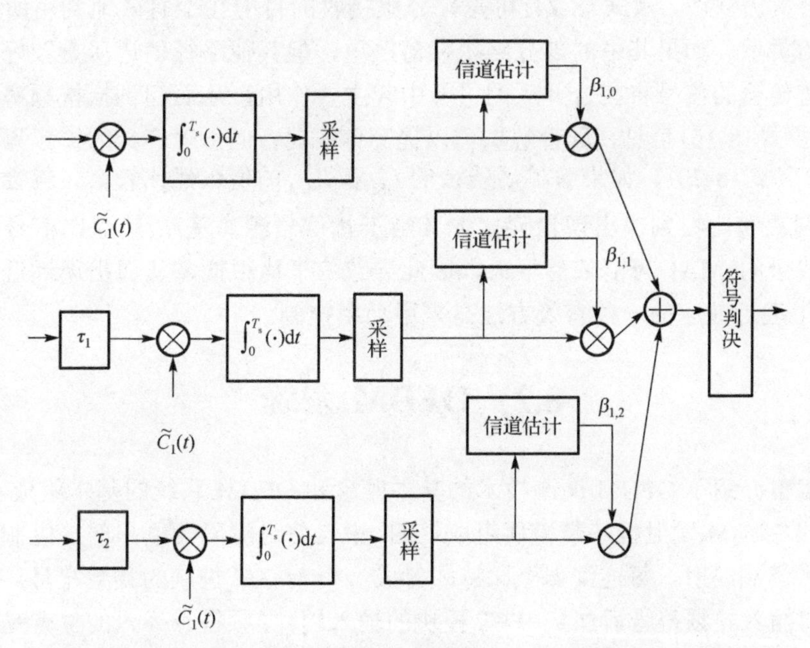

图 8.4　多径衰落信道中 DSSS-CDMA 信号的 RAKE 接收机框图

如果式(8-11)定义的广义扩频码 $\tilde{\mathbf{C}}_k$ 其自相关性和互相关性满足

$$\frac{1}{Q}\int_0^{T_s}\tilde{\mathbf{C}}_k(t)\,\tilde{\mathbf{C}}_k(t-\tau_l)\mathrm{d}t\approx 0,\qquad \tau_l\neq 0 \tag{8-19}$$

$$\frac{1}{Q}\int_0^{T_s}\tilde{\mathbf{C}}_k(t)\,\tilde{\mathbf{C}}_i(t-\tau_l)\mathrm{d}t\approx 0,\qquad i\neq k;\ \tau_l\neq 0 \tag{8-20}$$

则可以忽略干扰，从而式(8-15)可以改写为

$$z_1=\alpha_{1,0}s_1+n_{1,0} \tag{8-21}$$

同理，对用户 1 的其他路径检测也可以获得类似于式(8-21)的表示，即

$$z_l=\alpha_{1,l}s_1+n_{1,l},\qquad l=1,\cdots,L-1 \tag{8-22}$$

假设对每条路径的信道复增益 $\alpha_{1,l}$（$l=0,\cdots,L-1$）获得了理想的估计，可以利用估计的信道值进行优化的分集合并。若最大比合并时，每个路径权系数可以选择为

$$\beta_{1,l}=\frac{\alpha_{1,l}^*}{\left|\alpha_{1,l}\right|^2} \tag{8-23}$$

相应的分集合并后的输出为

$$z=\sum_{l=0}^{L-1}\beta_{1,l}z_l=Ls_1+\sum_{l=0}^{L-1}\frac{\alpha_{1,l}^*}{\left|\alpha_{1,l}\right|^2}n_{1,l} \tag{8-24}$$

采用式(8-23)的分集合并复数权值不仅起到了信道均衡的作用，同时也是为了满足最大比合并(MRC)准则。最大比合并是使得合并后的信号满足瞬时信号功率与噪声平均功率之比最大的合并方式[2]。从式(8-24)可见，分集接收的目的在于有效地利用所有路径中有效信号分量的贡献。如果其中的部分路径衰落严重，但其他路径信道质量较好，这些信道质量好的信道传输的信号将在合并后的信号中起主要作用，从而起到抵抗频率选择性衰落的作用。但由式(8-15)可见，尽管解扩可以提高信干比，但由于广义的扩频码并不一定能满足式(8-19)和式(8-20)，如果解扩后残余的 I_{ISI} 和 I_{MAI} 的值依然比较大，就会导致分集合并后的符号判决和比特判决出现错误。尤其当干扰信号源离基站/热点比信号源要近得多时，解扩后残余的 MAI 可能依然很大，因此导致信干比很低，从而出现远近效应。解决 CDMA 系统中远近效应的一种有效方法是采用功率控制。

8.2 OFDM 系统

在第 4 章曾介绍了 OFDM 调制技术的基本概念和 OFDM 系统的基本组成。图 8.5 展示了一个完整的 OFDM 发射机基带模块组成框图。来自信道编码器输出的二进制比特流分组后，经过基带调制映射，每连续 k 个比特映射成一个 $M=2^k$ 进制的复数符号。符号流再经过 S/P 转换和插入导频符号后加到 IFFT 模块的输入端。导频符号插入的位置是根据时频资源表上事先设计的导频插入方案插入的。IFFT 将频率的数据转换成时域的数据后，每个 OFDM 符号进一步加入循环前缀(CP)，再进过 P/S 转换，作为基带发射机的输出。

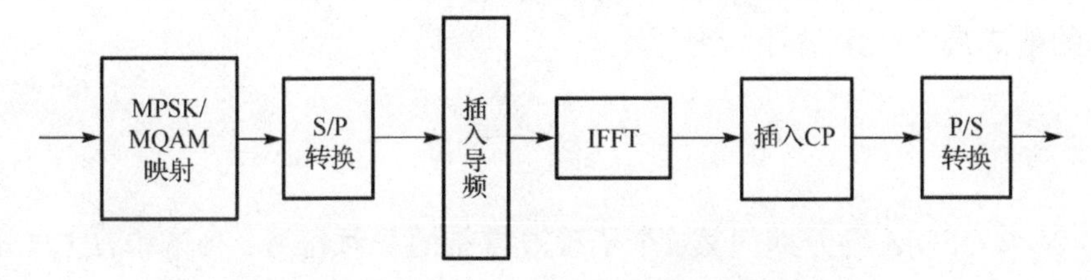

图 8.5　OFDM 系统基带发射机框图

OFDM 系统基带接收机的处理基本上是发射机的逆过程，基带接收机框图如图 8.6 所示。接收机经 S/P 转换、移去循环前缀，再通过 FFT 操作实现基带 OFDM 解调。在 FFT 输出端，根据导频符号图案设计，利用导频符号和插值技术实现每个子载波上的信道估计，进而利用信道估计值对每个子载波对应的 FFT 输出进行信道均衡，并对均衡后的每个子载波携带的符号进行判决。最后，通过 P/S 转换和基带反映射，将反映射输出的比特流送给接收机的信道译码器。

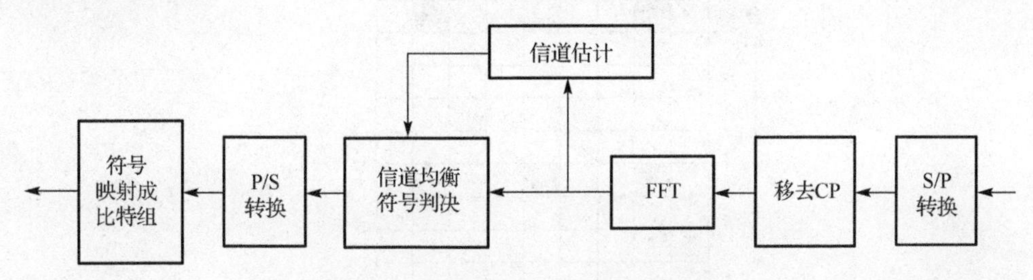

图 8.6　OFDM 系统基带接收机框图

在 OFDM 系统中，由于从发射机 IFFT 输入到接收机 FFT 输出的广义信道可以看成频域信道，信号在时域信道传输时，信道的输出等于输入信号和信道单位冲激响应的卷积运算。由于 OFDM 系统子载波之间的正交性，在接收机通过 FFT 将信道从时域转换到频域后，对每个子载波，FFT 的输出等于 IFFT 对应子载波的输入和中间广义传输信道的乘积。假设 IFFT/FFT 运算的点数为 N，即在一个 OFDM 符号期间总共有 N 个子载波同时携带 N 个复数符号，则对应第 $i\,(i=1,2,\cdots,N)$ 个子载波 FFT 输出的信号可以表示为

$$y_i = H(i)s_i + n_i \tag{8-25}$$

式中，s_i 为 IFFT 第 i 个子载波输入端加载的复数符号；$H(i)$ 为对第 i 个子载波信道的频率响应；n_i 为第 i 个子载波接收信号中的 AWGN 分量。

假设接收机获得了理想的信道估计，接收机信道均衡的输出可以表示为

$$\begin{aligned} z_i &= \frac{y_i}{H(i)} = s_i + \frac{n_i}{H(i)} \\ &= s_i + \tilde{n}_i, \qquad i=1,2,\cdots,N \end{aligned} \tag{8-26}$$

由上式可见，对信道均衡后的输出可以采用 ML 判决来估计每个子载波上携带的复数符号，进而反映射成比特组。此外，从上述 OFDM 接收机的信号处理可以看出，由于在频域进行信号处理，使得计算非常简单。无论时域的信道是平坦的衰落信道还是频率选择性衰落信道，接收信号都具有式(8-25)所示的简单表示形式。事实上，基于式(8-25)，也可

以获得简单的信道最小二乘估计，为

$$\hat{H}_{\mathrm{p}}(j)=\frac{y_{j,\mathrm{p}}}{s_{j,\mathrm{p}}} \tag{8-27}$$

式中，$s_{j,\mathrm{p}}$ 为某个OFDM符号期间第 j 个子载波携带的导频符号；$y_{j,\mathrm{p}}$ 和 $\hat{H}_{\mathrm{p}}(j)$ 分别为对应接收信号和信道频率响应。

在OFDM系统中，为了提高频谱利用率，导频符号是在时频资源表上某些OFDM符号的某些子载波上插入的。图8.7给出了一种导频插入方案。在非导频符号位置的信道估计，是利用导频位置信道估计，进而采用横向和纵向线性插值获得的。边沿无法插值，直接令其信道与最近导频符号位置上的信道相等。

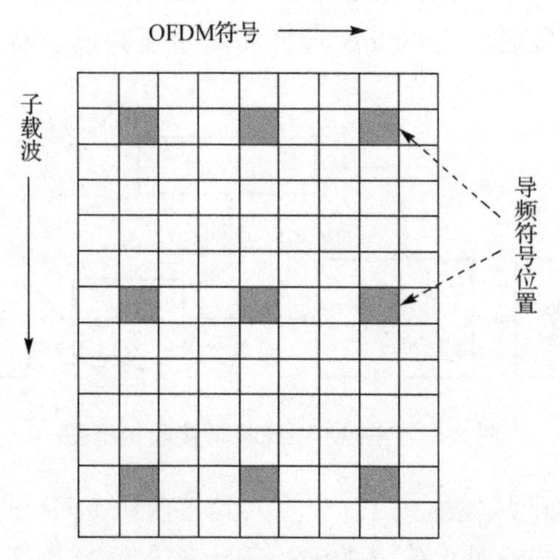

图8.7　OFDM系统导频符号分布示意图

8.3　MIMO系统

狭义的多输入多输出(MIMO)系统是指从多个发射天线到多个接收天线的无线传输信道。广义的MIMO系统是指含MIMO信道的无线通信系统。图8.8展示了一个MIMO传输信道。若将从任何一个发射天线到任何一个接收天线的信道称为一个空间传输信道，MIMO系统通过在发射端和接收端均采用空间间距足够大的天线布放方法，使得任意两个不同的空间传输信道之间的衰落相互独立，从而在接收机可以利用分集合并技术，提高接收机输出的信干噪比(SINR)，达到抵抗多径衰落的目的。

8.3.1　MIMO信道模型

一个MIMO信道的示意图如图8.8所示。假设有 N 个发射天线和 M 个接收天线。每个发射天线发出的信号通过散射区到达每个接收天线后形成 L 条可分辨的多径信号。用 $\alpha_{j,i}^{l}(t)$ 代表从第 i 个发射天线到第 j 个接收天线的第 l 条路径的信道复增益，则总的 $N\times M$ 维的信道矩阵可以表示为

$$\mathbf{H}_l(t)=\begin{bmatrix}\alpha_{1,1}^l(t) & \alpha_{1,2}^l(t) & \dots & \alpha_{1,\ M}^l(t)\\ \alpha_{2,1}^l(t) & \alpha_{2,2}^l(t) & \dots & \alpha_{2,M}^l(t)\\ \vdots & \vdots & \dots & \vdots\\ \alpha_{N,1}^l(t) & \alpha_{N,2}^l(t) & \dots & \alpha_{N,M}^l(t)\end{bmatrix} \tag{8-28}$$

假设发射的信号用矢量形式表示为

$$\mathbf{x}(t)=\left[x_1(t)\quad x_2(t)\quad \cdots \quad x_M(t)\right]^{\mathrm{T}} \tag{8-29}$$

则接收信号的矢量表示为

$$\mathbf{y}(t)=[y_1(t)\quad y_2(t)\quad \cdots \quad y_N(t)]^{\mathrm{T}}=\sum_{l=0}^{L-1}\mathbf{H}_l(t)\mathbf{x}(t-\tau_l)+\mathbf{n}(t) \tag{8-30}$$

式中，$\mathbf{y}(t)$ 和 $\mathbf{n}(t)$ 分别为 N 维的接收信号矢量和 AWGN 矢量。该信道模型显然为频率选择性衰落信道模型，信道矩阵实质上是单位冲激响应矩阵。如果 MIMO 信道是平坦的瑞利衰落信道，则有

$$\mathbf{y}(t)=\mathbf{H}(t)\mathbf{x}(t)+\mathbf{n}(t) \tag{8-31}$$

式中，$\mathbf{x}(t)$ 和 $\mathbf{n}(t)$ 的表示形式与式(8-29)和式(8-30)中的相同，$\mathbf{H}(t)$ 也具有式(8-28)所示的矩阵结构，但只有 1 条可分辨的路径。

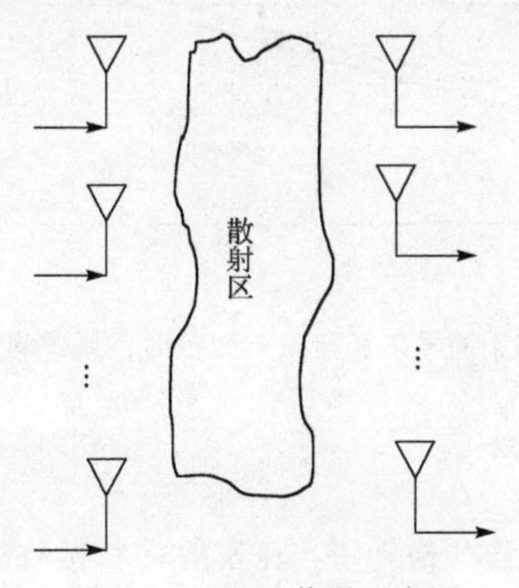

图 8.8　MIMO 信道示意图

8.3.2　MIMO 信道的容量

假设信道矩阵为 $\mathbf{H}$，则信道容量可以写成

$$C_{\mathrm{H}}=\log_2\left[\det\left(\mathbf{I}_N+\frac{\rho}{M}\mathbf{H}\mathbf{H}^{\mathrm{H}}\right)\right] \tag{8-32}$$

对于一个单输入单输出(SISO)系统，式(8-32)可以简化为

$$C_{\mathrm{SISO}}=\log_2(1+\rho|h_{11}|^2) \tag{8-33}$$

式中，$\rho|h_{11}|^2$ 是在接收机输入端的信噪比。对于多输入单输出(MISO)系统和单输入多输出(SIMO)系统，信道容量可分别表示为

$$C_{\text{MISO}} = \log_2[(1+\frac{\rho}{M}\sum_{j=1}^{M}\left|h_j\right|^2)] \tag{8-34}$$

和

$$C_{\text{SIMO}} = \log_2\left[\left(1+\rho\sum_{i=1}^{N}\left|h_i\right|^2\right)\right] \tag{8-35}$$

图 8.9 给出了 2×2 的 MIMO 系统容量与 2×1 的 MISO、1×2 的 SIMO 以及 SISO 系统容量的比较。从图 8.9 可见，MIMO 系统的容量最大，SISO 系统容量最低，此外还可以看出采用 M 个接收天线的接收分集时的系统容量大于采用 M 个发射天线的发射分集系统的容量。

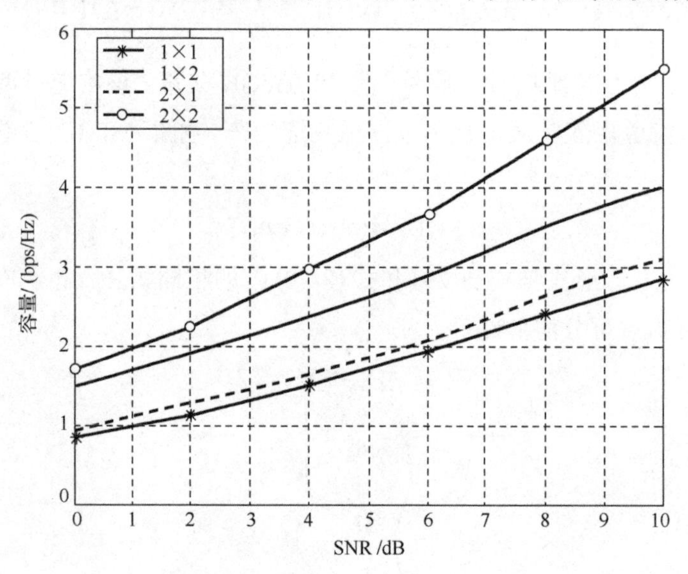

图 8.9　采用不同发射和接收天线数时，系统容量的比较[2]

8.3.3　空间分集 MIMO 系统

空间分集 MIMO 系统，尽管严格地讲，在发射端和接收端都必须配置有多于一个的天线，但一般也包含空间分集 MISO 系统和空间分集 SIMO 系统。空间分集可以分为发射分集和接收分集，本节先结合 MISO 系统解释发射分集的原理，再结合 SIMO 系统解释接收分集的原理，最后讨论空间分集 MIMO 系统。

图 8.10 给出了一个 2 发 1 收的 MISO 系统。如果将发射的符号流每相邻两个符号分为 1 组，每组的两个复数符号分别用 s_1 和 s_2 表示，再通过“空时编码”[54]，编码成

$$\mathbf{S} = \begin{bmatrix} s_1 & -s_2^* \\ s_2 & s_1^* \end{bmatrix} \tag{8-36}$$

式中，矩阵的两行代表前后两个不同时隙；矩阵的两列对应了两个不同的发射天线。假设信道为平坦的衰落信道，且前后两个时隙信道衰落系数不变，用 α_1 和 α_2 分别表示两个发射天线到接收天线的信道复衰落系数，则接收机在前后两个时隙接收的基带信号可以表示为

$$y_1 = \alpha_1 s_1 - \alpha_2 s_2^* + n_1 \tag{8-37}$$

$$y_2 = \alpha_1 s_2 + \alpha_2 s_1^* + n_2 \tag{8-38}$$

式中，n_1 和 n_2 分别代表前后两个时隙接收信号中的 AWGN 分量。由式(8-37)和式(8-38)不难得到

$$z_1 = \frac{\alpha_1^* y_1 + \alpha_2 y_2^*}{|\alpha_1|^2 + |\alpha_2|^2} = s_1 + \frac{\alpha_1^* n_1 + \alpha_2 n_2^*}{|\alpha_1|^2 + |\alpha_2|^2} = s_1 + \tilde{n}_1 \tag{8-39}$$

$$z_2 = \frac{\alpha_1^* y_2 - \alpha_2 y_1^*}{|\alpha_1|^2 + |\alpha_2|^2} = s_2 + \frac{\alpha_1^* n_2 - \alpha_2 n_1^*}{|\alpha_1|^2 + |\alpha_2|^2} = s_2 + \tilde{n}_2 \tag{8-40}$$

式(8-39)和式(8-40)表明，如果获得了理想的信道估计，我们可以在图 8.10 所示的接收方案中采用如下的均衡系数来获得均衡器的输出 z_1 和 z_2，即

$$\beta_1 = \frac{\alpha_1^*}{|\alpha_1|^2 + |\alpha_2|^2} \tag{8-41}$$

$$\beta_2 = \frac{\alpha_2}{|\alpha_1|^2 + |\alpha_2|^2} \tag{8-42}$$

最后可以采用 ML 判决准则，判决发射的两个符号 s_1 和 s_2。

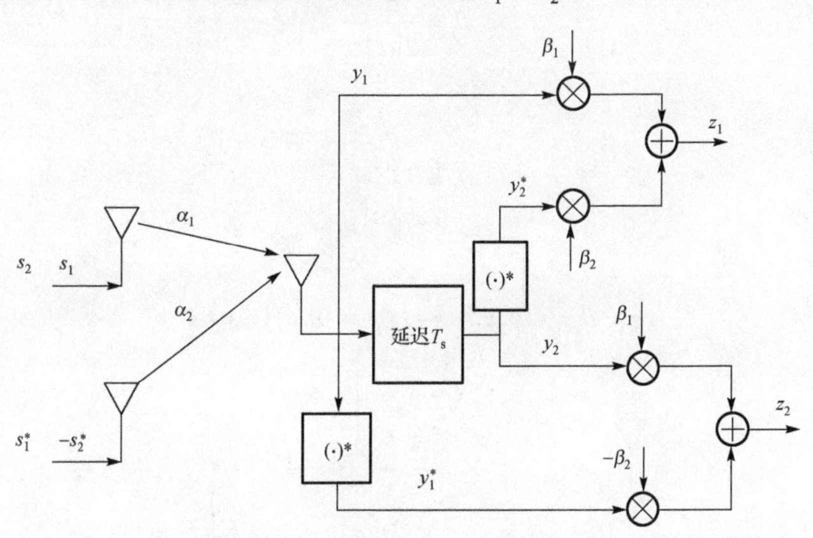

图 8.10　基于空时编码的发射分集系统

由式(8-37)和式(8-38)不难看出，如果 α_1 和 α_2 的衰落特性是相互独立的，当一路信道衰落严重时，另一路信道还可能具有较好的传输质量，则无论是在第 1 个接收时隙还是在第 2 个接收时隙，接收的信号中都有一个信道系数具有较大幅值。观察式(8-39)和式(8-40)可以看出，无论是对应 z_1 还是对应 z_2，总有一个均衡器的输出能得到较高的 SNR，从而能保证后续利用 ML 准则进行符号判决时，系统能达到满意的符号错误率。此外，对每个 2×2 的空时码矩阵，尽管采用了 2 个发射天线，前后 2 个时隙总的独立符号数仍然是 2，与采

用单天线相比，并未提高系统传输效率(符号传输速率和频谱效率)，但采用如图 8.10 所示的多发射天线方案，可以提高系统传输质量。也就是说，若要达到同样的误码率，与单天线相比，MISO 分集系统需要的 SNR 比采用单天线时要低，相差的分贝数称为空间分集增益。“分集”一词可以理解为“把多路分开传输的信息符号的能量有效地集合起来”。具体地讲，对含有相同发射符号的多个分支信道(包括时间信道、频率信道和空间信道)，利用不同信道在衰落上的相互独立性，基于某种优化的合并准则对每个支路配置优化的加权复系数，进而相干合并各路信号以提高接收机的输出 SNR。图 8.10 所取得的分集增益来自发射机配置了 2 个发射天线，从而形成两路衰落独立的空间信道，因此称这样的分集方案为空间发射分集。

基于上述对空间发射分集的讨论，对空间接收分集不难想到要采用多个接收天线。图 8.11 给出了一个 1 发 2 收的 SIMO 系统。假设发射的符号为 s，从发射天线到两个接收天线的信道为平坦的衰落信道且衰落系数分别为 α_1 和 α_2，则对应两个接收天线的基带接收信号可以写成

$$y_1 = \alpha_1 s + n_1 \tag{8-43}$$

$$y_2 = \alpha_2 s + n_2 \tag{8-44}$$

若接收机采用最大比合并，两个接收天线支路的合并系数分别为

$$\beta_1 = \frac{\alpha_1^*}{2|\alpha_1|^2} \tag{8-45}$$

和

$$\beta_2 = \frac{\alpha_2^*}{2|\alpha_2|^2} \tag{8-46}$$

分集合并后的输出为

$$z = \beta_1 y_1 + \beta_2 y_2 = s + (\beta_1 n_1 + \beta_2 n_2) = s + \tilde{n} \tag{8-47}$$

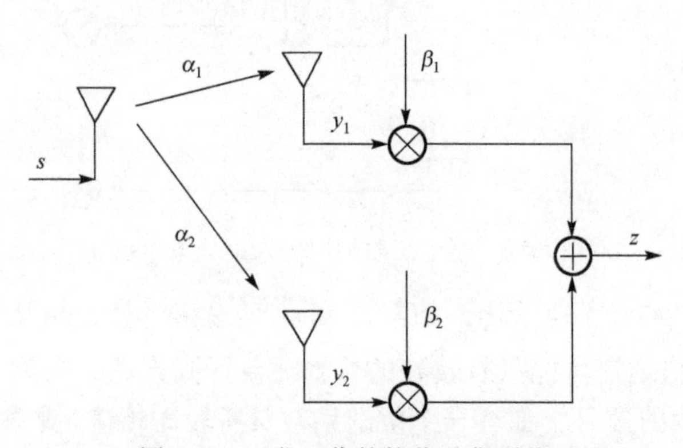

图 8.11　1 发 2 收的接收分集系统

对于空间分集的 MIMO 系统，实质上是结合了上述发射分集和接收分集的综合系统。在一定数目的时隙内，所有发射天线发出的独立符号数与单个天线上发出的独立符号数相

等。对于每个接收天线，接收机可以采用针对所有发射天线的空间分集合并；对不同的接收天线，接收机进一步采用接收分集对含有相同发射符号的信号进行相干合并，因此 MIMO 系统总的分集增益是发射分集增益和接收分集增益的总和。

8.3.4　空间复用 MIMO 系统

空间复用 MIMO 系统与空间分集 MIMO 系统的主要不同点在于空间复用 MIMO 系统是为了提高传输效率，因此其发射端每个发射天线输入的基带数据流是彼此独立的，接收机的每个天线必须同时检测发射端多天线发出的独立的符号数据。

图 8.12 所示为一个 2 发 1 收的空间复用系统。两个发射天线发射的信号承载了两个独立的基带数据流，接收天线输出的信号转换为基带信号后，分别经过两路信道估计和信道均衡，进而采用 ML 判决，输出分别作为对发射机两路输入基带数据流的估计。空间复用 MIMO 系统利用了多个不同发射天线到同一接收天线的信道衰落上的相互独立性，但由于不同的空间信道之间不可避免地存在相互干扰，因此空间复用系统接收机在提取不同的发射数据流时，必须要考虑到多个数据流之间的干扰可能导致接收机的误码率不能满足系统的要求，因此必须要联合考虑分集天线数、数据速率、干扰抑制算法等各项影响系统误码率的因素。

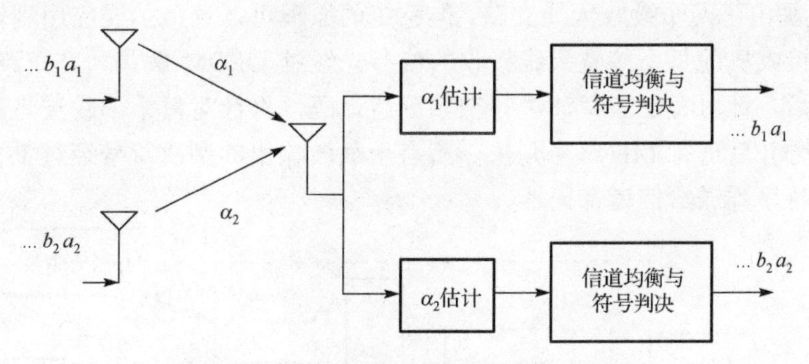

图 8.12　2 发 1 收的空间复用系统示意图

8.4　MIMO-OFDM 系统

在 8.2 节和 8.3 节分别讨论了 OFDM 和 MIMO 系统的一般结构和接收机信号处理技术。从前面的讨论可知，这两种技术均能有效地抵抗频率选择性衰落，因此非常适合宽带无线通信。在讨论 OFDM 系统的接收机信号处理时也曾发现，频域的信号检测非常简单，这无疑非常适合 MIMO 系统的接收机信号处理。MIMO-OFDM 系统根据 MIMO 系统典型的两种模式也可分为空间分集 MIMO-OFDM 系统和空间复用 MIMO-OFDM 系统。

8.4.1　空间分集 MIMO-OFDM 系统

图 8.13 所示为空间分集 MIMO-OFDM 系统发射机基本组成。经过信道编码后的比特流加入基带调制映射，按照不同进制调制的基带映射关系，将比特组映射成 MPSK 或 MQAM 符号，形成符号序列加入空频编码模块。空频编码实质上就是空时编码，只是因为

在 OFDM 系统中，空时编码操作属于频域的信号处理，因此相应的空时编码算法也称为空频编码。在空间分集的 MIMO-OFDM 系统中，空频编码器输出的信号路数必须和天线数一致，因此在选择天线数和空频编码时，需要联合考虑(因为不是所有数目的天线都存在合适的空频编码算法)。空频编码器的每路输出在送给对应的发射天线前，需要先经过 OFDM 调制。系统中的 OFDM 模块包括串/并转换、插入导频、IFFT、插入 CP、并/串转换，以及后续的正交载波调制。

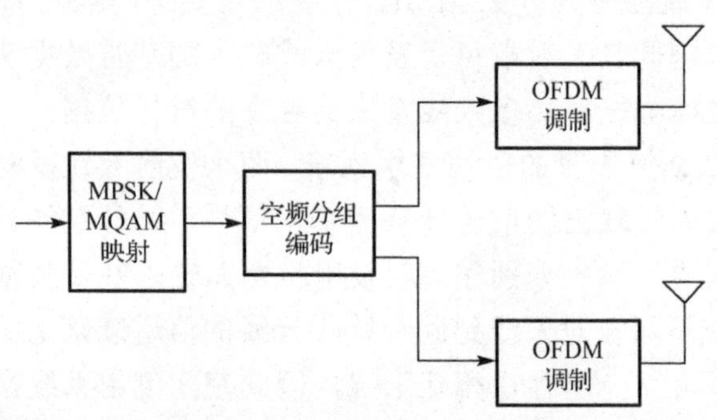

图 8.13 空间分集 MIMO-OFDM 系统发射机基本组成

图 8.14 所示为一个采用空频分组编码的空间分集 MIMO-OFDM 接收机系统框图。尽管图 8.14 中只画出了两个接收天线支路，但系统的原理可以直接扩展应用到针对多个接收天线的情况。接收机的每个接收天线接收的信号先经过 OFDM 解调，在每路 FFT 的输出进行信道估计后，针对每个子载波进行空频分组译码，再针对每个子载波将所有天线支路译码输出相干合并后进行 ML 符号判决。所有子载波输出的判决符号经过 P/S 转换后，再反映射成软比特序列送给信道译码器。

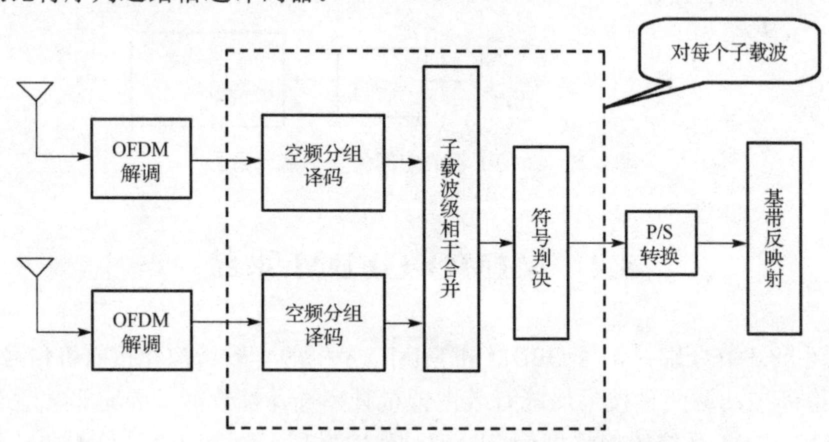

图 8.14 空间分集 MIMO-OFDM 接收机框图

需要说明的是，空时分组码只是空时编码的一种方式，且本书中只介绍了简单的 2×2 的 Alamouti 空时复用的分组编码。最典型的空时编码除空时分组码外，还有空时网格码。空时分组码只能提供分集增益，但不能提供编码增益。空时网格码既能提供分集增益也能提供编码增益。但由于空时网格码的编码与译码复杂性要远大于空时分组码，目前的 4G 移动通信中只用到了空时分组码。有关高阶的空时分组编码以及空时网格码的详细介绍可参其他相关文献。

8.4.2 空间复用 MIMO-OFDM 系统

空间复用的发射机中，对应每个发射天线的 OFDM 调制，输入的数据流是独立的。图 8.15 所示为一个 2×2 的空间复用 MIMO-OFDM 系统发射机结构图。在发射端，对应每个发射天线都有一路独立的符号序列输入给天线对应的 OFDM 调制。两路输入数据的调制和编码方式可以相同也可以不同。图 8.16 给出了对应图 8.15 发射方案的一种接收方案。由于每个接收天线都会收到来自不同发射天线的信号，因此每个接收天线支路都要对不同发射天线到自己的传输信道进行估计。信道均衡和分集是针对每个发射天线分开进行的，且对每个子载波独立进行，也就是说，接收机 OFDM 解调后的模块都是每个子载波独立需要的。

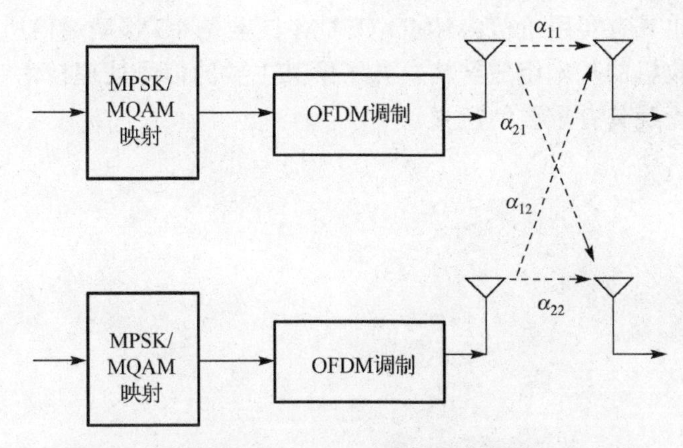

图 8.15　空间复用 MIMO-OFDM 系统发射机结构图

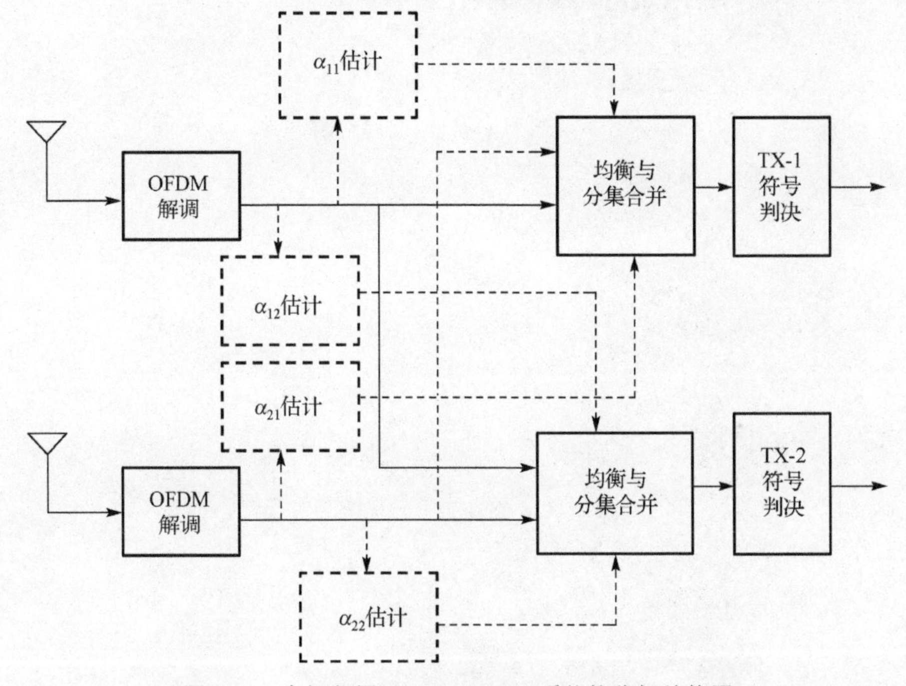

图 8.16　空间复用 MIMO-OFDM 系统接收机结构图

8.5 本章小结

现代通信系统主要的特征是宽带传输，在物理层体现为高的数据速率和高的频谱效率。为了实现高质量的宽带通信，尤其是宽带无线通信，必须要使用有效的数字调制和解调技术，以及有效的抗干扰传输技术与干扰抑制信号检测技术。宽带无线通信中，影响信号检测的主要因素来自多径传播造成的 ISI 和多用户传输带来的 MAI。DSSS-CDMA 系统、OFDM 系统和 MIMO 系统都是适合宽带无线多用户通信的系统。本章主要针对这三种不同的技术，介绍了每种技术所对应的发射机和接收机基本原理及相应的信号处理技术。这些基本的系统结构也是现代无线通信系统中所采用的，因此具有普遍的参考价值。接收机的信号处理结构设计也具有实用价值。MIMO-OFDM 传输是 4G 移动通信所基于的传输技术。掌握其发射机和接收机的基本组成结构，并了解其主要的信号处理技术对读者将来从事无线通信系统的研发无疑具有重要的意义。

第9章　基于MATLAB的通信模块及通信系统仿真

仿真1　基于Jakes模型的瑞利信道仿真

Jakes模型是一种采用不同多普勒频率波相加的确知性模型。该程序产生的复数，其实部和虚部分别满足高斯分布，因此包络满足瑞利分布，相位满足均匀分布。可以采用其他改进的Jakes模型，使得衰落系数真正随机化。图9.1所示为Jakes模型的框图，其中的参数计算如下：

$$f_n=\begin{cases} f_m, & n=M+1 \\ f_m\cos\dfrac{2\pi n}{N}, & n=1,2,\cdots,M \end{cases} \tag{9-1}$$

$$\beta_n=\begin{cases} \dfrac{\pi}{4}, & n=M+1 \\ \dfrac{\pi n}{M}, & n=1,2,\cdots,M \end{cases} \tag{9-2}$$

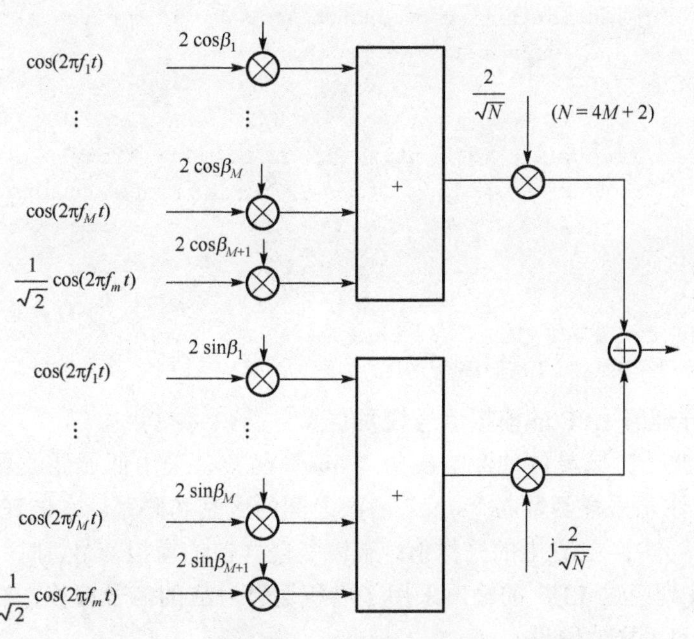

图9.1　Jakes模型框图

```
clear all;
f_max = 10;%最大多普勒频率
M = 9;
```

```
N = 4*M+2;
Ts = 1e-03; 采样间隔
sq = 2/sqrt(N);
sigma = 1/sqrt(2); %使得输出的瑞利衰落系数的均方根值为 1
theta = 0;
count = 0;
t0 = 0 ;
for t = 0:Ts:3
        count = count + 1;
        g(count) = 0;
        for n = 1 : M+1,
           if n < =  M
               c_q(count,n) = 2*sigma*sin(pi*n/M);
               c_i(count,n) = 2*sigma*cos(pi*n/M);
               f_i(count,n) = f_max*cos(2*pi*n/N);
               f_q(count,n) = f_max*cos(2*pi*n/N);
           else
           c_i(count,n) = sqrt(2)*cos(pi/4);
               c_q(count,n) = sqrt(2)*sin(pi/4);
               f_i(count,n) = f_max;
               f_q(count,n) = f_max;
           end;
           g_i(count,n) = c_i(count,n)*cos(2*pi*f_i(count,n)*(t-t0) + theta);
                 %Inphase component
           g_q(count,n) = c_q(count,n)*cos(2*pi*f_q(count,n)*(t-t0) + theta);
                 %Quadrature component
       end;

       Fad_i(count) = sq*sum(g_i(count,1:M+1));%Total In-phase component
       Fad_(count) = sq*sum(g_q(count,1:M+1));%Total quadrature component

end;

Envelope = sqrt(Fad_i.^2+Fad_q.^2);
%rms_Envelope = sqrt(sum(Envelope.^2)/count);
```

仿真 2　采样理想 LPF 的模拟信号恢复仿真

理想低通滤波器时域单位冲激响应为“sinc”函数，采用低通滤波器恢复模拟信号的公式为式(3-7)，注意采样函数与“sinc”函数之间的区别和联系。本仿真采用了 11 个采样点，分别为 $-5T_s, -4T_s, \cdots, 5T_s$ 上的采样值，来恢复采样前的模拟信号。时间的离散化方法为 $n = t/T_s$，采样序列经过 LPF 的输出采用了卷积运算对应的信号搬移方法。读者可以扩展到其他采样点数和采样值假设。

```
s = [-2,-1,0,1, 2, 3, 2, 1,0,-1,-2]; %假设的采样值
t = [-5:0.1:5];
f_all = [];
```

```
for n = -5:1:5;
     A = s(n+6);
   f1 = A.*sinc(t+n)
   plot(t,f1);   %画每个波的波形
   hold on

   f_all = [f_all;f1];

end

f_sum = sum(f_all);  %11 个波的合成波
   plot(t,f_sum,':r');
   xlabel('t/T');
   ylabel('幅度');
```

仿真 3　采用 13 折线法的 PCM 编码仿真

总的码长为 8 位，包括 1 位符号位、3 位段落码和 4 位段内码。假设模拟信号最大幅度的绝对值为 5V，采样信号必须为绝对值小于或等于 5 的电平，程序中假设为−2V。

程序先编码符号位，再确定段落码，最后是段内码编码。

```
Max_A = 5;                       %最大电平值
A_sampling =  -2;                %实际输入电平值
Sign_A = sign(A_sampling);       %符号位
if Sign_A> = 0
    c_sign = 1;
else
     c_sign = 0;
end
N_min_quti_interval = (abs(A_sampling)/Max_A).*2048;
%————————————————————以下为段落码编码
if N_min_quti_interval> = 1024;
    c_sectin = [1,1,1]
    indexcode = 8
    rem_N = N_min_quti_interval-1024;
    Interval_sub = 1024/16;
elseif N_min_quti_interval> = 512;
      c_sectin = [1,1,0];
      indexcode = 7;
      rem_N = N_min_quti_interval-512;
      Interval_sub = 512/16;
elseif N_min_quti_interval> = 256;
      c_sectin = [1,0,1];
      index_c = 6;
      rem_N = N_min_quti_interval-256;
      Interval_sub = 256/16;
elseif N_min_quti_interval> = 128;
      c_sectin = [1,0,0];
      index_c = 5;
```

```
        rem_N = N_min_quti_interval-128;
        Interval_sub = 128/16;
    elseif N_min_quti_interval> = 64;
        c_sectin = [0,1,1];
        index_c = 4;
        rem_N = N_min_quti_interval-64;
        Interval_sub = 64/16;
    elseif N_min_quti_interval> = 32;
        c_sectin = [0,1,0];
        index_c = 3;
        rem_N = N_min_quti_interval-32;
        Interval_sub = 32/16;
    elseif N_min_quti_interval> = 16;
        c_sectin = [0,0,1];
        index_c = 2;
        rem_N = N_min_quti_interval-16;
        Interval_sub = 16/16;
     else
        c_sectin = [0,0,0];
        rem_N = N_min_quti_interval-0;
        Interval_sub = 16/16;
        index_c = 1;
    End
    %———————————————以下为段内码编码
    N_subsection = fix(rem_N./Interval_sub);
    switch N_subsection
       case 0
            c_insection = [0,0,0,0];
       case 1
            c_insection = [0,0,0,1];
       case 2
            c_insection = [0,0,1,0];
       case 3
            c_insection = [0,0,1,1];
       case 4
            c_insection = [0,1,0,0];
       case 5
            c_insection = [0,1,0,1];
       case 6
            c_insection = [0,1,1,0];
       case 7
            c_insection = [0,1,1,1];
       case 8
            c_insection = [1,0,0,0];

       case 9
            c_insection = [1,0,0,1];
```

```
    case 10
          c_insection = [1,0,1,0];
    case 11
          c_insection = [1,0,1,1];
    case 12
          c_insection = [1,1,0,0];
    case 13
          c_insection = [1,1,0,1];
    case 14
          c_insection = [1,1,1,0];
    case 15
          c_insection = [1,1,1,1];
end

C_code = [c_sign,c_sectin,c_insection]
```

仿真 4　DM 调制及解调仿真

在 DM 中为了避免产生过载量化噪声，量化台阶和量化步长的比值必须满足大于信号的最大瞬时斜率，此外，信号采样必须满足采样定理。本仿真采用假设的模拟信号，根据 DM 的编码器实现原理框图和译码框图，仿真实现了基于 DM 技术的采样、量化和编码，以及接收机的译码。读者可以修改程序观察过载量化噪声带来的影响。

```
f1 = 50;
f2 = 100;
w1 = 2.*pi.*f1;
w2 = 2.*pi.*f2
f_max = max(f1,f2);
fs = f_max.*10;  %满足采样定理
Ts = 1/fs;
a1 = 0.3;
a2 = 0.5
slope1 = a1.*w1;
slope2 = a2.*w2;
slope_max = max(slope1,slope2);
delta = fix(slope_max+1).*Ts.*2;          %避免过载量化噪声
N = 40;
t = [0:N]*Ts;
x = a1.*sin(w1*t)+a2*sin(w2*t);           %采样信号

%——————————————DM 编码
x_ke = 0;
for k = 1:1: length(x)
   err = x(k)-x_ke;
   if(err> = 0)
      q_value = delta;
      code(k) = 1;
   else
```

```
        q_value = -delta;
        code(k) = 0;
    end
    x_ke = x_ke+q_value;
end

%——————————————DM解码，恢复量化电平
q_value = 0;
for k = 1:1:length(code)
    if(code(k)>0)
        err = delta;
    else
        err = -delta;
    end
    xe(k) = q_value+err;
    Q_value = xe(k);
end
subplot(2,1,1);plot(t,x,'-');axis([0 N*Ts,-2 2]);
subplot(2,1,2);stairs(t,code1);axis([0 N*Ts,-2 2]);
figure
plot(t,x); hold on
stairs(t,xe);
```

仿真 5　HDB_3编码和译码仿真

HDB_3的编码原理参见本书相关章节。HDB_3码的译码基于如下的观察：在连续 4 个“0”码的最后一位“0”处插入“V/(–V)”、前面不插入“B/(–B)”时，编码后会出现“1 0 0 0 1”或“–1 0 0 0 –1”的 4 比特码字段；当第 4 个“0”比特处插入“V/(–V)”、第 1 个“0”比特处插入“B/(–B)”时，编码后会出现“1 0 0 1”或“–1 0 0 –1”的码字段。解码是发现这样的码字段，将插入的比特变为“0”码，并考虑到插入“B/(–B)”时，后面比特均反号的事实，则可实现正确译码。

```
clc; clear;
N = 20;% 23; %for test;
%rn = [1,0,0,0,0,1,0,0,0,0,1,0,1,0,0,0,0,1,0,1,0,0,1];  %用于测试
V = 100;
B = 50;
rn = [1, round(rand(1,N-1))];
ori = rn;
signbit = 1;

for n = 1:N
if rn(n) == 1
     rn(n) = signbit;
     signbit = -signbit;
  end
end
```

```
AMI = rn                                   %产生了 AMI 码

Sign_V = -1;
for k = 1:N-3
   if abs(rn(k)) == 1
     sign_V = rn(k);
   end
if rn(k) == 0
   rnk_3 = [rn(k+1),rn(k+2),rn(k+3)];
    if sum(abs(rnk_3-[0,0,0])) == 0;    %4 零串判断
     rn(k+3) = sign_V.*V;              %插入 V
    end
 end % rn(k) == 0

end % for k

HDB3_v = rn
%————————————————————
ind_even_odd  = 1;    %4 零串之间的奇、偶数个非 0 元素指示器初始化
for k = 1:N
  if abs(rn(k)) == V;
      k = k
    for d = k+1:N
     if abs(rn(d)) == 1
        ind_even_odd =  -ind_even_odd;
      end

      if abs(rn(d)) == V
        if ind_even_odd ~ = 1;
           ind_even_odd  = 1;
        else
        rn(d-3) =  -rn(d-4).*B;        %插入 B
         rn(d:N) = -rn(d:N);
         end
       end
    end %end for d = k+1:N
  end % end if abs (rn(k)) == V
end %end k = 1:N
HDB3_VB = rn
HDB3 = HDB3_VB;
%————用 1 或-1 代替 V，-V； B，-B
for k = 1:N;
  if abs(HDB3(k)) == V
    HDB3(k) = sign(HDB3(k));
  end
  if abs(HDB3(k)) == B
    HDB3(k) = sign(HDB3(k));
```

```
    end
  end

  Encode = HDB3
  %——————————————译码
  for k = 1:N-5
    Test_5bits = [1,0,0,0,1];
    five_bits = [HDB3(k),HDB3(k+1),HDB3(k+2),HDB3(k+3),HDB3(k+4)];
    four_bits = [HDB3(k),HDB3(k+1),HDB3(k+2),HDB3(k+3),HDB3(k+4)];
    sign1 = sign(HDB3(k));
    sign4 = sign(HDB3(k+4));
    if sum(abs(abs(five_bits)-Test_5bits)) == 0 & sign1-sign4 == 0   %寻找“000V/-V”
          HDB3(k+4) = 0;
    end
  End

  for k = 4:N
    Test_4bits = [1,0,0,1];
    four_bits = [HDB3(k-3),HDB3(k-2),HDB3(k-1),HDB3(k)];
    if sum(abs(abs(four_bits)-Test_4bits)) == 0 & sign(HDB3(k)) == sign(HDB3(k-3))
      %寻找“B/-B 00 V/-V”
      HDB3((k+1):N) =  -1*HDB3((k+1):N);
    end
  end

  Decode = HDB3
  Test_code = sum(HDB3-AMI)
```

仿真 6　码间干扰仿真

该仿真基于如下的事实：出现码间干扰时，信道的单位冲激响应中除$\delta(n)$项外还会出现$\delta(n-mT_s)$。因此可以对双极性的二进制数字波，观察经过多径传播后接收端出现的合成波，并与发射波形比较，观察ISI的影响。

```
  x = [1,-1,1,1,-1,1,-1,-1];      %发射码
  xl = length(x);
  h = [1, 0, 1, 0];               %多径信道，相对延迟 2 个比特
  y = conv(x,h);                  %信号经过信道
  subplot(2,1,1)
  stairs(x);axis([0,xl,-2,2])
  title('原码')
  subplot(2,1,2)
  stairs(y);axis([0,xl,-3,3])
  title('有 ISI 后的码')
```

仿真 7　AWGN 信道中 QPSK 系统的 SER 和 BER 仿真

本仿真的关键在于对基带数字调制系统接收信号的表达式的理解。程序中最关键的是要掌握符号能量和比特能量的转换，以及$\mathrm{SNR}=E_\mathrm{b}/N_0$的处理。注意，要利用白噪声双边

功率谱密度和方差的关系：$N_0/2=\sigma^2$。本仿真中，仿真与理论值要比较才能验证统计试验的有效性。另一个重点是，统计平均对于大 SNR 值也应是充分的。例如，BPSK 和 QPSK 在 AWGN 中的 BER 在 9dB 左右要达到约万分之一，因此本程序最大信噪比为 10dB 时，采用的统计点数为 10 万，也就是误码率倒数的 10 倍左右。

```
N_trials = 1000;    %试验次数
Nbit_frame = 100;   %每次试验的一帧数据中总比特数
Max_snr = 10;       % in dB  最大信噪比值
Es = 1;             %归一化符号能量
BER_trial = 0;
SER_trial = 0;
for trial = 1:N_trials;    %外循环，试验次数循环
trial
S10 = round(rand(1,Nbit_frame));
S1_1 = (S10*2-1);
S = S1_1./sqrt(2);
S1 = S(1:2:Nbit_frame);
S2 = S(2:2:Nbit_frame);
Sc = S1+j.*S2;
niose = randn(1,Nbit_frame/2)+j.*randn(1,Nbit_frame/2);
BER_v = [];
SER_v = [];
for snr_dB = 0:1:Max_snr;                      %内循环，SNR 循环
 sgma = (1/2)*sqrt(10.^(-snr_dB./10));  %根据 SNR 配噪声标准差
Y = Sc+sgma.*niose;                          %接收的信号
Yr1_1 =  sign(real(Y));                      %实部比特 ML 判决
Yi1_1 =  sign(imag(Y));                      %虚部比特 ML 判决
Y_r =  Yr1_1./sqrt(2);                       %能量归一化
Y_i =  Yi1_1./sqrt(2);

Y_bit = [];
 for k = 1:length(Y_r);
Y_bit = [Y_bit,[Yr1_1(k),Yi1_1(k)]];
end;

Y_symbol = Y_r+j*Y_i;                        %构造符号
X_bit = S10-(Y_bit+1)/2;
X_symbol = Sc-Y_symbol
ber_snr = sum(abs(X_bit))/Nbit_frame;  %BER 统计

ser_snr = 0;
for k = 1:Nbit_frame/2
   if X_s(k)~ = 0;
 ser_snr = ser_snr+1;
end;
end;
ser_snr = ser_snr./(Nbit_frame/2);     %SER 统计
```

```
BER_v = [BER_v, ber_snr];
SER_v = [SER_v, ser_snr];
 end%for snr
BER_trial = BER_trial+BER_v;
SER_trial = SER_trial+SER_v
end %for trials
BER = BER_trial./N_trials;
SER = SER_trial./N_trials;
%——————————下面为理论上的 SER 和 BER 计算
BER_T = [];
SER_T = [];
for snr_db = 0:1:N_snr;
  snr = 10.^(snr_db./10);
BER_THEORY = Qfunct(sqrt(2.*snr))
SER_THEORY = 1-(1-(1/2).*erfc(sqrt(snr))).^2;
BER_T = [BER_T, BER_THEORY];
SER_T = [SER_T, SER_THEORY];
end;

Figure
i = 0:1:Max_snr;
semilogy(i, BER, i, BER_T);
legend('BER-simulation-based', 'BER-theoretical '');
xlabel('E_{b}/N_{0 } (dB)');
ylabel('BER);

function[y] = Qfunct(x);
y = (1/2)*erfc(x/sqrt(2));
```

仿真 8 AWGN 信道中 QPSK 系统软比特解调仿真

软比特定义为 $\ln\dfrac{P(1)}{P(0)}$。假设 QPSK 采用如图 9.2 所示的比特组与符号的映射，发射的符号用 $x = x_{\mathrm{I}} + \mathrm{j}x_{\mathrm{Q}}$ 表示，在 AWGN 信道中对应的接收符号可以表示为 $y = y_{\mathrm{I}} + \mathrm{j}y_{\mathrm{Q}}$，其中 $y_{\mathrm{I}} = x_{\mathrm{I}} + n_{\mathrm{I}}$， $y_{\mathrm{Q}} = x_{\mathrm{Q}} + n_{\mathrm{Q}}$，因此有

$$P(\text{bit1}=1) = \frac{1}{\sqrt{\pi N_0}}\exp\left(-\frac{\left(y_{\mathrm{I}} - \dfrac{\sqrt{E_{\mathrm{s}}}}{\sqrt{2}}\right)^2}{N_0}\right)$$

$$P(\text{bit1}=0) = \frac{1}{\sqrt{\pi N_0}}\exp\left(-\frac{\left(y_{\mathrm{I}} + \dfrac{\sqrt{E_{\mathrm{s}}}}{\sqrt{2}}\right)^2}{N_0}\right)$$

$$\text{bit1\_soft} = \ln\frac{P(\text{bit1}=1)}{P(\text{bit1}=0)} = \frac{\sqrt{2E_s}}{N_0/2}y_I = \frac{\sqrt{2E_s}}{\sigma^2}y_I$$

同理有：

$$\text{bit2\_soft} = \ln\frac{P(\text{bit2}=1)}{P(\text{bit2}=0)} = \frac{\sqrt{2E_s}}{N_0/2}y_Q = \frac{\sqrt{2E_s}}{\sigma^2}y_Q$$

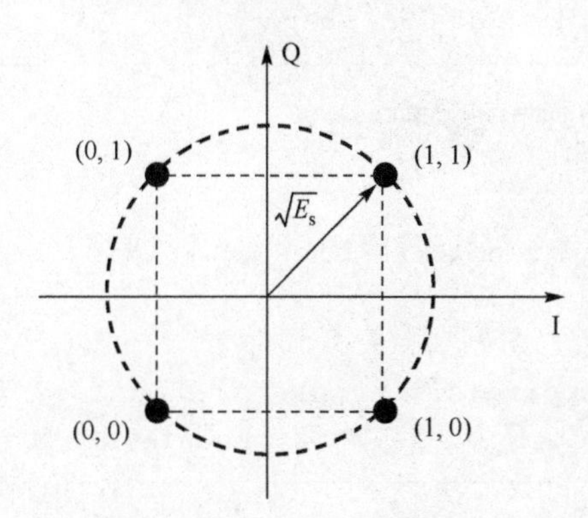

图 9.2　QPSK 星座图

该仿真程序产生不同 SNR 下的 QPSK 软比特。

```
Es = 1;
Nbit_frame = 100;
S10 = round(rand(1,Nbit_frame));
S1_1 = (S10*2-1);
S = S1_1./sqrt(2);
S1 = S(1:2:Nbit_frame);
S2 = S(2:2:Nbit_frame);
Sc = S1+j.*S2;
niose = randn(1,Nbit_frame/2)+j.*randn(1,Nbit_frame/2);
bit1_soft = [];
bit2_soft = [];
for snr_dB = 0:1:Max_snr;
sgma = (1/2)*sqrt(10.^(-snr_dB./10));
Y = Sc+sgma.*niose;
Yr_soft =  sqrt(2.*Es).*sign(real(Y))./sgma.^2;
Yi_soft =  sqrt(2.*Es).*sign(imag(Y))./sgma.^2;
bit1_soft = [bit1_soft, Yr_soft];
bit2_soft = [bit2_soft,Yi_soft];
end
```

仿真 9　AWGN 信道中 16QAM 系统的 SER 和 BER 仿真

该仿真对矩形星座图的 16QAM 基带调制和解调系统进行仿真。相邻信号点的间距为 $2d$，取符号平均能量 $10d^2=1$，可以求得 d 的值。编程思想是根据映射表将二进制的 0000～1111 所对应的十进制数+1 与复数符号一一对应。调制映射将比特组映射成复数，解调时实现反映射。程序的最后还提供了一个软比特调频子程序，供考虑卷积编码或者 Turbo 编码系统中的解调使用。

```
number_Frame = 200;
N_bits = 400;
Max_SNR = 10;
step = 2;
errs = zeros(1, fix(Max_SNR/step)+1);
%————————————————————————————————————
for nframe = 1:number_Frame
    nframe

    s_bits = round(rand(1, N_bits)); % info. bits
     Eav = 1;
     d = sqrt(Eav./10);
    sig = qam16mapping(s_bits,d);
    A_WGN = randn(1,N_bits/4)+j.*randn(1,N_bits/4);
 %——————————————————————————————————映射表
function sig = qam16mapping(msg, d)
N_bit = length(msg);
mapping = [ d, d; d,  3*d;  3*d, d;  3*d, 3*d;...
          d, -d; d, -3*d;  3*d, -d;  3*d, -3*d;...
         -d, d; -d, 3*d; -3*d, d; -3*d, 3*d;...
         -d, -d; -d, -3*d; -3*d, -d; -3*d, -3*d]; %matrix of size 16 x 2
%——————————————————————————————————————————————————————
    dsource = [];
    sig = [];
    for i = 1:4:N_bit
        temp = [msg(i),msg(i+1),msg(i+2),msg(i+3)];
        s_index = int_state(temp);
        dsource = [dsource,s_index+1];
    end %dsouce element in{1,...,16}

    N_QAM = length(dsource); %(N_bit/4)
    for i = 1:N_QAM
        sig1 = mapping(dsource(i),1);
        sig2 = mapping(dsource(i),2);
        sig = [sig,sig1+j.*sig2]; % symbol row vector with N_bit/4 16QAM symbols
    end
%——————————————————————————————————————硬判决子程序
function hardbits = hard_demap(r,d)
N_symbol = length(r);
hardbits = [];
sbits = zeros(1,4);
for k = 1:N_symbol
    sk = r(k);
    sbits(1) = -real(sk);
```

```
    sbits(2) = -imag(sk);
    sbits(3) = abs(real(sk))-2.*d;
    sbits(4) = abs(imag(sk))-2.*d;
    hardbits = [hardbits,sign(sbits)];
end
%————————————————————————————————二进制比特组到十进制数转换子程序
function int_state = int_state(state)
%converts a row vector of m bits into a integer (base 10)
[dummy, m] = size(state);
for i = 1:m
vect(i) = 2^(m-i);
end
int_state = state*vect';
%————————————————————十进制数映射为比特组子程序
function bin_state = bin_state(int_state, m)
%converts an vector of integer into a matrix; the i-th row is the binary form of
m bits for the i-th integer;
%m = 2 for this QPSK-mapping example;
%int_state = one of the values 0, 1,2,3 in this QPSK-mapping example and
         length(int_stste) = 1
for j = 1:length(int_state)
    %length(int_state) = 1, usually. because the maximum int_stste = 4,
    %if not 4 but 16, than the length will be 1 or 2.
  for i = m:-1:1  % i is the register index. i = 2,1 in the example
     state(j,m-i+1) = fix(int_state(j)/ (2^(i-1)));
   %fix(X) rounds the elements of X to the nearest integers towards zero.
%————————————————————————————————————————————
    int_state(j) = int_state(j) - state(j,m-i+1)*2^(i-1);
    %remain of mod 2^(i-1), the leftmost bit is most significant
   end
end
bin_state = state;
%int_state = 0, 1, 2, 3,respectively; bin_state = 00,01,10,11,respectively
%————————————————————
function softbits = soft_demap(r,d)   %基于星座图的软比特解调
N_symbol = length(r);
softbits = [];
sbits = zeros(1,4);
for k = 1:N_symbol
    sk = r(k);
    sbits(1) = -real(sk);
    sbits(2) = -imag(sk);
    sbits(3) = abs(real(sk))-2.*d;
    sbits(4) = abs(imag(sk))-2.*d;
    softbits = [softbits,sbits];
end
```

仿真 10　PN 序列产生的仿真

该仿真采用的 PN 多项式 $g(x)=1+x^3+x^4$，采用线性反馈移位寄存器产生。

```
g = [0,0, 1, 1]; %生成多项式的高 4 位系数，去掉最低位的“1”
Reg_values = [1 0, 0, 1]
for k = 1:30;
    Outbit(k) = Reg_values(4);
    temp = sum(g.*Reg_values);
    bit1 = mod(temp,2);
    Reg_values = [bit1,Reg_values(1,1:3)];
 end
 Outbit
 stairs(Outbit)
 axis([0,30,-1,2])
```

仿真 11　直接序列扩频 BPSK 系统 BER 仿真

本仿真对 AWGN 信道中 DSSS-BPSK 系统的 BER 性能进行仿真。扩频序列采用 15 位 PN 序列加尾部补一位“0”比特的码。因此扩频因子为 16。理论计算值为不扩频 BPSK 的 BER。由结果可见，理想 AWGN 信道中，DSSS 扩频不影响系统的 BER 性能。

```
N_Trials = 1000;
N_number = 1000;
Max_snr = 10;
Q = 16;
pn01 = PN_sequence(Q);
Err_trials = 0;
for trials = 1:N_Trials
    trials
   noise = randn(1,Q*N_number)+j.*randn(1,Q*N_number);
   s10 = round(rand(1,N_number))
   S1_1 = s10*2-1;
   pn = (pn01.*2-1)./sqrt(Q);
   s = kron(s1_1, pn);           %扩频
   sgma = 1;
   Error_v = [ ];

 for snr_dB = 0:1:Max_snr
    snr = 10.^(snr_dB./10);
    N0 = 2*sgma.^2;
    Eb = snr.*N0;
    y = sqrt(Eb)*s+noise;
    Y_M = [ ];                   %——扩频后的符号矩阵
      for k = 1:N_number
            ym = yy(1,(k-1)*Q+1:k*Q);
            Y_M = [Y_M;ym];
      end
    ys = Y_M*pn.';
```

```
    y = ys.';
    y_real = real(y);
    s_e = sign(y_real);     %ML 判决
    s_e10 = (s_e+1)./2;    %判决的“1”和“-1”变成“1”和“0”
    Error_snr = sum(abs(s10-s_e10));
    Error_v = [Error_v,Error_snr];
End %———————————————————————end for SNR-loop
 Err_trials = Err_trials+Error_v ;
end %——————————————————————end for trials-loop
 BER = Err_trials./N_number/N_Trials;

BER_T = [ ];                          %————————以下为理论值计算
   for snr_dB = 0:1:Max_snr
      snr = 10.^(snr_dB./10);
      BER_THEROY = Qfunct(sqrt(2.*snr));
       BER_T = [BER_T, BER_THEROY];
   end
i = 0:1:Max_snr;
 semilogy(i,BER,'-r',i,BER_T ,'*g');
Xlabel('E_{b}/N_{0} (dB)')
Ylabel('BER')
Legend('Monte-Carlo', 'Theroetic')
```

仿真 12　仿真产生 Walsh 码

Walsh 码由哈达码矩阵产生。

```
function codes = walshcodes(M)
code_child = [1];
k = log2(M)
for n = 1:k
   code_mother = [code_child,code_child;code_child,-code_child];
   code_child = code_mother;
end
codes = code_mother;
```

仿真 13　DSSS-CDMA 系统仿真

该仿真假设一个两用户的 CDMA 系统，分别采用独立的正交扩频码(Walsh 码)，调制方式为 BPSK。接收机采用解扩操作和 ML 判决，对发射符号进行 BER 统计，并与理论上 AWGN 信道中无扩频单用户 BPSK 系统的 BER 性能进行比较，以验证正交码对 CDMA 系统的有效性。

```
N_Trials = 1000;          %试验次数
N_number = 100;           %每次试验产生数据的长度
Max_snr = 10;             %最大 SNR 值
Q = 16;                   %扩频因子
N_user = 2;               %用户数
codes = walshcodes(Q);  %调 Waslsh 码子程序
pn = codes(2:2+N_user-1,:)/sqrt(Q);
```

```
pn_d = pn(1,:);     %PN code of interest
Err_trials = 0;
for trials = 1:N_Trials
trials
noise = randn(1,Q*N_number)+j.*randn(1,Q*N_number);
s10 = round(rand(N_user,N_number));
s10_d = s10(1,:); %binary sequence of the user of interest
S1_1 = s10*2-1;
s_spread = [];
for k = 1:N_user
temp_spread = kron(S1_1(k,:), pn(k,:)); %扩频
s_spread = [s_spread;temp_spread];
end

if N_user>2
  SI = sum(s_spread(2:N_user,:));       %Total interference
else
  SI = s_spread(2,:);
end

S_S = s_spread(1,:);                    %Signal of interest
sgma = 1;
N0 = 2*sgma.^2;
INR_dB = 5;                             %Interference to noise ratio;
INR = 10.^(INR_dB./10);
Eb_I = INR.*N0;
Error_v = [ ];

for snr_dB = 0:1:Max_snr
  snr = 10.^(snr_dB./10);
  Eb = snr.*N0;
  y = sqrt(Eb)*S_S+sqrt(Eb_I).*SI+noise;

  Y_M = [ ]; %———下面产生扩频后的符号矩阵
for k = 1:N_number
   ym = y(1,(k-1)*Q+1:k*Q);
   Y_M = [Y_M;ym];
end

  ys = Y_M*pn_d.';
  y = ys.';
  y_real = real(y);
  s_e = sign(y_real);
  s_e10 = (s_e+1)./2;
  Error_snr = sum(abs(s10_d-s_e10));
  Error_v = [Error_v,Error_snr];
 end  %end for snr-loop
```

```
 Err_trials = Err_trials+Error_v;
end % end for trials-loop

BER = Err_trials/N_number/N_Trials
```

```
BER_T = [ ];
for snr_db = 0:1:Max_snr
 snr = 10.^(snr_db./10);
 BER_THEROY = Qfunct(sqrt(2.*snr));
 BER_T = [BER_T,BER_THEROY];
end
i = 0:1:Max_snr;
semilogy(i,BER,'-r',i,BER_T ,'*g');
xlabel('E_{b}/N_{0} (dB)')
ylabel('BER')
legend('Monte-Carlo', 'Theroetic')
```

仿真 14　平坦瑞利衰落信道中 BPSK 系统 BER 仿真

采用改进的 Jakes 模型产生瑞利衰落系数，该改进的 Jakes 模型引入了随机相位，因此是真正的随机模型。平坦的瑞利衰落信道中 BPSK 的理论 BER 曲线是 SNR 的线性函数，程序对仿真结果与理论计算值进行了对比。

```
N_Trials = 500;
N_number = 100;
N_snr = 10;
Err_trials = 0;
%————————————————————————————————
for trials = 1:N_Trials
trials
noise = randn(1,N_number)+j.*randn(1,N_number);
s10 = round(rand(1,N_number));
ss = s10*2-1;
fad_c = fading(8,0.005,N_number, 1);   %产生瑞利衰落系数
fad = fad_c.';
S_fad = ss.*fad(1,:);                  %衰落后的信号分量
sgma = 1;
Error_v = [];
%——————————————————————————————
for snr_db = 0:1:N_snr
  snr = 10.^(snr_db./10);  %Evaluate the SNR from SNR in dB
  N0 = 2*sgma.^2;
  Eb = snr.*N0;
  y = sqrt(Eb)*S_fad+noise;
  y_real = real(y);
  s_e = sign(y_real);
  s_e10 = (s_e+1)./2;
  Error_snr = sum(abs(s10-s_e10));
  Error_v = [Error_v,Error_snr./N_number];
```

```
end
%———————————————————————————————
  Err_trials = Err_trials+Error_v;
end   % end for trials
%———————————————————————————————
BER = Err_trials./N_Trials;
%以下为理论值计算
BER_T = [ ];
for snr_db = 0:1:N_snr
  snr = 10.^(snr_db./10);
  temp = sqrt(snr./(1+snr));
  BER_THEROY = (1-temp)/2;
  BER_T = [BER_T,BER_THEROY];
end
i = 0:1:N_snr;
semilogy(i,BER(1,:),'-',i,BER_T,'*');
xlabel('E_b/N_0(dB)')
ylabel('BER')
legend('by simulation','Theoretical values');
%Simulation Of Jakes_improved Model
%——————————————————以下为瑞利衰落系数产生子程序
function fad_coefs = fading(M, FdTs, N_samples,N_users)
%f_d  is the maximum Doppler frequency;
%M is the number subpaths used to generate Rayleigh coefficients e.g.M = 8;
%% # of low frequency oscillators
%FdTs = 0.025    % Production of maximum Dopple frequency and sampling interival
%Ts = FdTs./f_d;
%N_samples is the number of fading coeeficients
%N_users is the number of users

sq  = sqrt(1./M);
endtime = N_samples.*FdTs+1;

count = 0;
      alfa = 2.*pi.*rand(M, N_users)-pi;
      fai = 2.*pi.*rand(M, N_users)-pi;

   for t = 0:FdTs:endtime           %Varying time
      count = count+1;

      g = sum(exp(j.*(2.*pi.*t.*cos(alfa)+fai)));  %row-wise sum
      %g is a row 1xN_users-demensional vector;

        g_i(count,:) = real(sq.*g); % Inphase component for one oscillator
        g_q(count,:) = imag(sq.*g); % Quadrature component for one oscillator

   end;
```

```
%fad_coefs = g_i+j.*g_q;
envelope = sqrt(g_i.^2+g_q.^2);
fad_coefs = envelope(1:N_samples, :);
```

仿真 15　频率选择性瑞利衰落信道中的 RAKE 接收机仿真

该仿真程序采用两个用户、每个用户 2 条多径，扩频序列采用简单的均匀分布随机产生序列，对 RAKE 接收机的 BER 性能进行仿真。两个用户的 SNR 相等，每个用户的两条路径的功率相等，其中每条路径功率为发射总功率的一半。程序可以直接扩展到更多用户和更多路径的系统。仿真结果将 RAKE 接收机性能与单用户平坦衰落信道中的 BER 性能进行了比较，说明了 RAKE 接收机的有效性。瑞利衰落系数子程序参见仿真 14。

```
N_Trials = 300;
N_number = 100;
N_snr = 10;       %最大 SNR 值
N_users = 2;      %两个用户
N_path = 2;       %两条多径
Delay = 1;        %Path 2 has 1 sampling duration delay with respect to Path 1
Q = 16;           %spreading factor
N_samples = N_number*Q;
Err_trials = 0;
for trials = 1:N_Trials
trials
noise = randn(1,Q*N_number)+j.*randn(1,Q*N_number);
s10 = round(rand(N_users,N_number));
ss_user = s10*2-1;
pn01 = round(rand(N_users,Q));
pn = (pn01.*2-1)./sqrt(Q);
S_spread = [];
for user = 1:N_users
s = kron(ss_user(user,:), pn(user,:));
S_spread = [S_spread; s];
end
S_multipath = [];
for user = 1:N_users
s_user = S_spread(user,:);
Suser_delayed = [zeros(1,Delay), s_user(1,1:(N_samples-Delay))];
S_multipath = [S_multipath; [s_user;Suser_delayed]];
end
%————the following is to generate Rayleigh fading coefficients
N = N_users.*N_path;
fad_c = fading(8,0.005,N_number, N); %调瑞利衰落系数子程序，每个符号内衰落系数假设不变
fad = fad_c.';
%只考虑幅度衰落，即假设接收机有理想信道估计和信号均衡时有理想的相位补偿
Fad_spread = kron(fad, ones(1, Q));
S_sent = sum(S_multipath.*fad_spread);
sgma = 1;
```

```
Error_M = [ ];
for snr_db = 0:1:N_snr
snr = 10.^(snr_db./10);        %Evaluate the SNR from SNR in dB
N0 = 2*sgma.^2;
Eb = snr.*N0;
yy = sqrt(Eb./2)*S_sent+noise; %received spread signals in the baseband
Error_v_user = [];
for user = 1:N_users
y_path1 = yy;
y_path2 = [y_path1(1,Delay+1:N_samples), zeros(1,Delay)];

Y_M_path1 = [ ];
Y_M_path2 = [];
for k = 1:N_number
ym1 = y_path1(1,(k-1)*Q+1:k*Q);
ym2 = y_path2(1,(k-1)*Q+1:k*Q);
Y_M_path1 = [Y_M_path1;ym1];
Y_M_path2 = [Y_M_path2;ym2];
end
%Y_M is a matrix of size N_number x Q, each row corresponding to a BPSK symbol

ys = Y_M_path1*pn(user,:).'.*fad((user-1).*N_path+1,:) .'…
+Y_M_path2*pn(user,:). .'*fad((user-1).*N_path+2,:)';
 %上面语句完成解扩和最大比合并，即 RAKE 接收
y = ys.';
y_real = real(y);
s_e = sign(y_real);        %ML 符号判决
s_e10 = (s_e+1)./2;
Error_snr = sum(abs(s10(user,:)-s_e10));
Error_v_user = [Error_v_user;Error_snr./N_number];
%A BER column vector for all the users and for each SNR value
end  %for user

Error_M = [Error_M,Error_v_user]; %BER matrix for all users and for all the SNRs
end  %end for snr

Err_trials = Err_trials+Error_M ;
end   %end for trials

BER = Err_trials./N_Trials;

BER_T = [ ];
for snr_db = 0:1:N_snr
snr = 10.^(snr_db./10);
temp = sqrt(snr./(1+snr));
BER_THEROY = (1-temp)/2;
BER_T = [BER_T,BER_THEROY];
```

```
end
i = 0:1:N_snr;
semilogy(i,BER(1,:),'-r',i,BER(2,:),'ob',i,BER_T ,'*g');
xlabel('E_b/N_0(dB)')
ylabel('BER')
legend('User1 RAKE','User2 RAKE', 'Theoretical flat fading');
```

仿真 16　OFDM 系统仿真

该仿真主要完成了 AWGN 信道中 16QAM 调制的 OFDM 系统 BER 仿真，程序中调用的 16QAM 调制和解调有关子程序在前面的仿真中已给出。该程序的关键是考虑接收信号模型中 SNR 的定义，即 $\mathrm{SNR}=E_{\mathrm{b,av}}/N_0$，是指接收机每个子载波上基带信号的平均比特能量和噪声单边功率谱密度的比。由于噪声是在时域每个 OFDM 符号样本点上加入的，接收机利用 MATLAB 的 fft( )函数做 FFT 运算后，输出的每个子载波上的噪声功率与 FFT 变换前噪声的功率相比要放大 N 倍，其中 N 为 FFT 运算的点数，因此在仿真中对时域接收信号进行建模时，要将 AWGN 的功率缩小为 N 分之一，以保证接收机 FFT 输出后的每个子载波上基带信号的 SNR 值符合定义的 SNR 值。

```
number_Frame = 100;
N_symbols = 1024;
N_bits = N_symbols.*4;
Max_SNR = 10;  %dB
SNR_step = 1;
errs = zeros(1, fix(Max_SNR/SNR_step)+1);
%————————————————————————————
for nframe = 1:number_Frame
  nframe
  s_bits = round(rand(1, N_bits)); % info. Bits
  Eav = 1;
  d = sqrt(Eav./10);
  sig_sent = ifft(qam16mapping(s_bits,d));
  A_WGN = randn(1,N_symbols)+j.*randn(1,N_symbols);
%————————————————————————
   nEN = 0;
for EbN0dB =  0: SNR_step:Max_SNR
   snr = 10.^(EbN0dB/10);
   nEN = nEN+1;
   Eb_av = Eav/4;
   sigma  = sqrt(Eb_av /(2*snr))./sqrt(N_symbols);
   r = sig_sent+sigma*A_WGN;
   r_fft = fft(r);%————————OFDM demodulation
   de_bits = (hard_demap(r_fft,d)+1)./2;
   err(1,nEN) = length(find(de_bits~ = s_bits));
 end %——————————————————Eb/N0 dB
   errs = errs + err;
end %——————————————————nframe
```

```
ber =  errs/number_Frame/N_bits;
i = 0:SNR_step:Max_SNR;
figure
semilogy(i,ber,'r-');
xlabel('E_{b}/N_{0} (dB)')
ylabel('BER')
grid on
```

仿真 17　空时分组编码 MIMO-OFDM 分集系统仿真

该仿真采用了 2 发 1 收的 MIMO 系统，并采用了基于空时分组码的 MIMO-OFDM 发射和接收系统结构，参见图 8.10 及式(8-36)～式(8-38)。空时分组编码为 Alamouti 2×2 的复矩阵编码。译码采用了矩阵求逆运算，实质上是迫零均衡算法。两个发射天线的发射功率均为总功率的一半。仿真结果与理论上的平坦瑞利衰落信道中 QPSK-SISO 系统的 BER 计算值进行了比较。可以明显看出，采用 MIMO 系统后 BER 性能优于单天线的系统。采用 OFDM 调制的主要贡献在于提高频谱效率。

```
number_Frame = 100;
N_symbols = 64;
N_bits = N_symbols.*2;
Max_SNR = 10;  %dB
step = 2;
errs = 0;
M = 8;
FdTs = 0.005;
N_ant = 2;
%——————————————————————————————
for nframe = 1:number_Frame
nframe

s_bits = round(rand(1, N_bits)); % "1" and "0" sequence
s_bits1_1 = s_bits.*2-1;
s_bit1 = s_bits1_1(1:2:N_bits);
s_bit2 = s_bits1_1(2:2:N_bits);
s_symbol = (s_bit1+j*s_bit2)./sqrt(2);
S_tx1 = s_symbol;
Sym_odd = conj(s_symbol(1,1:2:N_symbols));
Sym_even = -1.*conj(s_symbol(1,2:2:N_symbols));

S_tx2 = [];
for k = 1:N_symbols/2
S_tx2 = [S_tx2,[Sym_even(k),Sym_odd(k)]];
end
Es = 1;
S_STBC = ([S_tx1; S_tx2]).'; %each collumn of S_STBC for a transmit antenna
```

```
sig_sent = ifft(S_STBC).'; %each row of sig_sent for a transmit antenna
fad_env_half = fading(M,FdTs,N_symbols/2,N_ant);
fad = fad_env_half.';       %fad has a size 2 x N_symbols/2
fad_env = kron(fad,[1,1]);    %keep fading coefficients fixed in each block time
fad_phase = diag(rand(N_ant,1).*2.*pi-pi);
fad_c = exp(j.*fad_phase)*fad_env;     %phase
fad_c = fad_env;            %phase
sig_fad = fad_c.*sig_sent;

A_WGN = randn(1,N_symbols)+j.*randn(1,N_symbols);
%------------------------------
nEN = 0;

for EbN0db =  0:step:Max_SNR
snr = 10.^(EbN0db/10);
nEN = nEN+1;
Eb = Es/2;
sigma = sqrt(Eb/(4*snr))./sqrt(N_symbols); %Half the transmit power each Tx
r_v = sum(sig_fad)+sigma.*A_WGN;
r_freq = fft(r_v);                         %OFDM demodulation
y1_m = r_freq(1,1:2:N_symbols);
y2_m = r_freq(1,2:2:N_symbols);
y_m = [y1_m;conj(y2_m)];

CH_fad = fad_c(:,1:2:N_symbols);%Assume that channel is ideally estimated

Se_Matrix = [];
for k = 1:N_symbols/2
alfa1 = CH_fad(1,k);
alfa2 = CH_fad(2,k);
CH_est = [alfa1, -alfa2; conj(alfa2), conj(alfa1)];
Se_temp = inv(CH_est)*y_m(:,k);            %-----------Channel equalization
Se_Matrix = [Se_Matrix,Se_temp];
end
Se_M = [Se_Matrix(1,:);conj(Se_Matrix(2,:))];
Se_V = [];
for k = 1:N_symbols/2
S_temp = Se_M(:,k);
Se_V = [Se_V,S_temp.'];
end

bit_I = sign(real(Se_V));
bit_Q = sign(imag(Se_V));

r_bits = [];
for k = 1:N_symbols
r_bits = [r_bits,[bit_I(k),bit_Q(k)]];
```

```
end

de_bits = (r_bits+1)./2;

err(1,nEN) = length(find(de_bits~ = s_bits));

end %EbN0db

%————————————————————————————————
errs = errs + err;
end %nframe

ber =  errs/number_Frame/N_bits
BER_T = [];
%——————————————————————
for snr_db = 0:step:Max_SNR
snr = 10.^(snr_db./10);
temp = sqrt(snr./(1+snr));
BER_THEROY = (1-temp)/2;
BER_T = [BER_T,BER_THEROY];
end

%———————————————————————————————————
i = 0:step:Max_SNR;
figure
semilogy(i,ber,'r-',i,BER_T,'*');
xlabel('E_{b}/N_{0}')
ylabel('BER');
legend('Monte-Carlo','Theoretical')
grid on
```

附录A　部分频谱划分表

频段/kHz	主 要 用 途
0～160	水上移动，水上无线电导航，标准频率和时间信号
160～526.5	航空无线电导航，水上无线电导航，水上移动
526.5～1606.5	广播，航空无线电导航
1606.5～1800	无线电定位，无线电导航
1800～2190.5	业余，无线电导航，无线电定位，水上移动，移动(遇险和呼叫)
2190.5～2495	水上移动，无线电定位，广播
2495～12230	航空移动，广播，业余，水上移动，标准频率和时间信号，陆地移动
12230～13600	水上移动，航空移动，射电天文，广播，陆地移动
13600～15010	广播，业余，标准频率和时间信号
15010～17900	航空移动，广播，水上移动
17900～19680	航空移动，业余，广播
19680～21924	水上移动，标准频率和时间信号，业余，广播
21924～24990	水上移动，航空移动，陆地移动，业余
24990～26100	标准频率和时间信号，水上移动，射电天文，广播
26100～27500	水上移动，移动
27500～37500	气象辅助，业余，空间操作
37500～41015	射电天文
41015～108000	广播，业余，无线电定位，航空无线电导航
108000～143650	航空无线电导航，航空移动，卫星
143650～150050	空间，无线电定位，业余，卫星
150050～160975	无线电定位，水上移动，陆地移动
160975～273000	水上移动，空间，无线电定位，广播，无线电导航
273000～328600	射电天文
328600～400050	航空无线电导航，卫星移动
400050～420000	卫星，空间，气象
420～460	航空无线电导航，无线电定位
460～606	卫星，空间，广播
606～806	广播，无线电导航，射电天文
806～1215	航空无线电导航，卫星无线电导航
1215～2483.5	卫星，空间，无线电定位，射电天文，航空无线电导航
2483.5～5470	卫星，无线电定位，卫星广播，空间，射电天文，航空无线电导航
5470～8750	水上无线电导航，卫星，空间，无线电定位
8750～10000	无线电定位，航空无线电导航，水上无线电导航，卫星，空间
10000～12200	无线电定位，卫星，空间，射电天文，卫星广播
12200～1000000	广播，卫星，空间，航天无线电导航，无线电定位，射电天文

附录 B　傅里叶变换对

时 间 信 号	傅里叶变换
$\delta(t)$	1
1	$\delta(f)$
$\delta(t-t_0)$	$\exp(-\mathrm{j}2\pi f t_0)$
$u(t)$	$\frac{1}{2}\delta(f)+\frac{1}{\mathrm{j}2\pi f}$
$\mathrm{rect}\left(\frac{t}{T}\right)$	$t\,\mathrm{sinc}(fT)$
$\mathrm{sinc}(2f_0 t)$	$\frac{1}{2f_0}\mathrm{rect}\left(\frac{f}{2f_0}\right)$
$\exp(\mathrm{j}2\pi f_\mathrm{c} t)$	$\delta(f-f_\mathrm{c})$
$\exp(-\alpha t)u(t),\quad \alpha>0$	$\frac{1}{\alpha+\mathrm{j}2\pi f}$
$\exp(-\alpha \lvert t \rvert)u(t),\quad \alpha>0$	$\frac{2\alpha}{\alpha^2+(2\pi f)^2}$
$\exp(-\pi t^2)$	$\exp(-\pi f^2)$
$\cos(2\pi f_\mathrm{c} t)$	$\frac{1}{2}[\delta(f-f_\mathrm{c})+\delta(f+f_\mathrm{c})]$
$\sin(2\pi f_\mathrm{c} t)$	$\frac{1}{2\mathrm{j}}[\delta(f-f_\mathrm{c})-\delta(f+f_\mathrm{c})]$
$\mathrm{sgn}(t)$	$1/\mathrm{j}\pi f$
$1/\pi t$	$-\mathrm{j}\,\mathrm{sgn}(f)$

附录C 信 号 分 析

C.1 能量信号和功率信号

能量有限的信号称为能量信号，信号 $x(t)$ 定义为

$$E=\lim_{T\to\infty}\int_{-T}^{T}\left|x(t)\right|^2\mathrm{d}t=\int_{-\infty}^{\infty}\left|x(t)\right|^2\mathrm{d}t \tag{C-1}$$

因此，能量信号满足

$$\int_{-\infty}^{\infty}x^2(t)\mathrm{d}t<\infty \tag{C-2}$$

功率有限的信号称为功率信号，信号 $x(t)$ 的功率定义为

$$P=\lim_{T\to\infty}\frac{1}{T}\int_{-T}^{T}\left|x(t)\right|^2\mathrm{d}t \tag{C-3}$$

因此，功率信号满足

$$\lim_{T\to\infty}\frac{1}{T}\int_{-T}^{T}\left|x(t)\right|^2\mathrm{d}t<\infty \tag{C-4}$$

能量信号的平均功率为 0；功率信号的能量为无穷大。

C.2 能量谱密度和功率谱密度

对于能量信号 $x(t)$，能量谱密度定义为满足下式的 $E(\omega)$：

$$E=\frac{1}{2\pi}\int_{-\infty}^{\infty}E(\omega)\,\mathrm{d}\omega \tag{C-5}$$

因此，根据 Parseval 定理，有

$$E(\omega)=\left|X(\omega)\right|^2 \tag{C-6}$$

式中，$X(\omega)$ 为 $x(t)$ 的傅里叶变换。

对于功率信号，功率谱密度定义为满足下式的 $P(\omega)$：

$$P=\frac{1}{2\pi}\int_{-\infty}^{\infty}P(\omega)\,\mathrm{d}\omega \tag{C-7}$$

若功率信号为非周期信号，则有

$$P(\omega)=\lim_{T\to\infty}\frac{\left|X_T(\omega)\right|^2}{T} \tag{C-8}$$

式中，$X_T(\omega)$ 为 $x(t)$ 在 $[-T/2, T/2]$ 内截短信号的傅里叶变换。

若功率信号 $x(t)$ 为周期信号，周期为 T，则有

$$P(\omega)=2\pi\sum_{n=-\infty}^{\infty}\left|C_n\right|^2\delta(\omega-n\Omega) \tag{C-9}$$

式中，$C_n(\omega)$ 为周期信号 $x(t)$ 的傅里叶级数的系数；$\Omega=2\pi/T$。

C.3 随机过程及其数字特征

一个随机过程 $X(t)$，其每个时刻的 N 个样本函数的取值 $\{X_1(t_i),X_2(t_i),\cdots,X_N(t_i)\}$ 刻画了该随机过程的一个一维随机变量的 N 个随机样值。若在 N 个时间点（$t=t_1,t_2\cdots,t_N$）观察随机过程的一个样本函数，则 N 个观察值 $\{X(t_1),X(t_2),\cdots,X(t_N)\}$ 表示随机过程的 N 个随机变量的一组采样值，所有样本函数随时间变化时形成的过程 $\{X_1(t),X_2(t\},\cdots,X_N(t)\}$ 构造了随机过程。

随机过程的一维概率密度函数可以表示为

$$f(x,t)=\frac{\partial F(x,t)}{\partial t} \tag{C-10}$$

式中，$F(x,t)=P(X(t)<x)$ 称为随机过程的一维概率分布函数。N 维的概率分布函数和概率密度函数定义为

$$F(x_{1,}\ x_2,\cdots,x_N;\ t_1,t_2,\cdots,t_N)=P(X(t_1)<x_1,X(t_2)<x_2,\cdots,X(t_N)<x_N) \tag{C-11}$$

$$f(x_{1,}\ x_2,\cdots,x_N,t_1,t_2,\cdots,t_N)=\frac{F(x_1,x_2,\cdots,x_N;\ t_1,t_2,\cdots t_N)}{\partial x_1\partial x_2\cdots\partial x_N}$$

随机过程的数学期望（也称均值）定义为

$$\mu_{\mathrm{X}}(t)=E\{X(t)\}=\int_{-\infty}^{\infty}xf(x,t)\mathrm{d}x \tag{C-12}$$

随机过程的自相关函数定义为

$$R_{\mathrm{X}}(t_1,t_2)=E\{X(t_1)X(t_2)\}=\int_{-\infty}^{\infty}\int_{-\infty}^{\infty}x_1x_2f(x_1,x_2;t_1,t_2)\mathrm{d}x_1\mathrm{d}x_2 \tag{C-13}$$

随机过程的方差定义为

$$D_{\mathrm{X}}(t)=E\{[X(t)-\mu_{\mathrm{X}}]^2\}=E\{X^2(t)\}-(\mu_{\mathrm{X}}(t))^2=\int_{-\infty}^{\infty}x^2f(x,t)\mathrm{d}x-(\mu_{\mathrm{X}}(t))^2 \tag{C-14}$$

随机过程的自协方差定义为

$$\begin{aligned}C_{\mathrm{X}}(t_1,t_2)&=E\{[X(t_1)-\mu_{\mathrm{X}}(t_1)][X(t_2)-\mu_{\mathrm{X}}(t_2)]\}\\&=\int_{-\infty}^{\infty}\int_{-\infty}^{\infty}x_1x_2f(x_1,x_2;t_1,t_2)\mathrm{d}x_1\mathrm{d}x_2-\mu_{\mathrm{X}}(t_1)\mu_{\mathrm{X}}(t_2)\end{aligned} \tag{C-15}$$

C.4 平稳随机过程

严格平稳的随机过程其各阶概率密度函数满足

$$f(x_1,x_2,\cdots,x_N,t_1,t_2,\cdots,t_n)=f(x_1,x_2,\cdots,x_N,t_1+\tau,t_2+\tau,\cdots,t_n+\tau) \tag{C-16}$$

广义平稳的特征如下：

① 均值为常数；

② 方差为常数；

③ 自相关函数只与时间间隔τ有关，与具体时间点无关。

各态遍历的平稳随机过程意味着随机过程的一个样本函数，能体现随机过程的所有统计特征，因此分析各态遍历的平稳随机过程(或各态遍历的广义平稳随机过程)时，可以采用时间平均代替统计平均来进行各阶统计量分析，即数字计算时，各态遍历广义平稳随机过程的均值、方差和自相关函数的计算公式为

$$\mu_X=\lim_{N\to\infty}\frac{1}{N}\sum_{n=0}^{N-1}x(n)=a \tag{C-17}$$

$$D_X(t)=\lim_{N\to\infty}\frac{1}{N}\sum_{n=0}^{N-1}[x(n)-\mu_X]^2=\lim_{N\to\infty}\frac{1}{N}\sum_{n=0}^{N}x^2(n)-(\mu_X)^2=\sigma^2 \tag{C-18}$$

$$R_X(m)=\lim_{N\to\infty}\frac{1}{N}\sum_{n=0}^{N-1}x(n)x(n+m) \tag{C-19}$$

平稳随机过程的自相关函数$R_X(m)$具有如下性质：

① $R_X(0)=P$；

② $R_X(\tau)=R_X(-\tau)$；

③ $R_X(0)\geqslant R_X(\tau)$；

④ $R_X(\infty)=a^2$，即$R_X(0)-R_X(\infty)=P-a^2=\sigma^2$。

平稳随机过程的功率谱密度为

$$P_X(\omega)=\lim_{T\to\infty}\frac{E\{|X_T(\omega)|^2\}}{T} \tag{C-20}$$

维纳-辛钦定理：功率谱密度和自相关函数之间的傅里叶变换关系为

$$P_X(\omega)=F\{R(\tau)\} \tag{C-21}$$

$$R(\tau)=F^{-1}\{P(\omega)\} \tag{C-22}$$

附录D　英文缩写注释

A/D	Analog to Digital（转换）
ADPCM	Adaptive Differential Pulse Code Modulation
AMI	Alternate Mark Inversion（码）
ASK	Amplitude Shift Keying
ARQ	Automatic Repeat Request
AWGN	Additive Whiten Gaussian Noise
BER	Bit Error Ratio
BPSK	Binary Phase Shift Keying
CDMA	Code Division Multiple Access
CMI	Coded Mark Inversion（码）
CP	Cyclic Prefix
CRC	Cyclic Redundancy Checking
DFT	Discrete Fourier Transform
DM	Delta Modulation
DPCM	Differential PulseCode Modulation
DSSS	Direct Sequence Spreading Spectrum
FFT	Fast Fourier Transform
FSK	Frequency Shift Keying
GP	Guard Period
HDB_3	High Density Bipolar of Order 3（码）
IDFT	Inverse Discrete Fourier Transform
IFFT	Inverse Fast Fourier Transform
ISI	Inter-Symbol Interference
LDPC	Low Density Parity Check
LFSR	Linear Feedback Shift Register
LoS	Line of Sight
LPF	Low-Pass Filter
MAP	Maximum A Posteriori Probability
MASK	Multiple Amplitude Shift Keying
MFSK	Multiple Frequency Shift Keying
MIMO	Multiple Input and Multiple Output
MISO	Multiple Input and Single Output
MMSE	Minimum Mean Square Error

MPSK	Multiple Phase Shift Keying
MQAM	Multiple Quadrature Amplitude Modulation
MSK	Minimum Shift Keying
OFDM	Orthogonal Frequency Division Multiplexing
OOK	On-Off Keying
OVSF	Orthogonal Variable Spreading Factor
PCM	Pulse Code Modulation
PSD	Power Spctrum Density
PAM	Pulse Amplitude Modulation
PN	Pesudo-Noise
P/S	Parallel to Serial（转换）
PSK	Phase Shift Keying
QAM	Quadrature Amplitude Modulation
QPSK	Quadrature Phase Shift Keying
RSCC	Recursive Systematic Convolutional Code
SER	Symbol Error Ratio
SIMO	Single Input and Multiple Output
SISO	Singel Input and Single Output
SNR	Signal to Noise Ratio
S/P	Serial to Parallel（转换）
WLAN	Wireless Local Area Network

参考文献

[1] Bernard Sklar. 数字通信——基础与应用(英文版，第二版)，电子工业出版社，2002

[2] 李平安，刘泉. 宽带移动通信系统原理及应用(双语版)，高等教育出版社，2006

[3] Theodore S. Rappaport. 无线通信原理与应用(英文版)，电子工业出版社，1999

[4] Simon Haykin. 通信系统(英文版)，电子工业出版社，2010

[5] John G. Proakis. *Digital Communications* (Third Edition), McGRAW-HILL International Editions, 1995

[6] 曹志刚，钱亚生. 现代通信原理，清华大学出版社，2012

[7] 王虹，卢珞先，朱健春. 通信系统原理，国防工业出版社，2014

[8] Andrea Godsmith. *Wireless Communications*, 人民邮电出版社，2007

[9] R. G. Gallager. *Low-Density Parity-Check Codes*, Cambridge, 1963, pp. 56-61.

[10] R. G. Gallager. Low-density parity-check codes, *IRE Trans. on Information Theory*, IT-8, Jan. 1962, pp. 21-28.

[11] 解相吾. 通信原理. 电子工业出版社，2012

[12] 樊昌信，曹丽娜. 通信原理(第 6 版)，国防工业出版社，2006

[13] 孙丽华. 信息论与编码(第 4 版)，电子工业出版社，2016

[14] 彭木根，王文博等. TD-SCDMA 移动通信系统—增强和演进，机械工业出版社，2007

[15] 张克平. LTE/LTE-Advanced—B3G/4G/B4G 移动通信系统无线技术，电子工业出版社，2013

[16] 王福昌. 通信原理辅导与习题解答，华中科技大学出版社，2006

[17] 彭代渊，蒋华，郭春生，王玲. 信息论与编码理论，武汉大学出版社，2008

[18] A. Paulraj, R. Nabar, D. Gore. *Introduction to Space-Time Wireless Communications*, Cambridge University Press, 2003

[19] 王文博，郑侃. 宽带无线通信 OFDM 技术，人民邮电出版社，2003

[20] 沈凤麟，叶中付，钱玉美. 统计信号分析与处理，中国科学技术大学出版社，2001

[21] 李莉. MIMO-OFDM 系统原理、应用与仿真，机械工业出版社，2014

[22] 吴伟陵，牛凯. 移动通信原理，电子工业出版社，2009

[23] Dharma Prakash Agrawal, Qing-An Zeng, 谭明新改编，无线移动通信系统，电子工业出版社，2016

[24] Harry L. Van Trees. 检测、估值与调制理论，电子工业出版社，2003

[25] 贺鹤云. LDPC 码基础与应用，人民邮电出版社，2007

[26] 刘泉，江雪梅. 信号与系统，高等教育出版社，2006

[27] Simon Haykin. *Adaptive Filter Theory*, (Third Edition), Prentice Hall, Upper Saddle River, New Jersey, 1996.

[28] Marvin K. SIMON, Jim K. Omura Robert A. Scholtz Barry K. Levttt. *Spread Spectrum: Communications Handbook*, POSTS & TELECOM PRESS, Beijing, 2002.

[29] C. E. Shannon. *A* mathematical theory of communication, *The Bell System Technical Journal,* Vol. 27,

July, October, 1948, pp. 379-423, 623-656.

[30] C. E. Shannon. *The Mathematical Theory of Information*, Urbana, IL: Univ. Illinois Press, 1949. (Reprinted 1998). Y. Li, X. Huang. "The simulation of independent Rayleigh faders," *IEEE Trans. Communications*, Vol. 50, no. 9, Sept. 2002, pp. 1503-1514.

[31] S. L. Miller, R. J. O'Dea. "Peak Power and Bandwidth Efficient Linear Modulation," *IEEE Trans. on Communications.*, Vol. 46, no. 12, Dec.1998, pp.1639-1648.

[32] S. Benedetto, D. Divsalar, G. Montorsi, and F. Pollara. "Serial concatenation of interleaved codes: Performance analysis, design, and iterative decoding," *IEEE Trans. Information Theory*, Vol. 44, May. 1998, pp. 909-926.

[33] C. Xiao, Y. R. Zheng, N. C. Beaulieu. "Novel sum-of-sinusoids simulation models for Rayleigh and Rician fading channels," *IEEE Trans. on Wireless Communications*, Vol. 5, Dec. 2006, pp. 3667-3679.

[34] D. A. Spielman. "Linear time encodable and decodable error-correcting codes," *IEEE Trans. on Information Theory*, Vol. 42, 1996, pp. 1723-1731.

[35] M. Patzold, U.killat, F. Laue. "A deterministic digital simulation model for Suzuki processed with application to a shadowed Rayleigh land mobile radio channel," *IEEE Trans. on Communications*, Vol. 45, no. 2, May 1996, pp. 318-331.

[36] W. Zhang, Y. Li, X.-G. Xia, P. C. Ching, and K. B. Letaief. "Distributed space-frequency coding for cooperative diversity in broadband wireless ad hoc networks," *IEEE Trans. on Wireless Communications*, Vol. 7, no. 3, March 2008, pp. 995-1003.

[37] R. G. Gallager. *Information Theory and Reliable Communication*, New York: Wiley, 1968

[38] F. Adachi and K. Ohno. "BER performance of QDPSK with postdetection diversity reception in mobile radio channels," *IEEE Trans. Veh. Technol.*, Vol. 40, no.1, 1991, pp. 237-249.

[39] G. H. Golub, C. F. V. Loan. *Matrix Computations*, 3rd ed.: The Johns Hopkins University Press, 1996

[40] Hui Jin and Robert J. McEliece. "Coding theorems for Turbo code ensembles," *IEEE Trans on Information Theory*, Vol. 48, no. 6, June 2002, pp.1451-1461.

[41] Luby M. G.. "Improved low-density parity-check codes using irregular graphs," *IEEE Trans. on Information Theory*, Vol. 47, no. 2, 2001, pp. 285-298.

[42] Mackay D. J. C.. "Comparison of constructions of irregular Gallager codes," *IEEE Trans. on Communications*, Vol. 47, no. 10, 1999, 1449-1454.

[43] G. J. Foschini, M. J. Gans. "On limits of wireless communications in a fading environment when using multiple antennas," *Wireless Personal Communications*, Vol. 6, no. 3, 1998, pp. 311-335.

[44] Hong-Yu Liu， Rainfield Y. Yen. " Exact closed-form symbol error rate of arbitrary rectangular M-QAM over Rayleigh fading for two-branch transmit diversity," *Journal International Journal of Communication Systems*, Vol. 20, no. 1, Jan. 2007, pp. 121-130.

[45] B. Bai, W. Chen, Z. Cao, K. B. Letaief. "Max-matching diversity in OFDMA systems," *IEEE Transactions on Communications*, Vol. 58, no. 4, Apr. 2010, pp. 1161-1171.

[46] X. J. Zhang, Y. Gong, and K. B. Letaief. "On the diversity gain in cooperative relaying channels with imperfect CSIT," *IEEE Trans. on Communications*, Vol. 58, no. 4, April 2010, pp. 1273-1279.

[47] F. Adachi,et.al.. “Tree-structured generation of orthogonal spreading codes with different lengths for forward link of DS-CDMA mobile Radio,” *Electronics Letters*, Vol. 33, 1997, pp. 27-28.

[48] R. Janaswamy. Radiowave Propagation and Smart Antennas for Wireless Communications, Kluwer Academic Publishers, 2000

[49] Quentin H. Spencer, Martin Haardt. “Zero-forcing methods for downlink spatial multiplexing in multiuser MIMO channels,” *IEEE Trans. on Signal Processing*, Vol. 52, no. 2, 2004, pp. 461-471.

[50] D. Mackay. “Good error-correcting codes based on very sparse matrices,” *IEEE Trans. on Information. Theory*, Vol. IT-45, March. 1999, pp. 399-431.

[51] D. Divsalar, S. Dolinar, F. Pollara. “Iterative turbo decoder analysis based on density evolution,” *IEEE J. Select. Areas Commun.*, Vol. 19, May 2001, pp. 891-907.

[52] A. Goldesmith, S. A. Jafar, S. Vishwanath. “Capacity limits of MIMO channels,” *IEEE J. on Selected Areas in Communication*, Vol. 21, no. 5, June. 2003, pp. 684-702.

[53] Vahid Tarokh, N. Seshadri, and A. R. Calderbank. “Space-Time codes for High Data Rate Wireless Communication: Performance Criterion and Code Construction,” IEEE Trans. on Information Theory, Vol. 44, no. 2, March 1998, pp. 744-764.

[54] S. Alamouti. “A simple transmit diversity technique for wireless communications,” IEEE Journal on Selected Areas in Communications, Vol. 18, no. 8, Oct. 1998, pp. 1451-1458.

[55] Davey M. C.. *Error-correcting using Low-Density Parity-Check*, Ph.D. Dissertation, Univ. of Cambridge, 1999

[56] Ping’an Li and K. B. Letaief. “A blind RAKE receiver with robust multiuser interference cancellation for DS/CDMA communications,” *IEEE Trans. on Communications*, Vol. 55, no. 9, Sept. 2007, pp. 1793-1801.

[57] Preben E. Mogensen, Tommi Koivisto, Klaus I. Pedersen. “LTE-Advanced: The path towards Gigabit/s in wireless mobile communications,” *IEEE Trans. on Wireless Communications*, 2009, pp. 17-20.

[58] Peter-Marc Fortune, Lajos Hanzo and Raymond Steele. “On the computation of 16-QAM and 64-QAM performance in Rayleigh-fading channels,” *IEICE Trans. on Communications*, Vol. E75-B, no. 6, June 1992, pp. 466-475.

[59] Ravi Narasimhan. “Spatial Multiplexing With Transmit Antenna and Constellation Selection for Correlated MIMO Fading Channels,” *IEEE Trans. on Signal Processing*, Vol. 51, No. 11, Nov. 2003, pp. 2829-2936.

[60] 3GPP TS 36.211 version 10.0.0, LTE, Evolved Universal Terrestrial Radio Access（E-UTRA）, physical channels and modulation, Release 10, Jan. 2011

[61] Veljko Stankovi’. Multi-user MIMO *Wireless Communications*, Phd. Dissertation, Ilmenau University of Technology, Nov. 2006